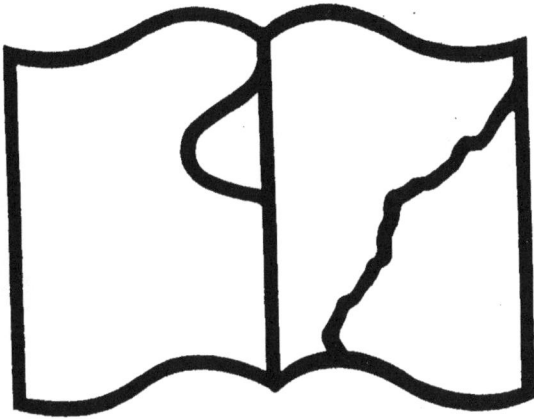

Texte détérioré — reliure défectueuse

NF Z 43-120-11

H. GRANDMONTAGNE

PHYSIQUE ET CHIMIE

ENSEIGNEMENT PRIMAIRE SUPÉRIEUR — 2ᵉ ANNÉE

PARIS. — LIBRAIRIE LAROUSSE

RUE MONTPARNASSE, 17. — SUCCURSALE :
RUE DES ÉCOLES, 58 (SORBONNE).

Cours expérimental

DE PHYSIQUE

ET DE CHIMIE

COURS EXPÉRIMENTAL DE PHYSIQUE ET DE CHIMIE, PAR H. GRANDMONTAGNE

Ce cours comprendra trois volumes correspondant aux trois années d'enseignement des écoles primaires supérieures :

Première année. Un vol. in-12 cart. avec figures. . . . . . . 1 fr. 60
Deuxième année. — — 2 fr. 50
Troisième année. — — » »

Cours expérimental
DE PHYSIQUE
ET DE CHIMIE

*à l'usage des écoles primaires supérieures,
des cours complémentaires, des candidats
au brevet élémentaire et aux écoles normales.*

PAR

H. GRANDMONTAGNE

ANCIEN ÉLÈVE DE L'ÉCOLE NORMALE SUPÉRIEURE D'EN-
SEIGNEMENT PRIMAIRE DE SAINT-CLOUD, PROFESSEUR
A L'ÉCOLE NORMALE D'INSTITUTEURS D'AURILLAC

DEUXIÈME ANNÉE

PARIS. — LIBRAIRIE LAROUSSE
RUE MONTPARNASSE, 17. — SUCCURSALE : RUE
DES ÉCOLES, 58 (SORBONNE).

I. PHYSIQUE

Iʳᵉ LEÇON

LA PESANTEUR

Matériel : 2 fils à plomb (balle de filet de pêche de 1 centimètre de diamètre suspendue à un fil fin). — Large terrine avec eau colorée. — Equerre. — Niveau des maçons.

Existence de la pesanteur.

1. *Tous les corps sont pesants*. — Une pierre, un crayon, un morceau de plomb que nous tenons à la main se dirigent vers le sol quand nous les abandonnons à eux-mêmes. Nous disons que ces corps *tombent*. Ils se comportent comme s'ils étaient attirés par la terre. On appelle *pesanteur* la cause qui les fait tomber.

Tous les corps se dirigent ainsi vers le sol, tous sont soumis à l'action de la pesanteur. Il semble cependant qu'il y ait des exceptions : la fumée, les ballons s'élèvent dans l'air, les nuages s'y maintiennent à des hauteurs considérables. Ces exceptions ne sont qu'apparentes, et nous verrons plus tard que les phénomènes précédents sont précisément une conséquence de l'action de la pesanteur sur l'air atmosphérique.

2. *Notion de force*. — Nous appelons *force* toute cause qui tend à mettre un corps en mouvement. *La pesanteur est une force.* Si un corps est suspendu à un fil, la pesanteur agit quand même sur ce corps, son action a pour résultat de tendre le fil; si on rompt le fil, le corps tombe. Lorsque le corps repose sur un support, la pesanteur a pour effet de lui faire exercer une certaine pression sur le support.

Toute force est déterminée par trois qualités fondamentales :

1º Le point où elle s'exerce : point d'application ;

2º La direction dans laquelle elle tend à entraîner son point d'application ;

3º L'intensité de son action.

Direction de la pesanteur.

3. Verticale. — Fil à plomb. — Nous nous occuperons d'abord de la direction de la pesanteur. C'est celle d'un corps qui tombe librement. Si ce corps laissait dans l'espace la trace de ses diverses positions, on aurait la direction de la pesanteur.

Mais en suspendant un corps à un fil flexible, la direction du fil donne précisément celle de la force qui agit sur le corps. Plaçons un autre corps tout près du fil et laissons tomber ce corps. Nous voyons qu'il suit le fil dans sa chute (fig. 1). La direction du fil est donc bien celle d'un corps qui tombe.

Généralement, on met au bout du fil une masse de plomb, d'où le nom de *fil à plomb* donné à l'appareil précédent. Mais on peut remplacer le plomb par une pierre, un morceau de fer, de cuivre, etc.

On appelle *verticale* la direction d'un corps qui tombe. La verticale est donnée par le fil à plomb.

FIG. 1. — Un corps qui tombe suit la direction du fil.

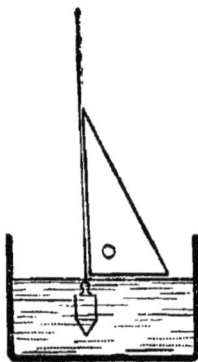

FIG. 2. — Le fil à plomb est perpendiculaire à la surface des eaux tranquilles.

4. Propriétés de la verticale. — EXPÉRIENCE. On fait arriver un fil à plomb à la surface d'une large terrine remplie d'eau colorée et formant miroir. On peut toujours placer une équerre de façon que l un des côtés de l'angle droit touche la surface du liquide, l'autre suivant la direction du fil. La direction du fil est donc perpendiculaire à toutes les lignes que l'on peut tracer par son pied à la surface du liquide (fig. 2). Cette surface est d'ailleurs un plan, car on peut y appliquer dans tous les sens l'arête de l'équerre. On dit que *la verticale est perpendiculaire à la surface des eaux tranquilles.*

Remarquons aussi que l'image du fil à plomb est dans le prolongement du fil (fig. 3). Nous savons que l'image d'un objet est symétrique de l'objet par rapport à la surface réfléchissante. (Voir *Miroirs plans*.) D'après cela, l'image du fil ne peut être dans son prolongement qui si le fil est perpendiculaire à la surface réfléchissante.

On appelle *plan horizontal* une surface plane perpendiculaire à la verticale. La surface des eaux tranquilles, lorsqu'on ne considère que de petites étendues, est un plan horizontal. Toute droite contenue dans un plan horizontal est une *droite horizontale*.

EXPÉRIENCE. Suspendre deux fils à plomb à quelque distance l'un de l'autre. On peut placer l'œil de façon que le fil de l'un cache le fil de l'autre. Ceci prouve que les deux fils sont dans un même plan. Or, deux droites dans un même plan sont parallèles ou bien elles se coupent; il en est de même des verticales.

Fig 3 — L'image d'un fil à plomb, donnée par la surface d'une eau tranquille, est dans le prolongement du fil.

Nous savons que la surface de la terre est sphérique. Mais, sur une petite étendue, la surface des eaux tranquilles peut être confondue avec une surface plane qui serait tangente à la sphère terrestre. Une ligne perpendiculaire à une telle surface au point où elle touche la sphère est un rayon de la sphère terrestre.

FIG. 4 — Deux verticales très éloignées font entre elles un angle appréciable.

Ainsi, la verticale en un point est une ligne qui joint ce point au centre de la terre, c'est un rayon de la sphère terrestre (fig. 4). Toutes les verticales se rencontrent donc au centre de la terre; mais si nous considérons deux verticales menées en des points voisins, elles sont pratiquement parallèles, parce que l'angle qu'elles forment échappe à nos moyens de mesure. Il n'en est pas de même de deux verticales suffisamment éloignées. Ainsi, pour Dunkerque et Perpignan, l'angle des deux verticales est de 9° environ.

Applications.

5. *Usages du fil à plomb*. — 1° Le fil à plomb sert à

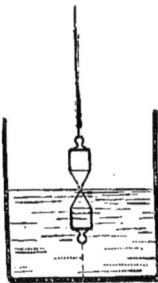

reconnaître si une droite est verticale. On se place à une certaine distance de cette ligne, et on vérifie que cette ligne peut être cachée par le fil à plomb. On recommence en plaçant le fil à plomb à un autre endroit. Si, dans les deux visées, la droite est cachée par le fil, c'est qu'elle est verticale.

2o Les maçons vérifient au moyen du fil à plomb si les murs qu'ils construisent sont bien verticaux. Leur fil à plomb (fig. 5) se compose d'une masse cylindrique de cuivre terminée par un cône et parfaitement tournée. Le fil est fixé au centre de la base supérieure. Une plaque de fer carrée est percée en son centre d'un trou. La distance de ce trou à l'une des arêtes est juste égale au diamètre du cylindre. On appuie une arête du carré contre la surface examinée et en laissant glisser le fil par le trou central, on vérifie si la masse cylindrique rase constamment la surface du mur (fig. 6).

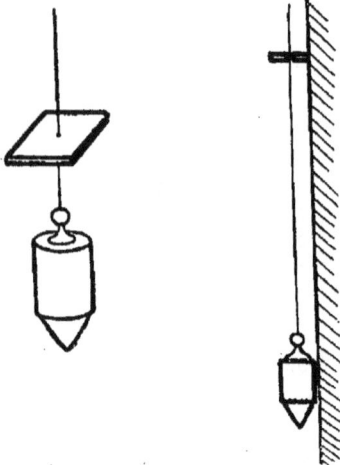

Fig 5 et 6 — Fil à plomb de précision. A droite : Manière de reconnaître qu'un mur est vertical.

Niveau des maçons. Il sert à vérifier qu'une surface est *horizontale*. Il se compose généralement de deux montants assemblés à angle droit et réunis par une tra-

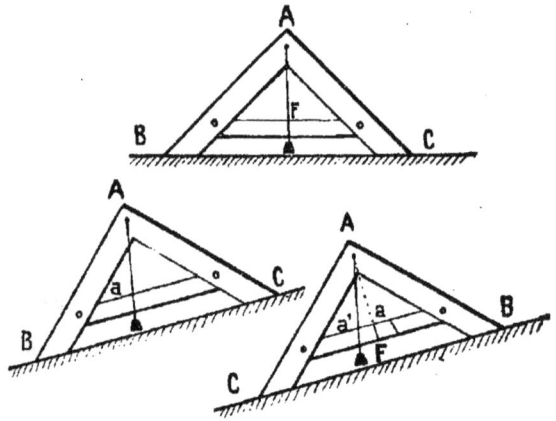

Fig. 7 à 9. — Niveau des maçons. — Pour déterminer la ligne de foi F, on place le niveau sur une surface quelconque (fig. 8), on note sur la traverse la direction du fil On retourne le niveau (fig. 9) et on note la nouvelle direction du fil La ligne de foi se trouve au milieu de l'intervalle $a'a$.

verse (fig. 7). Lorsque le niveau repose sur une surface horizontale, un fil à plomb fixé en A, au sommet, passe par une ligne F dite *ligne de foi* tracée sur la traverse.

RÉSUMÉ

1. On appelle *pesanteur* la cause qui tend à faire tomber les corps. Tous les corps sont soumis à l'action de la pesanteur; les exceptions : fumée, nuages, ballons, ne sont qu'apparentes.

2. La direction de la pesanteur est celle d'un corps qui tombe librement; cette direction s'appelle *verticale*. Elle est donnée par le *fil à plomb*, formé d'une masse pesante suspendue à un fil flexible.

On appelle *plan horizontal* une surface plane perpendiculaire à la verticale; la surface des eaux tranquilles est un plan horizontal quand on ne considère que de faibles étendues.

4. Les verticales se rencontrent au centre de la terre; deux verticales éloignées font donc entre elles un angle appréciable, mais en deux points voisins les verticales sont pratiquement parallèles.

5. Le fil à plomb sert à reconnaître si une ligne est verticale; les maçons s'en servent pour reconnaître la verticalité d'un mur.

Le *niveau des maçons* sert à vérifier si une surface est horizontale.

EXERCICES

I. Pourrait-on définir la verticale : une droite perpendiculaire en un point à une surface horizontale ? — Pourquoi dit-on *la verticale* d'un lieu et non *une verticale* en un lieu ? — Pourquoi faut-il deux visées pour s'assurer qu'une droite est verticale ? — Dans quel cas les deux visées ne seraient-elles pas suffisantes ? — Comment avec le niveau des maçons peut-on déterminer une surface horizontale ? — Rendre horizontaux une planchette à dessin, une table, le couvercle d'un pupitre.

II. Quel est l'angle des verticales de Paris et de Dunkerque, situées sur le même méridien ? — Déterminer l'angle de deux verticales en deux points distants de 1, de 10, de 100, de 1 000 kilomètres. — Construire graphiquement l'angle des deux verticales dans les deux derniers cas. (On prendra le rayon terrestre égal à 6 300 kilomètres, et une longueur de 1 millimètre pour 50 kilomètres.)

2ᵉ LEÇON

POINT D APPLICATION DE LA PESANTEUR

Matériel : 2 morceaux de craie. — Triangle en carton et fil pour le suspendre. — Livre ou brique, bille, crayon, règle, cube en carton.

Centre de gravité.

6. Définition. — Un morceau de craie qu'on tient à la main tombe lorsqu'on l'abandonne; divisons-le en petits fragments: chacun des fragments tombe aussi, quelque petit qu'il puisse être. Ainsi, la pesanteur agit sur toutes les particules d'un corps. Cependant, prenons un autre morceau de craie : nous pouvons l'empêcher de tomber en soutenant seulement un de ses points que nous placerons, par exemple, sur la pointe d'un crayon. Nous trouvons ce point par tâtonnement.

Tout se passe comme si l'action de la pesanteur était concentrée en un certain point du corps. Ce point s'appelle *centre de gravité.*

7. Détermination pratique du centre de gravité . — Expérience. Prenons un triangle en carton A, B, C, et déterminons par tâtonnement son centre de gravité en essayant de le maintenir sur la pointe d'un crayon (fig. 10).

Fixons maintenant de petites épingles en des points quelconques du périmètre et suspendons le triangle à

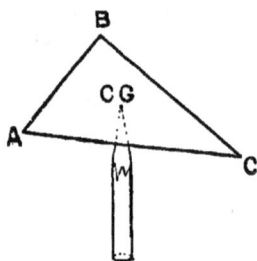

Fig. 10. — Le triangle de carton est en équilibre sur la pointe d'un crayon qui supporte le centre de gravité

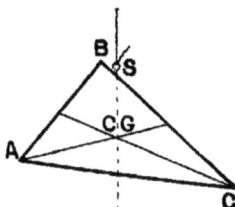

Fig. 11. — La verticale du point de suspension passe par le centre de gravité. — Dans un triangle, le centre de gravité est au point de concours des médianes

un fil fin par chacun de ces points. Dans chaque position, nous constatons que, lorsque le carton est en repos, en prolongeant la verticale du point de suspension, c'est-à-dire la direction du fil, cette verticale passe par le centre de gravité.

Il est facile de concevoir qu'il doit en être ainsi : tout se passe en effet comme si la pesanteur agissait seulement sur le centre de gravité du corps. Comme ce corps est fixé par un autre point, il ne sera en repos que lorsque la direction du fil de suspension et la verticale du centre de gravité seront dans le prolongement l'une de l'autre. C'est un fait analogue à celui qui se produit quand deux élèves attachent chacun une ficelle en un point d'une table et tirent dans des directions différentes. S'ils sont d'égale force, la table est en repos quand les deux ficelles sont dans le prolongement l'une de l'autre.

Ainsi, pour déterminer pratiquement le centre de gravité d'un corps, il suffira de le suspendre successivement par deux de ses points et de tracer la verticale du point de suspension quand le corps est au repos (fig. 11).

Dans le cas d'un triangle, on trouve que le centre de gravité est au point où se coupent les médianes (le vérifier). — Dans le cas d'un carré, d'un cercle, le centre de gravité est au centre de la figure.

Le centre de gravité peut se trouver en dehors de la masse du corps ; c'est le cas d'un anneau, d'une boîte, etc.

Equilibre des corps solides.

8. *Définitions*. — Lorsqu'un corps est en repos, on dit qu'il est en équilibre.

Un livre placé à plat sur la table est en *équilibre stable*, car si on l'écarte légèrement de sa position, il tend à y revenir.

Une règle dressée sur un de ses bouts est en *équilibre instable* ; si on l'écarte légèrement de sa position, elle tend à s'en écarter davantage.

Une bille placée sur une table bien horizontale est en équilibre dans toutes les positions. On dit qu'elle est en *équilibre indifférent*. Il en est de même d'un crayon cylindrique reposant par une de ses génératrices sur une surface horizontale.

9. *Équilibre d'un corps suspendu par un de ses points ou tournant autour d'un axe*. — Reprenons la planchette triangulaire précédente.

1° Elle est en équilibre *stable* quand le centre de gravité est situé sur la verticale du point de suspension et *au-dessous* de ce point. Le centre de gravité est en effet le point où l'action de la pesanteur semble concentrée ; il tend à se placer le plus bas possible. Aussi, lorsqu'on écartera la planchette de sa position d'équilibre, elle y reviendra rapidement.

2º On peut maintenir la planchette en équilibre en plaçant
le centre de gravité sur la verticale du point de suspension,
mais *au-dessus* de ce point. L'équilibre ainsi réalisé est *instable*,
car la moindre poussée amène la planchette à pivoter autour
du point de suspension; le centre de gravité revient dans la
position d'équilibre stable. — On arrive à réaliser quelque temps
cet équilibre instable quand on tient sur le bout du doigt l'extrémité d'une règle, mais alors on déplace le point de suspension de
façon qu'il reste constamment sur la verticale du centre de gravité.

3º Suspendons la planchette par le centre de gravité: quelle
que soit la position que nous lui donnons, elle est en équilibre:
l'équilibre est *indifférent*.

Dans la pratique, on a souvent à réaliser l'équilibre stable
ou l'équilibre indifférent lorsqu'il s'agit d'un corps mobile
autour d'un axe.

Le fléau d'une balance est en équilibre stable. Une roue doit
être construite de façon qu'en tournant autour de son axe, elle
soit en équilibre indifférent.

10. *Équilibre d'un corps reposant sur un plan horizontal.*
— Considérons un cube reposant sur une de ses faces. Cette
face s'appelle la *base de sustentation*. Faisons tourner ce cube

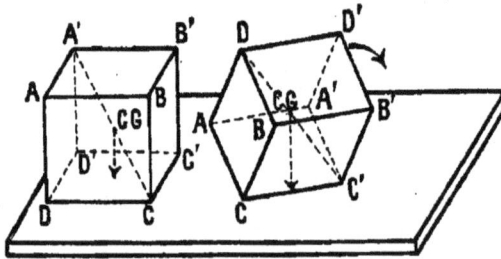

autour d'une de
ses arêtes de ba-
se C, C' (fig. 12);
nous trouvons
une position
d'équilibre ins-
table pour la-
quelle le cube
tombera sur la
face de droite
ou sur celle de
gauche, sous

Fig. 12. — L'équilibre est stable quand la verticale
du centre de gravité rencontre la base de sustentation.

l'influence du moindre déplacement. Cette position est précisément celle pour laquelle la diagonale de la face d'avant est
verticale; alors, le centre de gravité du cube se trouve dans
le plan vertical de l'arête C C'. A droite de cette position, la
verticale du centre de gravité tombera dans la base C C' B' B, à
gauche, elle tombera dans la base A A' C' C.

Il en est de même pour un corps de forme quelconque reposant sur un plan horizontal. La figure obtenue en joignant les
points de contact *extrêmes* du corps et du plan constitue la

se *de sustentation.* Si la verticale du centre de gravité tombe
l'intérieur de cette base, l'équilibre est stable. — Comme
écédemment, *le centre de gravité tend à se placer le plus bas*
ssible. Dans le cas de la bille, du crayon (n° 8), le centre de
avité étant toujours à la même distance de la base, l'équilibre
t indifférent. Plus la base sera étendue, plus le centre de
avité sera bas, et plus stable sera l'équilibre.

RÉSUMÉ

1. La pesanteur agit sur toutes les particules d'un
rps, mais son action semble concentrée en un point qui
st le *centre de gravité du corps.*

En suspendant un corps par un de ses points, le centre
e gravité se place sur la verticale du point de suspension.
our déterminer le centre de gravité, il suffira donc de
uspendre le corps par deux de ses points et de déterminer
haque fois la verticale du point de suspension. Ces deux
erticales se rencontrent au centre de gravité.

2. Quand un corps est au repos, on dit qu'il est en
quilibre.

On distingue l'équilibre *stable*, l'équilibre *instable* et
équilibre *indifférent.*

3. Lorsqu'un corps est suspendu par un de ses points,
ou lorsqu'il peut tourner autour d'un axe, l'équilibre est
stable quand le centre de gravité est sur la verticale du
point ou de l'axe de suspension, mais au-dessous de ce
point ou de cet axe. **Ex.** : fléau de balance.

Quand le corps est suspendu par son centre de gravité,
ou quand l'axe de suspension passe par le centre de
gravité, l'équilibre est indifférent. **Ex.** : roue bien
construite.

4. Quand un corps repose sur un plan horizontal,
l'équilibre est stable quand la verticale menée par le
centre de gravité rencontre la *base de sustentation.*

L'équilibre est indifférent quand le centre de gravité
reste dans toutes les positions à la même distance de la
base.

L'équilibre est d'autant plus stable que la base est plus
étendue et que le centre de gravité est situé plus bas.

EXERCICES

I. Quelle position prenez-vous quand vous portez une charge sur le dos, quand vous tenez cette charge avec les deux mains devant vous, quand vous la tenez avec une main sur le côté? — Deux voitures identiques sont chargées, l'une de pierres, l'autre du même poids de paille. Quelle est celle dont l'équilibre est le plus stable ?

Fig 13. — Le système des deux fourchettes est en équilibre sur la pointe de l'aiguille.

II. Avec une règle plate, réaliser l'équilibre stable, instable, indifférent, en suspendant cette règle par un axe qui la traverse. — Expliquer l'équilibre stable du système des deux fourchettes fixées dans un bouchon et que représente la fig. 13. Quel est le rôle des fourchettes?

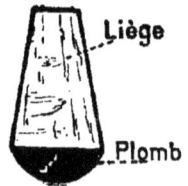

Fig. 14 — L'équilibre est stable quand l'axe du bouchon est vertical.

III. Faire tenir sur la table une bouteille posée sur sa base, sur son goulot, couchée sur le côté. Quelle est la nature de l'équilibre obtenu? — Prendre un petit bouchon, en façonner un cylindre de liège de 1 cm de diamètre environ. Coller sur un de ses bouts un morceau de plomb (fig. 14). Constater la nature de l'équilibre du système et expliquer le résultat obtenu.

3ᵉ LEÇON

LA BALANCE. — PESÉES

MATÉRIEL : Balance ordinaire ou, à défaut, balance Roberval. — Boîte de poids. — Fil de caoutchouc. — Peson.

Poids des corps.

11. Définition. — Suspendons un corps quelconque à un fil de caoutchouc ou à un ressort d'acier. L'action de la pesanteur a pour effet de déformer le ressort, de l'allonger d'une certaine quantité. L'allongement du ressort pourra servir à mesurer l'action de la pesanteur sur un corps. Cette action, c'est l'*intensité* de la pesanteur; on l'appelle encore *poids* du corps.

Lorsque nous tenons un corps à la main, son poids est représenté par l'effort nécessaire pour empêcher ce corps de tomber.

Deux *poids égaux* donneront le même allongement au ressort. C'est sur ce principe que sont construits les instruments appelés *pesons* ou *dynamomètres*, dont nous parlerons en 3e année.

Unité de poids. On a *choisi* pour unité de poids le poids de 1 centimètre cube d'eau pure, prise à la température de 4 degrés centigrades. — Pourquoi a-t-on choisi cette température ? — Ce poids s'appelle le *gramme.*

On a déterminé un poids 1 000 fois plus considérable : le *kilogramme* déposé au Bureau international des Poids et Mesures, à Sèvres, près Paris. Ce poids, constitué par un cylindre en platine, a été adopté pour représenter le kilogramme par les nations qui ont adhéré au système métrique, lors du Congrès international de 1881.

Poids marqués. On a construit des poids en métal : fonte, laiton, nickel, etc..., d'un maniement commode, et on a inscrit sur ces poids leur valeur en grammes. Ce sont des *poids marqués.* Ils forment des séries permettant de réaliser tous les poids possibles.

Balance.

12. *Définition et description.* — *La balance* (fig. 15) *sert à constater que les poids de deux corps sont égaux.* Si l'un des corps est constitué par des poids marqués, la balance donnera en grammes le poids du second.

La partie la plus importante de la balance est le *fléau.* C'est une barre rigide, traversée en son milieu par une pièce d'acier appelée *couteau,* de section triangulaire. L'arête du couteau est tournée vers le bas, elle constitue un axe de suspension du fléau et repose sur un plan bien poli : acier ou agate.

Vers ses deux extrémités, le fléau est traversé par deux *couteaux* dont l'arête est tournée vers le haut. Ces couteaux supportent les plateaux, qui doivent être de même poids. Les arêtes des trois couteaux sont dans un même plan et bien parallèles entre elles.

Enfin une *aiguille,* fixée au fléau, se déplace sur une graduation, soit au-dessus, soit au-dessous du fléau. On a marqué la position de l'aiguille pour laquelle le fléau est horizontal.

C'est la position la plus commode à observer dans la pratique. Elle est généralement indiquée sur la graduation par le chiffre 0 (zéro).

La balance ordinaire repose sur un pied en métal fixé sur une table, ou elle est suspendue au moyen d'un crochet

Autres balances. Les commerçants emploient généralement des balances dans lesquelles les plateaux sont au-dessus du fléau. Ce sont les balances *Roberval.*

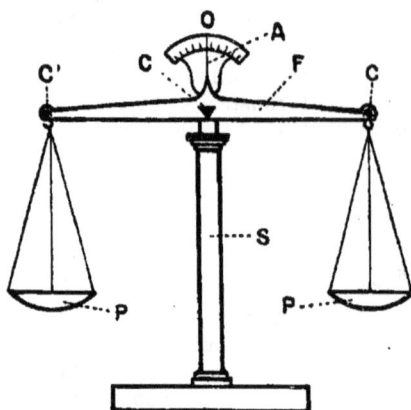

Fig. 15 — Schéma d'une balance ordinaire, F. fléau, C, couteau ; A, aiguille : S, support ; P, C' plateaux ; C', P couteaux qui supportent les plateaux.

13. *Poids égaux.* *Double pesée.* — Ex-périence. Plaçons un corps quelconque dans le plateau A d'une balance (fig. 16). Sur l'autre plateau, mettons de la grenaille de plomb, du sable, ou, comme on dit, de la *tare*, jusqu'à ce que l'aiguille soit au zéro (fléau horizontal).

Enlevons le corps, et à la place mettons des poids marqués de manière à ramener l'aiguille au zéro. Les poids marqués produisent le même effet que le corps à peser ; leur somme est égale au poids du corps.

Déterminer le poids d'un corps avec la balance, c'est faire une pesée.

L'opération précédente est dite *double pesée ;* on doit tou-

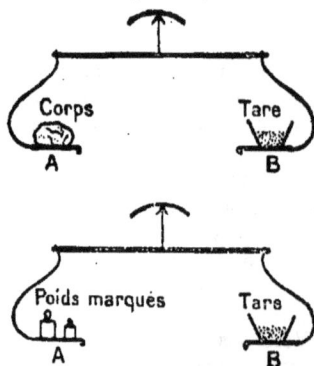

Fig 16 — Double pesée.

jours l'effectuer dans les mesures de précision, mais dans la pratique on cherche à déterminer le poids d'un corps par une seule opération, par simple pesée. Il faut dans ce cas que la balance soit *juste*.

14. *Justesse de la balance.* — Expérience. S'assurer par double pesée que deux poids marqués (de 100 grammes par exemple) sont égaux. Prendre une balance dont l'aiguille est au zéro quand les plateaux sont vides. Mettre sur chaque plateau l'un des poids dont on a constaté l'égalité. Si l'aiguille revient au zéro, la balance est juste.

Ainsi, *une balance est juste quand des poids égaux placés dans les plateaux ne modifient pas la position du fléau.* — Nous verrons en 3e année qu'une balance est juste quand les deux parties du fléau sont bien égales en longueur et en poids.

15. *Pesée ordinaire.* — Pour faire une pesée avec une balance juste, il suffit de placer le corps à peser dans l'un des plateaux de la balance, et de mettre dans l'autre plateau des poids marqués jusqu'à ce que l'aiguille soit au zéro.

Il faut donc que les balances des commerçants soient justes et que leurs poids aient bien la valeur marquée, puisque dans le commerce on ne fait jamais que de simples pesées. Un agent, appelé Vérificateur des poids et mesures, est chargé de vérifier chez les commerçants l'exactitude des poids et la justesse des balances.

16. *Sensibilité de la balance.* — Expérience. Prendre une balance ordinaire, les plateaux n'étant pas chargés; l'aiguille est au zéro. Mettre un poids de 1 gramme dans un plateau, le fléau s'incline. Noter la division de la graduation à laquelle s'arrête l'aiguille.

Charger ensuite chaque plateau de poids égaux : 5 kilog. par exemple, et mettre de nouveau une surcharge de 1 gramme sur un des plateaux. Le fléau s'incline à peine, et il faut une surcharge de plusieurs grammes pour avoir la même déviation que précédemment.

On dit qu'*une balance est sensible au gramme lorsqu'une surcharge de 1 gramme dans l'un des plateaux produit une déviation visible de l'aiguille.*

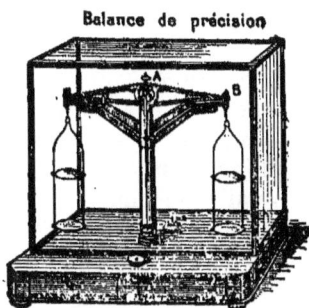

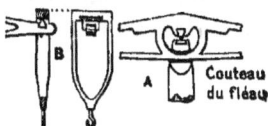

Balance de précision

B Couteau à l'attache des plateaux

Fig. 17. — Balance de précision et détail des couteaux. A, couteau du fléau; B, couteau à l'attache des plateaux

Les balances ordinaires sont sensibles au gramme, mais l'expérience précédente montre que la sensibilité décroît quand la charge augmente ; quand on achète une balance, il faut donc vérifier qu'elle est sensible au gramme sous la charge la plus forte qu'elle peut supporter.

Les balances des pharmaciens sont sensibles au milligramme. Les balances de haute précision (fig. 17) permettent de peser 1 kilogramme et sont sensibles au 1/10 de milligramme. Si on pèse 100 grammes avec une pareille balance, l'erreur commise sur le poids est moindre qu'un millionième du poids considéré $\frac{1}{(1\ 000\ 000)}$. Aussi les pesées sont en physique des mesures très précises. En pesant 5 kilogrammes avec la balance de ménage sensible au gramme sous cette charge, l'erreur sur la pesée est moindre que $\frac{1}{5\ 000}$ du poids. Il serait difficile de mesurer une longueur avec la même précision, car il ne faudrait pas faire une erreur supérieure à 1 centimètre pour 50 mètres.

RÉSUMÉ

1. L'*intensité* de l'action de la pesanteur sur un corps s'appelle encore *poids* du corps.

Dans les *pesons*, on évalue le poids d'un corps par l'allongement d'un ressort d'acier auquel on suspend ce corps. Deux poids sont égaux quand ils produisent le même allongement.

2. L'unité de poids adoptée est le *gramme*. C'est la millième partie du poids d'un cylindre de platine déposé au Bureau international des Poids et Mesures. Ce cylindre de platine est le kilogramme étalon. Le gramme équivaut très sensiblement ' au poids de 1 centimètre cube d'eau pure à la température de 4 degrés centigrades.

3. *La balance sert à constater que deux poids sont égaux.*

Elle se compose essentiellement d'un *fléau*, barre

---

1. Il est extrêmement difficile d'obtenir un poids qui réponde à la définition du kilogramme, aussi le kilogramme étalon déposé au Bureau international diffère de 13 milligrammes du poids du décimètre cube d'eau à 4°, différence insignifiante dans la pratique.

rigide, traversée en son milieu par un *couteau* d'acier. L'arête du couteau repose sur un plan bien poli. Aux deux extrémités, deux autres couteaux supportent des plateaux. Au fléau est fixée une aiguille qui sert à constater la position pour laquelle le fléau est horizontal.

4. Constater l'égalité de deux poids, c'est faire une *pesée*. On obtient deux poids égaux par *double pesée* avec n'importe quelle balance, mais les balances ordinaires donnent le poids d'un corps par simple pesée : on met le corps dans un des plateaux, et des poids marqués dans l'autre jusqu'à ce que l'aiguille soit au zéro.

5. Les balances doivent être *justes* et *sensibles*.

Une balance est *juste* quand des poids égaux, placés dans les plateaux, ne modifient pas la position du fléau.

Une balance est dite *sensible au gramme* quand une surcharge de 1 gramme dans un des plateaux produit une déviation appréciable de l'aiguille.

EXERCICES

I. Construire une balance au moyen d'une règle ordinaire. On perce un trou au milieu de la règle. Un clou ou une aiguille d'acier, entrant sans frottement, constitue le couteau. A égale distance du milieu, vers l'extrémité, percer deux trous dans lesquels on place les crochets qui supportent les plateaux. Ceux-ci sont constitués par le couvercle d'une boîte en fer-blanc de 8 à 10 centimètres de diamètre; ils sont suspendus par 3 brins de ficelle. Fixer une aiguille en haut ou en bas de la règle.

II. Rechercher si cette balance est juste. Étudier sa sensibilité. — Les plateaux étant vides, et l'aiguille au 0, mettre une surcharge de 1 gramme dans chaque plateau. Noter la déviation. Charger les plateaux de 200 grammes et chercher la surcharge qui donne la même déviation que précédemment. Augmenter la charge de 200 grammes en 200 grammes et recommencer l'expérience.

III. Peser un corps au moyen de la balance précédente par double pesée et par pesée simple. Vérifier le poids trouvé au moyen de la balance ordinaire.

4ᵉ LEÇON

PREMIÈRES NOTIONS SUR LE POIDS SPÉCIFIQUE ET SUR LA CHUTE DES CORPS

MATÉRIEL : Flacon avec un repère marqué sur le col; si possible, flacon spécial pour densité. — Morceaux de silex ou de pierre dure.

— Les morceaux seront cassés de façon à pouvoir entrer dans le flacon. — Eau, pétrole. Balance Roberval et poids. — Tube de Newton et machine pneumatique. — Pièce de 5 francs en argent et rondelle de papier de diamètre un peu moindre que celui de la pièce. — Feuille de papier ordinaire. — Feuille de papier d'étain. — Balles et grains de plomb, liège, flocons de duvet ou de laine. — Marteau d'eau ou baromètre à siphon.

Poids spécifique des solides et des liquides.

17. *Définition*. — C'est un fait d'observation courante qu'un litre d'eau pèse plus qu'un litre d'huile, d'alcool, de pétrole; qu'un morceau de plomb pèse plus qu'un morceau de fer de même volume. Aussi, les différents corps, pris sous le même volume n'ont pas le même poids.

Si on détermine le poids de l'unité de volume (décimètre cube ou centimètre cube) pour chaque corps, le poids trouvé pourra servir à caractériser ce corps, à le *spécifier*. C'est pourquoi le poids de l'unité de volume d'un corps a été appelé *poids spécifique* de ce corps.

Ainsi, dire que le poids spécifique du fer est 7,8 signifie : un centimètre cube de fer pèse 7 gr, 8, ou bien un décimètre cube pèse 7 kg, 8. Nous avons vu d'ailleurs que le poids de l'unité de volume d'un corps varie avec la température. Aussi, on a pris le poids spécifique à la température de 0°.

PROBLÈME. Le poids d'un corps est 440 grammes, son volume est 50 centimètres cubes. Quel est son poids spécifique?

Solution : Le poids spécifique est le poids de 1 centimètre cube, c'est-à-dire $\dfrac{400^{gr}}{50} = 8^{gr},8$.

D'un façon générale, si P est le poids en grammes d'un corps, V son volume exprimé en centimètres cubes à la température de 0°, on a :

$$\text{Poids spécifique} = \frac{P^{gr}}{V}.$$

En raison du choix de l'unité de poids en France, le nombre V qui exprime le volume du corps en centimètres cubes est égal au nombre qui mesure le poids d'un égal volume d'eau à la température de 4°. Dans l'expression précédente, on peut donc remplacer V par le poids d'un volume d'eau égal au volume du corps. — Il faut remarquer que le corps est supposé pris à 0° et l'eau à 4°. — Le quotient obtenu est encore appelé *densité* du corps.

$$\text{Densité d'un corps} = \frac{\text{Poids d'un certain volume du corps à 0°}}{\text{Poids du même volume d'eau à 4°}}.$$

18. *Détermination du poids spécifique d'un solide ou d'un liquide.* — **Cas d'un corps solide.** On détermine :

1o Le poids du corps ;

2o Le poids d'un volume d'eau égal au volume du corps.

Le poids spécifique s'obtient en faisant le quotient des deux nombres trouvés.

Soit à déterminer le poids spécifique du silex,

On prend un flacon qui renferme de l'eau jusqu'à un repère et on casse le silex en petits morceaux qui peuvent entrer dans le flacon. On pèse d'abord le silex, soit 220 grammes.

Pour obtenir le poids du volume d'eau égal au volume du corps, on met ce corps dans le flacon, on ramène au repère le niveau du liquide et on détermine le poids de l'eau qui a été enlevée, soit 90 grammes.

Le poids spécifique cherché est $\frac{220}{90} = 2,44$.

Cas d'un corps liquide. Un flacon est rempli successivement d'eau puis du liquide dont on veut évaluer le poids spécifique. On ramène chaque fois le niveau du liquide à un trait de repère.

Soit à prendre le poids spécifique du pétrole.

L'eau qui remplit le flacon jusqu'au repère pèse 110 grammes par exemple.

Le pétrole qui occupe le même volume pèse 92 grammes.

Le poids spécifique du pétrole est $\frac{92}{110} = 0,83$.

Nous n'insisterons pas sur les appareils employés dans les mesures de précision, sur la série des pesées à effectuer, sur les corrections qu'on doit faire subir aux résultats bruts.

19. *Résultats.* — Dans le tableau ci-dessous, nous donnons quelques résultats relatifs à des corps usuels.

Platine....................	21,5.	Acide sulfurique concen-	
Or.......................	19,3.	tré.....................	1,84.
Plomb...................	11,3.	Sulfure de carbone......	1,26.
Argent...................	10,5.	Glycérine...............	1,26.
Cuivre..................	8,9.	Benzine.................	0,88.
Fer forgé	7,8.	Alcool..................	0,8.
Aluminium.............	2,6.	Essence minérale........	0,66
Mercure.................	13,6.		

Premières notions sur la chute des corps.

20. *Tous les corps tombent également vite dans le vide.*

— EXPÉRIENCE. Laissons tomber en même temps d'une certaine hauteur une balle de plomb, une feuille de papier, une barbe de plume. Ces différents corps ne touchent pas le sol en même temps. On pourrait croire que l'espace parcouru en un temps donné par un corps qui tombe dépend de la nature de ce corps, mais il n'en est rien. La différence de vitesse de chute des différents corps est due à la résistance de l'air.

EXPÉRIENCE. Un long tube de deux mètres de long (fig. 18) renferme du plomb, des bouts de papier, des morceaux de liège, du duvet. Ce tube fermé par un bout présente à l'autre un ajutage qu'on peut fixer sur une machine à enlever l'air (machine pneumatique). Avant d'avoir fait le vide, les corps en tombant mettent des temps différents pour parcourir la longueur du tube; mais, après avoir enlevé l'air, le flocon de duvet arrive en bas du tube aussitôt que le grain de plomb. Cette expérience est attribuée à Newton.

AUTRES EXPÉRIENCES. L'influence de la résistance de l'air peut encore être mise en évidence par les expériences simples suivantes :

1º Prendre une feuille de papier, la partager en deux parties égales, rouler une moitié en boulette, et laisser tomber en même temps les deux parties; la boulette arrive au sol avant la feuille. Faire la même expérience avec une feuille de papier d'étain.

2º Prendre une pièce de 5 francs en argent et découper une rondelle de papier de diamètre légèrement moindre que celui de la pièce. Laisser tomber la pièce d'argent et la rondelle séparément, mais en les abandonnant au même moment et de la même hauteur; la rondelle arrive au sol bien après la pièce de monnaie. Placer maintenant la rondelle au-dessus de la pièce et laisser tomber celle-ci en la tenant bien à plat. La rondelle accompagne la pièce dans sa chute. La pièce a sous-

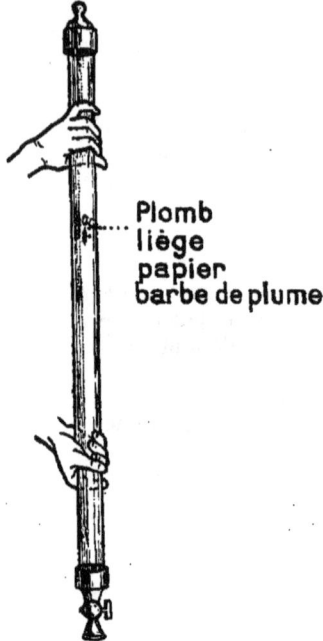

Plomb
liège
papier
barbe de plume

FIG. 18. — Tube de Newton. Tous les corps tombent également vite dans le vide.

trait la rondelle à l'action de l'air, et le papier est tombé tout comme dans le vide.

Ajoutons encore qu'un liquide tombant d'une certaine hauteur se divise dans l'air en fines gouttelettes. Dans le vide, le liquide tombe d'un seul bloc. C'est ce qu'on constate avec le marteau d'eau, ou simplement avec un tube barométrique quand on l'incline de façon que le mercure atteigne l'extrémité fermée.

Conclusion. *Dans le vide, tous les corps tombent également vite, c'est-à-dire parcourent des espaces égaux dans le même temps.*

21. *Espaces parcourus par un corps qui tombe.* — Nous reviendrons en 3⁰ année sur la chute des corps ; signalons seulement aujourd'hui les faits suivants :

Un corps qui tombe en chute libre parcourt :

en 1 seconde de chute......................	$4^m,90$
2 secondes —	$4^m,90 \times 2^2$
3 — —	$4^m,90 \times 3^2$
....	
n	$4^m,90 \times n^2$

On traduit ces résultats par la loi suivante :

Quand un corps tombe en chute libre, les espaces parcourus sont proportionnels aux carrés des temps employés à les parcourir.

RÉSUMÉ

1. — On appelle *poids spécifique* d'un corps solide ou d'un corps liquide le poids de l'unité de volume de ce corps, à la température de 0⁰.

Le poids spécifique s'obtient en divisant le poids du corps par le volume de ce corps à 0⁰.

Si le poids est exprimé en grammes, le volume du corps doit être mesuré en centimètres cubes.

2. En raison du choix de l'unité de poids dans le système métrique, le volume du corps en centimètres cubes et le poids en grammes du même volume d'eau à 4⁰ sont exprimés par le même nombre ; d'où la deuxième définition :

Le poids spécifique d'un corps solide ou liquide est le rapport entre le poids d'un certain volume de ce corps pris à O₀ *et le poids d'un égal volume d'eau à* 4°. Ce rapport s'appelle encore *densité* du corps.

3. Pour obtenir le poids spécifique d'un solide ou d'un liquide on détermine :

      a) le poids d'un certain volume du corps ;

      b)le poids du même volume d'eau ;

et on fait le quotient des nombres obtenus.

4. Dans le vide, les corps tombent également vite, c'est-à-dire qu'ils parcourent des espaces égaux dans le même temps. Les différences que l'on constate sont dues à la résistance de l'air.

5. Quand un corps tombe en chute libre, les espaces parcourus sont proportionnels aux carrés des temps employés à les parcourir. Ainsi :

      en 1 seconde, un corps parcourt $4^m,90$

      en 2 secondes $4^m,90 \times 2^2$, etc.

EXERCICES

I. Un morceau de fer a la forme d'un parallélépipède à base carrée. L'arête de base à 5 centimètres de côté, la hauteur est de 2 décimètres. Le poids est de 3 kg. 900. Quel est le poids spécifique du fer ?

II. A 6 francs le gramme de platine, quelle est la valeur d'un fil de ce métal de $\frac{1}{10}$ de millimètre de diamètre et de 10 mètres de longueur? Le poids spécifique du platine est 21,5.

III. Quelle est la profondeur d'un puits de mine dans lequel une pierre tombant en chute libre atteint le fond en 9 secondes? — Combien de temps une pierre mettrait-elle à tomber du haut de la tour Eiffel ?

IV. Quels sont les espaces parcourus par un corps qui tombe pendant la 1ᵉ, la 2ᵉ, la 3ᵉ, etc. seconde de chute? — Montrer que ces espaces sont le produit de $4^m,90$ par la suite des nombres impairs. Les espaces parcourus pendant deux secondes consécutives diffèrent donc de $9^m,80$. Cette quantité est dite l'*accélération* du mouvement. On la représente généralement par *g*.

5ᵉ LEÇON

NOTIONS SOMMAIRES SUR LE PENDULE

Matériel : **Balles de plomb pour filet de pêche** (d=15ᵐ⁄ₘ environ). **Faire 3 pendules de** $0^m,20$, $0^m,80$, $1^m,80$ **de long.** — **Pendule constitué**

ar un poids de 50 gr. suspendu à un fil. — Appareil fig. 23. —
.ppareil fig. 24. — Examiner si on le peut l'échappement d'une
.orloge à balancier.

Notions sommaires sur le pendule.

22. *Pendule simple*. — Expérience. Voici un fil à plomb
formé d'une balle de plomb suspendue à un fil de 1 mètre environ (fig. 19). Ecartons le fil de la verticale, et amenons la balle
en B. Si nous abandonnons la balle, elle tend à tomber, mais
comme elle est retenue par le fil, elle est forcée de décrire l'arc
de cercle de rayon OA. Arrivée en A, elle devrait s'arrêter, puisqu'elle se trouve le plus bas possible, mais nous constatons qu'elle
dépasse A, et continue à dé-
crire l'arc de rayon OA jusqu'en un point B' tel qu'on ait
sensiblement AB' = AB. Puis
la balle redescend, passe de
nouveau en A et remonte vers
B. Elle exécute ainsi une série
de mouvements de B vers B' et
de B' vers B. Chacun de ces
mouvements est une *oscillation*. L'angle BOB' s'appelle
amplitude de l'oscillation.
L'amplitude diminue peu à peu
et la balle finit par s'arrêter
en A.

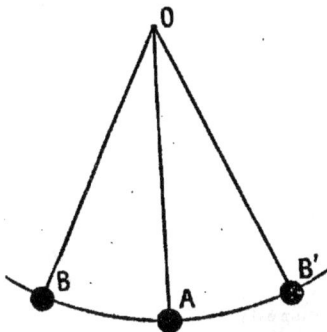

Fɪɢ 19 — Pendule simple.

L'appareil précédent s'ap-
pelle un *pendule*. Le pendule simple idéal serait constitué par
un corps pesant réduit à un point et suspendu à un fil flexible
et inextensible. Le pendule précédent se rapproche du pendule simple ; on prend pour longueur du pendule la distance
du centre de la balle au point de suspension.

23. *Lois du pendule simple*. — Expérience. Compter pendant
une minute le nombre d'oscillations du pendule précédent,
l'amplitude ne dépassant pas 7 à 8 degrés. Compter de nouveau
les oscillations pendant une minute lorsqu'elles sont devenues
plus petites. On en trouve le même nombre. Ainsi, *les oscillations de faible amplitude ont la même durée :* on dit qu'elles
sont *isochrones*.

Expérience. Prendre 3 pendules formés de même substance,
l'un de 0m,20 de long, le 2e de 0m,80, le 3e de 1m,80 (fig. 20). Les

longueurs sont comme les nombres 1, 4, 9. Faire osciller ces pendules. Quand le plus petit fait 3 oscillations, le 2º en fait 2 et le
3º en fait 1. Ainsi, quand le pendule est
9 fois plus long, la durée de ses oscillations est 3 fois plus longue ; quand il
est 4 fois plus long, la durée des oscillations est 2 fois plus longue. Or, 3 est
la racine carrée de 9, 2 est la racine
carrée de 4. On traduit le résultat précédent en disant : *Pour un pendule simple, la durée d'oscillation est proportionnelle à la racine carrée de la longueur du pendule.*

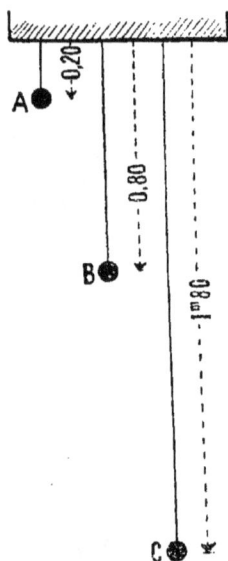

Fig. 20. — La durée d'os-
cillation est proportion-
nelle à la racine carrée
de la longueur du pen-
dule.

EXPÉRIENCE. Prendre deux pendules
de même longueur, l'un formé d'une
balle de plomb, l'autre d'un poids de
50 grammes suspendu à un fil. Les faire
osciller. On constate que la durée d'une
oscillation est la même.

Ainsi, *la durée d'une oscillation **ne**
dépend que de la longueur du pendule,
elle est indépendante de la nature de
la masse pesante.*

A Paris, un pendule accomplit une
oscillation en 1 seconde quand sa longueur est d'environ 1 mètre (exactement 993^m_m). On dit que le pendule *bat
la seconde.* La longueur du pendule
qui bat la seconde varie légèrement d'un point à un autre de
la terre : 991^m_m à l'équateur, 996^m_m au pôle.

24. *Application du pendule aux horloges.* — Le savant hol-
landais Huyghens eut l'idée d'appliquer le pendule au réglage
des horloges. Les fig. 21 et 22 montrent la disposition la plus
fréquente.

Une roue porte 30 dents (roue d'échappement) et est entraînée
dans le sens de la flèche, soit par l'action d'un poids, soit par
celle d'un ressort qui se détend. Une *ancre* d'échappement portant à ses deux extrémités un crochet participe au mouvement
d'un pendule ou balancier. Quand le balancier va à gauche le
crochet B arrête la dent *b* (fig. 21) ; quand le pendule va vers la
droite la dent *b* passe, mais cette dent seulement peut passer,
car le crochet A arrête la dent *a*. Lorsque le pendule revient à

gauche la dent qui suit *b* est arrêtée, la dent *a* passe dans le mouvement du pendule vers la droite, la dent qui suit *a* est arrêtée

(fig. 22). Une dent passera donc à chaque oscillation double du pendule. Si le pendule bat la seconde, la roue fera un tour par minute. A chaque oscillation, la roue communique à l'ancre, et par suite au balancier, une petite impulsion qui entretient le mouvement de celui-ci, malgré les frottements et la résistance de l'air.

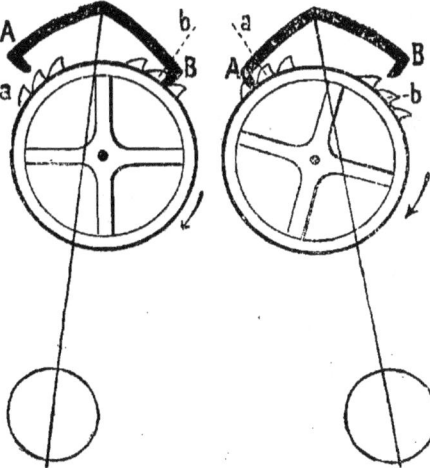

Fig. 21 et 22. — Application du pendule aux horloges. Une dent de la roue d'échappement passe à chaque oscillation double du balancier.

25. Invariabilité du plan d'oscillation. — EXPÉRIENCE. Un support métallique coudé peut tourner autour d'un pivot P (fig. 23). Un pendule est suspendu en O, sur la verticale de P. On fait osciller le pendule et on tourne le support. On constate que le plan dans lequel s'effectuent les oscillations demeure invariable.

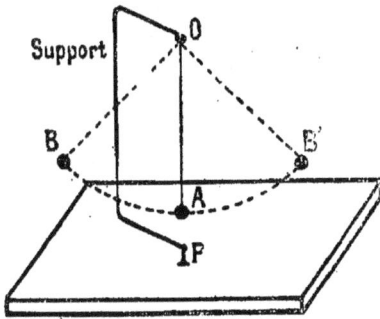

Fig. 23. — Quand on fait tourner le support autour du pivot P, le plan dans lequel s'effectuent les oscillations demeure invariable.

Cette expérience permet de donner une preuve directe de la rotation de la terre.

Supposons qu'un pendule oscille au pôle. En 24 heures son point de suspension aura fait un tour complet ; mais, le plan dans lequel les oscillations s'effectuent restant invariable, si on détermine la trace de ces oscillations sur le sol, il *semblera* que le plan d'oscillation, en 1 heure, tourne de 1/24 de cercle.

En tout autre lieu que le pôle, le plan d'oscillation semblera se déplacer aussi, mais des calculs que nous ne pouvons pas indiquer montrent que le *déplacement apparent* du plan d'oscillation doit se faire plus lentement qu'au pôle. A Paris, le calcul indique que ce déplacement doit en une heure être $\frac{1}{32}$ de cercle.

Foucault fit en 1852 une expérience célèbre pour vérifier ce fait. Un pendule de 68 mètres de longueur fut installé au Panthéon. Une aiguille fixée à ce pendule venait affleurer un tas de sable formant une bordure circulaire, et donnait ainsi la trace du plan d'oscillation du pendule. Le résultat confirma la théorie. En 8 heures, le plan d'oscillation du pendule subit un déplacement apparent de un quart de cercle.

La remarquable expérience de Foucault fut recommencée 50 ans plus tard, c'est-à-dire en 1902, et attira au Panthéon de nombreux curieux.

RÉSUMÉ

1. Un *pendule* est constitué par une masse pesante qui peut osciller autour d'un point ou d'un axe de suspension. Le pendule le plus simple est formé d'une balle de métal suspendue à un fil flexible et inextensible.

2. Des pendules simples de même longueur exécutent des oscillations de même durée pourvu que ces oscillations restent petites. Cette durée ne dépend pas de la nature de la masse pesante.

3. La durée des oscillations est proportionnelle à la racine carrée de la longueur du pendule, c'est-à-dire qu'un pendule 4 fois plus long qu'un autre exécute des oscillations d'une durée 2 fois plus longue.

4. A Paris, le pendule dont les oscillations ont une durée de 1 seconde a une longueur de 1 mètre environ (993‰). Cette longueur augmente légèrement quand on se déplace de l'équateur au pôle (991 à 996‰).

5. On a utilisé le pendule pour régulariser le mouvement des horloges. Le physicien français Foucault s'en est servi pour démontrer la rotation de la terre.

EXERCICES

1. Quelle est l'action des variations de température sur une horloge? Comment peut-on obtenir des pendules pour lesquels les variations de température soient sans effet? (1re *année*, n° 18).

II. Le calcul montre que la durée d'oscillation d'un pendule est donnée par la formule : $t = \pi \sqrt{\dfrac{l}{g}}$ (t est le temps en secondes, *l* la longueur du pendule, *g* l'accélération du mouvement d'un corps qui tombe, soit $9^m,80$). D'après cela, compter avec une montre à secondes la durée de 100 oscillations d'un pendule simple et vérifier si cette durée répond à la formule. — Quelle est la durée d'oscillation du pendule du Panthéon (n° 25)? — Si un pendule bat la seconde à Paris, quel sera en un jour l'effet d'une variation de température qui fera varier la longueur de 1 millimètre?

III. — Aux deux bouts d'une règle en fer (fig. 24), fixer un fil non tendu (prendre le fil environ deux fois plus long que la règle). Suspendre le fil en son milieu et faire osciller le système. Déter-

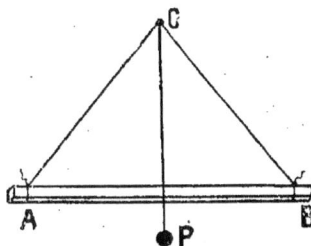

Fig. 24. — OP est le pendule simple synchrone du système OAB.

miner la longueur du pendule simple qui exécuterait des oscillations de même durée que le système précédent. — Le système oscillant est un *pendule composé;* le pendule simple dont les oscillations ont même durée est le *pendule simple synchrone* (fig. 24).

6ᵉ LEÇON

SURFACE LIBRE DES LIQUIDES
VASES COMMUNICANTS

Matériel : Assiette large. — Flacon. — Grenaille de plomb (plomb de chasse). — Equerre. — Appareil figure 26. — Niveau d'eau, ou, à défaut, appareil indiqué exercice II. — Mire. — Tube effilé. — Niveau à bulle d'air.

Le liquide est dans un seul vase.

26. *Forme et propriétés de la surface libre.* — Expérience : Voici de l'eau dans une cuvette (fig. 25), nous savons déjà que la surface est plane et horizontale : elle est *plane*, parce qu'une ligne droite, l'arête d'une équerre par exemple, peut s'appliquer exactement sur cette surface dans toutes les directions; elle est *horizontale*, parce que perpendiculaire à la verticale (n° 3). Penchons le vase, la surface du liquide reste horizontale; il arrive un moment où le niveau de l'eau atteint le bord du vase. Si on continue à pencher celui-ci, l'eau tombe et on peut la recueillir dans ur verre, un flacon, dont, elle, prend la forme; on ne peut pas la saisir avec la main, on dit qu'elle *coule*. On traduit encore cette propriété en disant que l'eau est un *fluide* ou un *liquide*.

On peut se faire une idée de la constitution d'un liquide en emplissant un vase de grains de plomb de chasse. Les grains se disposent de façon que la surface présente l'aspect d'un plan horizontal; il suffit d'imprimer au vase de légers chocs pour obtenir ce résultat. Si on incline ce vase, les grains coulent comme de l'eau et on peut les recueillir dans un autre vase. Plus les grains sont fins, plus la ressemblance avec un liquide est frappante. Les matières pulvérulentes bien sèches, sable, farine, fleur de soufre, etc., donnent lieu aux mêmes constatations. On a donc toutes sortes de raisons pour considérer un liquide comme formé de particules extrêmement petites, n'ayant entre elles qu'une adhérence insignifiante, et pouvant glisser les unes sur les autres sous l'influence de la force la plus légère.

FIG. 25. — Les liquides prennent la forme des vases qui les renferment.

Il y a tous les intermédiaires entre l'état solide et l'état liquide : les huiles, les sirops, la mélasse, le goudron, les beurres, voilà quelques-uns de ces intermédiaires.

Les liquides sont peu compressibles. Une pression de 1 kilogramme par centimètre carré sur de l'eau ne ferait varier le volume que de 1 centimètre cube pour 20 litres de liquide environ. Avec le mercure, la variation serait plus faible encore. Si nous ne nous occupons pas des variations de volume dues aux variations de température, nous pouvons donc dire : *Un liquide est un fluide de forme variable et de volume constant.*

FIG. 26. — Vases communicants. Les surfaces libres du liquide sont dans le même plan horizontal.

Vases communicants.

27. Forme de la surface libre. —
EXPÉRIENCE. Prenons l'appareil représenté par la figure 26; il se compose d'un entonnoir et d'un verre de lampe réunis

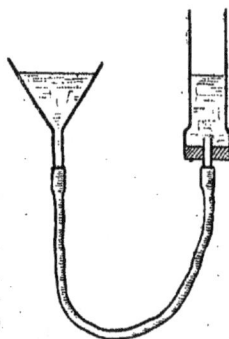

par un tube de caoutchouc. Versons de l'eau dans l'un des vases, le liquide s'élève dans l'autre, et nous constatons :

1o Que dans chaque vase la surface du liquide est un plan;

2o Que dans les deux vases la surface libre est dans le même plan horizontal. Nous pouvons approcher les deux vases, les éloigner les pencher de toutes manières, en ayant soin toutefois que le liquide ne s'échappe pas, toujours nous constatons les résultats précédents. Il n'y a donc aucune différence entre un seul vase et des vases communicants.

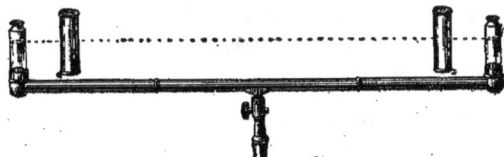

Fig. 27 — Niveau d'eau.

28. *Niveau d'eau.* — Les propriétés des vases communicants sont utilisées dans le *niveau d'eau*. Cet instrument se compose de deux fioles en verre réunies par un tube de fer. Le tout est supporté par un pied (fig. 27). Le niveau d'eau sert dans le *nivellement*. On appelle *surface de niveau* un plan horizontal. Le niveau d'eau sert à déterminer la distance verticale entre les plans horizontaux qui passent par deux points, autrement dit, à déterminer la différence de niveau entre deux points. La figure 28 montre suffisamment comment on procède.

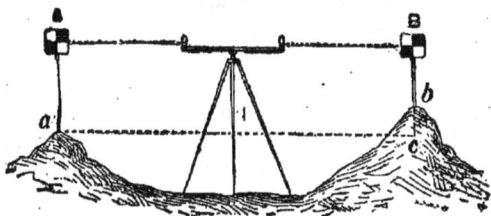

Fig. 28 — Nivellement. La différence de niveau entre *b* est *a* est égale à A*a* — B*b*.

Fig. 29. — Écluse. 1, vue générale. 2, coupe schématique. A-B, portes ; C, vanne ouverte ; D, vanne fermée ; E, niveau supérieur ; F, niveau inférieur.

29. Écluses. — Dans les canaux, on a des bassins ou *biefs* situés à des niveaux différents (fig. 29). L'eau d'alimentation arrive dans le bief dont le niveau est le plus élevé. Deux biefs sont séparés par une petite portion de canal permettant juste le passage d'un bateau : c'est une *écluse*. L'écluse est fermée à ses deux bouts par des portes formant entre elles un angle dirigé vers l'amont. La figure 29 montre comment on peut faire passer un bateau d'un bief dans un autre situé plus bas.

30. *Distribution de l'eau dans les villes.* — Dans les villes, où les maisons ont plusieurs étages, il est nécessaire de faire monter l'eau jusqu'au dernier étage.

Pour cela, on établit un réservoir à un niveau plus élevé que la ville, et l'eau de ce réservoir est amenée partout où on en a besoin par une canalisation bien étanche. — Où se trouve le réservoir qui sert à l'alimentation de la ville, de l'école ?

31. *Jets d'eau.* — EXPÉRIENCE. Dans l'appareil (fig. 26) remplacer le verre de lampe par un tube effilé, et abaisser l'extrémité du tube au-dessous du niveau du liquide dans l'entonnoir. Le liquide jaillit par le tube effilé et le jet atteint presque le niveau de l'eau dans l'entonnoir : on a un *jet d'eau* (fig. 30). Les jets d'eau qu'on voit sur les places, dans les parcs, etc., sont obtenus de la même manière.

Fig. 30. — Jet d'eau.

32. *Puits artésiens.* — Ce sont des applications assez intéressantes des vases communicants. Parmi les couches qui constituent le sol, les unes, comme le sable, le gravier, laissent passer l'eau, sont *perméables*, l'argile est *imperméable*. Dans le bassin de Paris, les couches successives ont la forme de cuvettes emboîtées les unes dans les autres. On trouve en particulier une couche de sable comprise entre deux couches d'argile.

La couche de sable affleure de la Champagne à la Loire à 150 mètres environ au-dessus de Paris (fig. 31). Les pluies qui tombent dans la région d'affleurement s'infiltrent dans le sable et constituent entre les deux couches d'argile comme un réservoir, encaissé entre deux cuvettes. A Paris, la nappe perméable est recouverte par une couche de terrains épaisse de 500 à

600 mètres. Si on creuse un trou jusqu'à cette couche perméable, l'eau remonte à la surface du sol et même peut jaillir
à une certaine hauteur. Des puits analogues au précédent
avaient été creusés dans l'Artois déjà au moyen âge, d'où le nom
de *puits artésiens* qui leur a été donné. A Paris, il y a plusieurs
puits artésiens. Les plus connus sont ceux de Grenelle et de
Passy. Le puits de Grenelle a 540 mètres de profondeur, l'eau

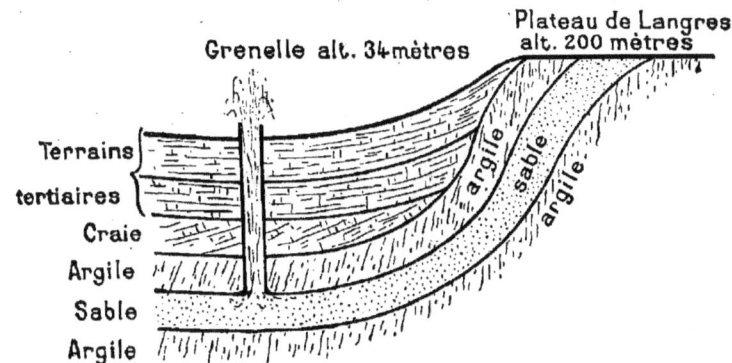

Fig. 31. — Figure schématique d'un puits artésien dans le bassin de Paris.

s'élève encore à 38 mètres au-dessus du sol. Son débit est de
300 litres par minute. Le puits de Passy a 586 mètres de profondeur. Son débit est de 4000 litres par minute, l'eau est à la
température de 28°. En Algérie et en Tunisie, des puits artésiens ont transformé en oasis verdoyantes des contrées absolument dépourvues de végétation.

RÉSUMÉ

1. Les *liquides* prennent la forme du vase qui les renferme, ils coulent, ils sont à peu près incompressibles :
ce sont des fluides de forme variable et de volume constant.

La surface libre d'un liquide en équilibre est un plan
horizontal.

2. Lorsqu'un liquide se répand dans plusieurs vases
qui communiquent entre eux,

a) Dans chaque vase, la surface du liquide est un plan
horizontal ;

b) La surface du liquide de tous les vases est dans le
même plan horizontal.

3. Les propriétés des vases communicants ont été appliquées :

a) Dans le *niveau d'eau*, qui sert à déterminer la différence de niveau entre deux points, c'est-à-dire la distance des deux plans horizontaux dans lesquels se trouvent ces points ;

b) Dans les *écluses*, qui permettent de faire passer les bateaux d'un bief à un autre qui n'est pas au même niveau ;

c) Pour la distribution de l'eau dans les villes, pour l'établissement de jets d'eau ;

d) Pour l'établissement de *puits artésiens*, comme on en trouve à Paris (Grenelle, Passy), en Algérie et en Tunisie.

EXERCICES

I. D'après la figure 29, indiquer comment on procédera pour faire passer un bateau du bief inférieur dans le bief supérieur; dessiner les différentes phases du passage.

II. Déterminer avec le niveau d'eau différents points de la salle de classe qui sont dans le même plan horizontal (points de même niveau). Déterminer dans la cour la différence de niveau entre deux points, — Si l'on n'a pas de niveau d'eau, on peut en réaliser un très simplement. On prend 2 verres de lampe cylindriques qu'on ferme par un bouchon traversé d'un tube de verre. On les réunit par un tube de caoutchouc de 1 mètre environ, et on supporte les fioles par une petite planche percée d'un trou à chaque bout pour passage des tubes.

III. Mettre dans un verre et successivement du pétrole, de l'eau, du mercure. Observer la disposition des liquides et la forme de la surface de séparation.

IV. Observer un niveau à bulle d'air, le décrire. — Comment peut-on le vérifier ? — A quoi sert-il ? — Comparer le niveau à bulle d'air au niveau des maçons et au niveau d'eau.

7ᵉ LEÇON

POUSSÉES EXERCÉES PAR LES LIQUIDES

MATÉRIEL : 3 briques. — Appareil (fig. 33.) — Pétrole et eau. (Au lieu de pétrole et d'eau, on pourrait employer l'eau et le mercure; mais, en raison de la grande densité du mercure, l'appareil est moins sensible.)

Transmission des pressions.

33. *Définition de la pression.* — Voici une brique qui pèse 2 kilos; ses dimensions sont 20, 10, 5 centimètres. Je puis la poser

sur la table dans trois positions différentes (fig. 32) : sur la face
de 20 × 10 centimètres, sur celle de 20 × 5 ou sur celle de
10 × 5 centimètres. Dans les trois cas, la brique presse sur la
table, et la force de pression est la même, 2 kilogrammes. Mais
cette force ne se trouve pas répartie sur des surfaces égales
dans les trois positions. Dans la première position, la force de
pression est répartie sur 200 centimètres carrés; sur 1 centi-

mètre carré, elle est donc de $\dfrac{2000 \text{ gr.}}{200}$ ou 10 grammes. On voit

que dans la deuxième position cette force serait de 20 grammes
par centimètre
carré, et dans
la troisième,
40 grammes.

L'action de
la brique sur la
table n'est donc
pas bien définie
par le poids de
cette brique,
mais par le

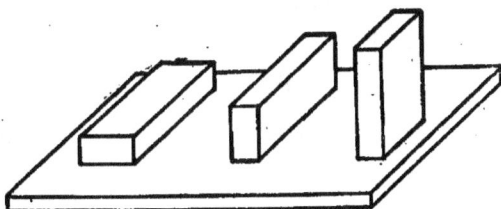

Fig. 32. — Dans les trois positions de la brique, la
poussée sur un centimètre carré n'est pas la même.

quotient du poids et de la surface pressée, autrement dit, par
la force de pression sur 1 centimètre carré.

Désormais, nous appellerons *poussée* la force de pression,
et quand nous dirons *la pression*, nous entendrons la *poussée
sur un centimètre carré*. Nous nous rappellerons qu'on obtient la
valeur de *la pression* en divisant la poussée exprimée en
grammes par la surface pressée exprimée en centimètres carrés.

Pression en un point. Nous emploierons parfois l'expression : *pression en un point*. Il semble qu'elle n'ait aucune signifi-
cation, puisqu'un point n'a pas de dimensions. Il faut entendre
par là *la pression sur une surface plane très petite qui contient
le point considéré*.

Exemple : Dans les trois positions de la brique précédente,
déterminer *la poussée* sur une petite surface carrée de 1 millimètre de côté. Calculer *la pression* correspondante.

34. *Principe de Pascal ou de la transmission des pressions*.
— Expérience. Prenons l'appareil représenté par la figure 33.
Il se compose de deux vases cylindriques de diamètres diffé-
rents réunis par un tube de verre.

Nous avons mis de l'eau dans les deux vases, le niveau
commun est *a b*. Dans le vase A, versons du pétrole ; ce liquide

exerce une poussée à la surface de l'eau et le niveau n'est plus le même dans les deux vases. Nous pouvons supposer que le pétrole et l'eau sont séparés par une membrane solide, sorte de piston qui glisserait sans frottement dans le tube. La poussée sur cette membrane est égale au poids du pétrole versé dans le tube A. Versons du pétrole dans B jusqu'à ce que le niveau de l'eau revienne en *a b*, on voit que la hauteur de la colonne *b b'* est égale à celle de la colonne *a a'*. La poussée à la surface de l'eau en B est égale au poids de la colonne *b b'*. La poussée en B fait équilibre à la poussée en A, cependant elle n'est pas égale à cette dernière. Mais, *sur un centimètre carré, la poussée est la même dans les deux tubes*. On traduit ce fait en disant que l'eau *transmet intégralement les pressions*. Cela signifie : Si on exerce à la surface du liquide une pression de 1 kilogramme par centimètre carré, le liquide transmet à toute portion de paroi en contact avec lui une pression de 1 kilogramme par centimètre carré.

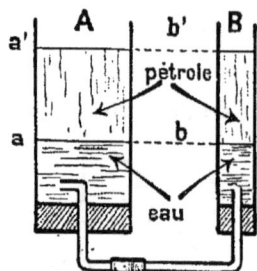

Fig. 33. — La pression dans le plan *a b*, sur un centimètre carré est la même dans les deux tubes.

Nous avons coudé l'extrémité du tube qui pénètre dans A. Quelle que soit la position de l'extrémité coudée, on vérifie le résultat précédent : *la pression est donc transmise dans tous les sens*.

35. Remarque. — La propriété précédente est particulière aux fluides; les solides transmettent dans une seule direction les pressions qu'ils reçoivent. et la valeur de la pression transmise peut être modifiée.

Fig. 34. — La pression transmise à la table par la brique B n'est pas la même que la pression exercée par A sur B.

EXEMPLE. Sur une première brique posée à plat sur la table, plaçons-en une seconde sur bout (fig. 34). Quelle est *la pression* exercée par la première brique sur la seconde? Quelle est la pression transmise à la table? Dans quelle direction se transmet la pression? — Prendre les données du n° 33.

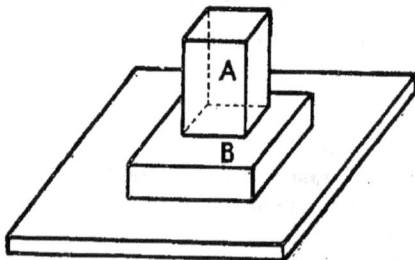

Presse hydraulique.

36. *Principe*. — Le principe de la transmission des pressions énoncé par Pascal a été appliqué dans la *presse hydraulique*.

Supposons deux corps de pompe A et B communiquant entre eux (fig. 35). L'un a une section de 20 cm² par exemple ; l'autre a une section cent fois plus considérable, soit 20 dm². Il y a de l'eau dans les deux corps de pompe, et chacun est fermé par un piston. Un effort de 1 kilogramme exercé sur le petit piston fera équilibre à une force de 100 kilogrammes exercée sur le grand. Mais par contre, quand le petit piston s'abaisse de 20 centimètres, le grand ne monte que de 2 millimètres. Pour faire monter le grand piston de 20 centimètres, il faudra recommencer cent fois la manœuvre du petit piston. Pour obtenir ce résultat, le petit corps de pompe aspire l'eau d'un récipient R et la refoule en B. Le cylindre A fonctionne comme une pompe aspirante et foulante. (Voir n° 83.)

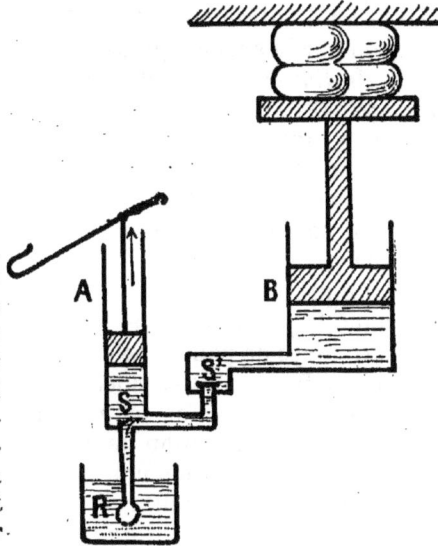

Fig. 35. — Schéma de la presse hydraulique

37. *Usages de la presse hydraulique*. — Dans l'industrie, la presse hydraulique sert à comprimer les matières filamenteuses, foin, paille, coton, de façon à en réduire le volume et à en rendre le transport plus facile. Elle sert à l'extraction des huiles. Dans l'industrie des bougies, elle est utilisée pour séparer l'acide oléique des autres acides gras. Au moyen de la presse hydraulique on soumet les chaudières de machines à vapeur à une pression plus forte que celle qu'elles doivent supporter. La presse hydraulique actionne encore des ascenseurs, des monte-charges, elle sert à soulever des poids énormes ; c'est ainsi que la Tour Eiffel, dont le poids est de 8 000 tonnes repose sur

16 *vérins hydrauliques*, appareils dont le principe est le même que celui de la presse hydraulique.

RÉSUMÉ

1. Quand une force exerce son action sür une surface, on dit qu'elle presse cette surface, et on appelle *force de pression* ou *poussée* l'action ainsi exercée.

La pression est la poussée sur une surface de un centimètre carré, autrement dit, c'est le quotient de la force de pression par la surface pressée.

2. *Un liquide transmet intégralement les pressions qu'il supporte. Cette transmission a lieu dans tous les sens.* Cela veut dire : quand on exerce à la surface d'un liquide une pression de 1 kilog. par centimètre carré, ce liquide transmet une pression de 1 kilog. sur chaque centimètre carré de paroi en contact avec lui, quelle que soit la direction de cette paroi.

3. Le principe précédent, énoncé par Pascal, est appliqué dans la *presse hydraulique.* Cet appareil se compose de deux corps de pompe de diamètres différents et communiquant entre eux. Ces corps de pompe renferment de l'eau et chacun est formé par un piston qui joint bien exactement. Si la section de A est 100 fois plus petite que celle de B, par exemple, une force de 1 kilog appliquée sur le petit piston fait équilibre à 100 kilogs sur le grand.

4. La presse hydraulique est utilisée à comprimer les matières filamenteuses, à extraire les huiles, à manœuvrer les ascenseurs, les monte-charges, à soulever des poids énormes, etc.

EXERCICES

I. Pour quelles positions de A et de B la brique B (fig. 34) transmet-elle intégralement la *pression* exercée par A?

II. Donner à la brique A diverses positions sur la table (à plat, sur côté, sur bout). Dans chacune de ces positions, mettre de plusieurs manières A en équilibre sur B. Déterminer dans chaque cas : 1° la *pression* exercée par A sur B; 2° la *pression* transmise par A à la table.

8º LEÇON

POUSSÉES EXERCÉES PAR LES LIQUIDES (*suite*).

Matériel : Verre de lampe cylindrique (verre pour le gaz). — Obturateur en carton (bristol de carte de visite). — Eau colorée, pétrole, mercure. — 3 verres de même diamètre à la partie inférieure, mais de formes différentes (verres pour le gaz et verres pour lampes à pétrole). La partie inférieure sera bouchée avec un bon bouchon paraffiné et on adaptera au bouchon un tube recourbé comme le montre la figure 38. — Dans les verres (fig. 38), il est préférable d'employer le pétrole et l'eau, au lieu de l'eau et du mercure: l'appareil est plus sensible.

Poussées à l'intérieur d'un liquide.

38. *Existence et valeur de ces poussées.* — Expérience. Prendre un verre de lampe cylindrique et un morceau de carton un peu plus grand que l'ouverture de ce verre de lampe (fig. 36).

Appliquer le carton (obturateur) contre l'ouverture du verre et enfoncer le tout verticalement dans un bocal plein d'eau. L'obturateur ne tombe pas; il peut même supporter une tige de fer pesant plus de 100 grammes et dont l'extrémité a été posée avec précaution au centre du carton. *Une poussée s'exerce donc contre l'obturateur.* Enlever la tige de fer et incliner le verre de lampe. Dans toutes les directions, l'obturateur

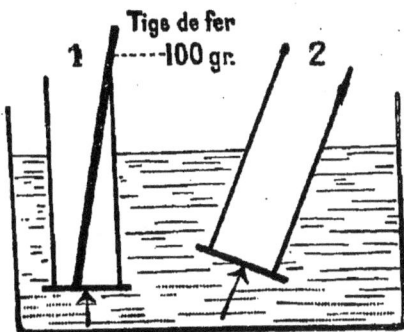

Fig. 36. — La poussée de bas en haut soutient en 1 une tige de fer — 2. La poussée s'exerce dans tous les sens normalement à l'obturateur.

reste adhérent au verre. Ainsi, la poussée contre l'obturateur s'exerce dans toutes les directions; de plus, elle est perpenculaire ou *normale* à la surface pressée. Si cette force s'exerçait obliquement à la surface de l'obturateur, elle ferait en effet glisser celui-ci comme on fait glisser une pièce de monnaie sur la table en la poussant obliquement avec le doigt.

Expérience. Redresser verticalement dans le bocal le verre de lampe muni de son obturateur. Verser avec précaution de l'eau colorée à l'intérieur du verre. L'obturateur ne se détache pas tant que le niveau du liquide n'est pas le même à l'intérieur et à l'extérieur du verre de lampe. A partir de ce moment, si on continue à verser, l'eau colorée fuit entre la base du verre et l'obturateur, les surfaces libres des liquides restent dans le même plan (fig. 37). Ainsi, la poussée de bas en haut sur l'obturateur est égale au poids de la colonne de liquide contenu dans le verre de lampe.

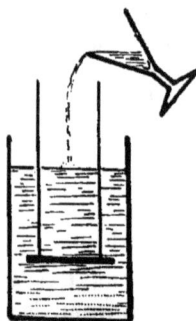

Fig. 37. — L'obturateur se détache quand le niveau du liquide est le même à l'intérieur et à l'extérieur du verre de lampe.

Si à la place de l'obturateur nous considérons une tranche liquide de même surface, elle subit de bas en haut la même poussée que l'obturateur; mais, puisqu'elle est en équilibre, elle reçoit de haut en bas une poussée directement égale et opposée à la précédente. Nous pouvons donc énoncer les principes suivants :

1º *Dans un liquide en équilibre, une surface prise dans un plan horizontal est soumise à deux poussées opposées, normales à cette surface et égales au poids d'une colonne de liquide ayant pour base la surface considérée et pour hauteur la distance de cette surface à la surface libre du liquide;*

2º *Dans un liquide en équilibre, deux surfaces égales prises dans le même plan horizontal subissent des poussées égales.*

Ce second principe est la conséquence immédiate du premier; nous aurons souvent à l'appliquer dans le cours.

Poussée sur le fond horizontal d'un vase.

39. *Existence et valeur de cette poussée.* — On conçoit que pour un vase cylindrique la poussée sur le fond est égale au poids du liquide contenu dans le vase, mais que devient la poussée quand le vase n'est pas cylindrique?

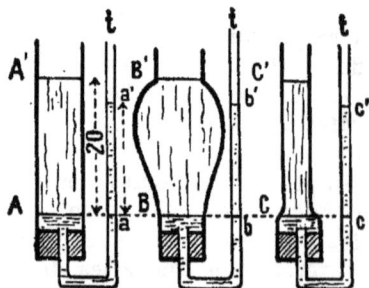

Fig. 38. — La poussée sur le fond horizontal d'un vase est indépendante de la forme du vase

EXPÉRIENCE. Les trois vases que représente la figure 38 ont même section inférieure. Considérons le vase cylindrique A. Versons de l'eau dans A, le niveau est le même dans ce vase et dans le tube extérieur *t*. Versons sur l'eau une colonne de pétrole A A' de 20 centimètres de haut; le pétrole exerce à la surface de l'eau une poussée et on voit le niveau de l'eau monter jusqu'en *a'*. *aa'* = 16 centimètres.

Recommençons la même expérience avec B, puis avec C. Si BB' = CC' = 20 centimètres, on a aussi *bb'* = *cc'* = 16 centimètres. *La pression* de haut en bas dans le plan de la surface de séparation des liquides est la même dans les trois vases; elle est mesurée par le poids d'une colonne de pétrole de 20 centimètres de hauteur et de un centimètre carré de base, ou par le poids d'une colonne d'eau de 16 centimètres de hauteur et de un centimètre carré de base. *La poussée de haut en bas est donc la même dans les trois vases sur la surface de séparation* puisque les surfaces pressées sont égales. Cependant, pour exercer cette poussée, on a des quantités de liquide bien différentes:

Dans le vase A, la poussée est égale au poids du pétrole ajouté; dans le verre B, la poussée est inférieure au poids du pétrole; dans le vase C, la poussée est supérieure au poids du pétrole.

Si, à la place de la surface de séparation, nous plaçons dans chaque vase une paroi solide formant le fond du vase, la poussée de haut en bas sur le fond sera la même que précédemment. Nous pouvons donc énoncer le principe suivant:

La poussée exercée par un liquide en équilibre sur le fond horizontal d'un vase ne dépend pas de la forme du vase; elle est égale au poids d'une colonne de liquide ayant pour base la surface du fond et pour hauteur la distance du fond à la surface libre.

RÉSUMÉ

1. Une surface horizontale quelconque prise à l'intérieur d'un liquide est soumise à deux poussées égales et opposées, normales à cette surface.

Chacune de ces poussées est mesurée par le poids d'une colonne de liquide ayant pour base la surface considérée et pour hauteur la distance verticale entre cette surface et la surface libre du liquide.

2. Ces poussées sont les mêmes sur toutes les surfaces égales prises dans le même plan horizontal.

3. La poussée exercée par un liquide sur le fond horizontal d'un vase est indépendante de la forme du vase, elle est égale au poids d'une colonne de liquide ayant pour base la surface considérée et pour hauteur la distance de cette surface à la surface libre du liquide.

EXERCICES

I. Le diamètre de chacun des vases (fig. 38) étant de 44 millimètres, quelle est la poussée exercée sur le fond par une colonne de pétrole de 20 centimètres de hauteur. Le poids spécifique du pétrole est 0,8.

II. Quelles sont les poussées exercées sur une surface horizontale circulaire de 2 mètres de diamètre et située à 15 mètres au dessous du niveau de la mer. Le poids spécifique de l'eau de mer est 1,034

9e LEÇON

POUSSÉES SUR LES PAROIS LATÉRALES. APPLICATIONS

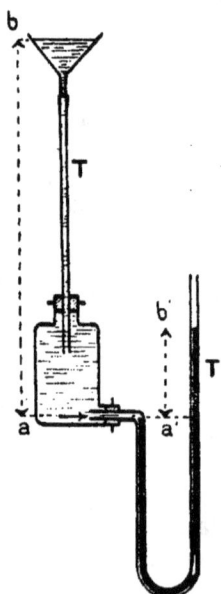

Fig. 39 — Poussée sur une paroi latérale.

MATÉRIEL : Appareils représentés par les figures 39 et 41. — Tube effilé. — Mercure.

40. Existence des poussées sur les parois latérales. — EXPÉRIENCE. 1º Prendre un flacon présentant une tubulure latérale à la partie inférieure. Fermer cette tubulure avec un bouchon traversé par un tube effilé. Remplir d'eau le flacon après avoir bouché avec le doigt l'extrémité du tube. Fermer le goulot avec un bouchon portant un long tube T à entonnoir. Verser de l'eau plein le tube vertical, puis déboucher l'extrémité du tube effilé. Le liquide s'écoule, et la distance à laquelle atteint le jet diminue rapidement quand le niveau baisse dans le tube T.

Cette première expérience nous montre déjà que la poussée exercée latéralement par le liquide augmente avec la hauteur de ce liquide.

2º Remplacer le tube effilé par un

tube recourbé T' (fig. 39) contenant du mercure. Le niveau du mercure est d'abord le même dans les deux branches, mais à mesure que l'on verse de l'eau il se produit une dénivellation. Verser du mercure par T' de façon à ramener le mercure à son niveau primitif dans la branche de gauche.

Mesurer la différence $a' b'$ des niveaux du mercure et la distance ab du centre de l'orifice inférieur au niveau de l'eau dans le tube T.

Quand

$a'b' = 1$cm $ab = 13$cm,6
$a'b' = 2$cm $ab = 27$cm,2
$a'b' = 3$cm $ab = 40$cm,8

A l'orifice a' du tube T' s'exercent deux poussées en sens inverse : celle de la colonne d'eau ab et celle de la colonne de mercure $a' b'$. Ces deux poussées sont égales

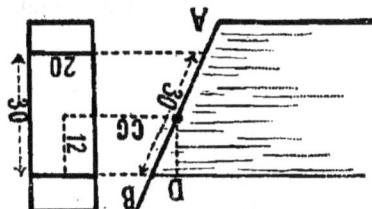

Fig. 40. — Poussée sur une surface plane latérale.

puisqu'il y a équilibre. La poussée ne dépend pas de la quantité de liquide puisqu'une certaine colonne d'eau dans le tube T exerce la même poussée qu'une colonne de même hauteur dans le flacon. La valeur de la poussée est donnée par le principe suivant :

La poussée exercée sur une portion de paroi latérale d'un vase est égale au poids d'une colonne de liquide ayant pour base la surface considérée et pour hauteur la distance verticale du centre de gravité de cette surface à la surface libre du liquide.

EXEMPLE. Soit la paroi rectangulaire AB baignée par l'eau (fig. 40). Elle a 20 centimètres de large et la partie en contact avec le liquide a 30 centimètres de longueur. Le centre de gravité est au centre de la paroi immergée, à 12 centimètres de la surface libre du liquide. Quelle est la poussée exercée sur cette paroi? (A résoudre par les élèves.)

EXPÉRIENCE. Au moyen de l'appareil (fig. 41) on montre que la poussée du liquide s'exerce sur une paroi horizontale supérieure du vase, et qu'elle a la valeur précédemment donnée.

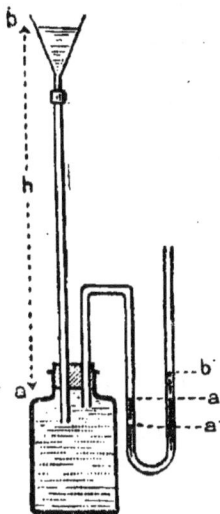

Fig. 41. — Poussée sur une paroi horizontale supérieure.

41 Crève-tonneau.

Pascal avait fait l'expérience suivante : Dans le fond supérieur d'un tonneau plein d'eau (fig. 42), il avait mastiqué un tube de plusieurs mètres de haut. En versant de l'eau par ce tube, il vit les douves se disjoindre et l'eau s'échapper par les intervalles ainsi déterminés.

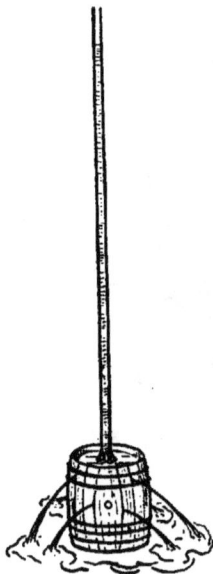

42. Ascenseurs hydrauliques.

Voici le principe de ces appareils. Dans un puits profond descend un long piston constitué par un cylindre en fonte de large section (fig. 43). Ce piston porte à sa partie supérieure la cabine que l'on veut soulever. Par le robinet *r*, le puits communique avec un réservoir d'eau placé à un niveau élevé. Le robinet *r'* sert à faire écouler l'eau. La cabine et le piston sont

Fig. 42. — Crève-tonneau de Pascal.

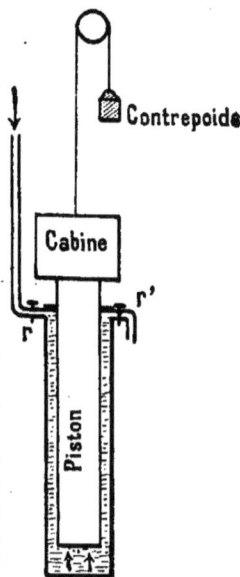

Fig. 43. — Ascenseur hydraulique.

équilibrés par des contrepoids.

r' étant fermé, si on ouvre *r*, les pressions exercées sur le piston se réduisent à une poussée verticale de bas en haut, exercée sur la base du cylindre. La valeur de cette poussée est donnée par la loi précédente. Le piston monte. Il suffit de fermer *r* et d'ouvrir *r'* pour faire descendre la cabine.

Il est à remarquer que la poussée diminue à mesure que le piston s'élève, mais les chaînes qui réunissent le piston aux contrepoids sont très lourdes et leurs dimensions sont calculées de façon à compenser par leur changement de position la diminution de la poussée.

EXEMPLE. Soit un piston de 12 mètres de hauteur, dont la

section est de 40 dm², et un réservoir dont le niveau est à 10 mètres au-dessus du puits.

Quand le piston est le plus bas possible, le niveau du liquide est à 22 mètres de sa base. La poussée a une valeur de 1^{kg}. × 40 × 22 = 880 kg.

Quand le piston s'élève de 1 mètre, la poussée diminue de 40 kg, mais on a 1 mètre de longueur de chaîne, primitivement du côté du piston qui est maintenant du côté du contrepoids ; la différence est donc du poids de 2 mètres de chaîne. Si on a 4 chaînes et 4 contrepoids, pour compenser la diminution de poussée due à l'élévation du piston, il suffira de prendre des chaînes pesant 5 kilogs au mètre.

RÉSUMÉ

1. La poussée exercée par un liquide sur une portion de paroi latérale en contact avec lui est égale au poids d'une colonne de liquide ayant pour base la surface considérée et pour hauteur la *distance verticale* du *centre de gravité* de cette surface à la surface libre du liquide.

2. Cette poussée est appliquée dans la construction des *ascenseurs hydrauliques*. Un piston de grande longueur et de large section plonge dans un puits profond. Ce piston supporte l'appareil à soulever ; il est équilibré par des contrepoids. Le puits reçoit l'eau venant d'un réservoir placé à un niveau assez élevé, la poussée est égale au poids d'une colonne d'eau dont la surface est celle de la base inférieure du piston et la hauteur la distance entre cette base et le niveau de l'eau dans le réservoir.

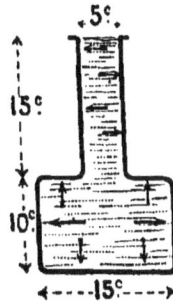

Fig. 44. — La poussée sur l'ensemble des parois d'un vase a une résultante verticale égale au poids du liquide contenu dans le vase (Paradoxe hydrostatique).

EXERCICES

I. Évaluer les poussées exercées sur les diverses parois du vase à section circulaire représenté par la figure 44. Montrer que ces poussées ont une résultante verticale juste égale au poids du liquide contenu dans le vase.

II. Une digue rectangulaire droite a 50 mètres de longueur. La paroi verticale de cette digue est baignée par l'eau sur 8 mètres de hauteur. Quelle est la poussée supportée par la digue?

III. Une porte d'écluse a 3 mètres de long. D'un côté, la hauteur de l'eau est de $2^m,50$, de l'autre, $0^m,50$. Quelle est la poussée exercée sur cette porte? (Le résultat montrera la nécessité d'égaliser le niveau de l'eau de part et d'autre des portes de l'écluse avant de les ouvrir.)

IV. Un tonneau plein d'eau est posé sur son fond. On pratique dans le fond supérieur une ouverture dans laquelle on mastique un tube de 3 mètres de haut. On verse de l'eau dans ce tube. Calculer la poussée sur les deux fonds quand le tube sera rempli. — **Diamètre des fonds : 0ᵐ,60. — Distance des fonds : 0ᵐ,80.**

10ᵉ LEÇON

PRINCIPE D'ARCHIMÈDE. — CORPS FLOTTANTS

Matériel : Balance ordinaire et poids. — Vase avec siphon comme en V (fig. 45). — Vase vide et tare. — Balance Roberval. — Pierre dure pouvant entrer dans le vase V et suspendue à la balance par un fil.

Principe d'Archimède.

43. *Vérification expérimentale.* — Expérience. Au plateau A d'une balance ordinaire, suspendre une pierre. Dans ce plateau, mettre un vase vide dont nous verrons tout à l'heure l'emploi.

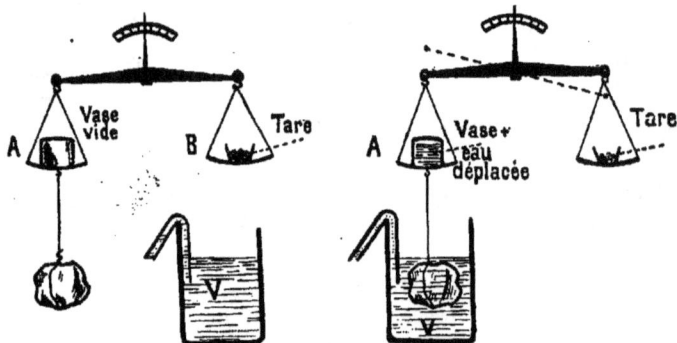

Fig. 45 et 46. — La poussée de bas en haut subie par la pierre est égale au poids du liquide déplacé. Ce liquide, recueilli dans un vase en A, rétablit l'équilibre.

Faire équilibre en B avec de la tare. Préparer d'autre part un vase V assez large pour que la pierre puisse y entrer facilement (large bocal, boîte en fer-blanc, etc.). Mastiquer contre la paroi du vase un tube recourbé comme l'indique la figure 45. Verser de l'eau dans le vase, et pencher celui-ci de façon à faire couler l'eau par tube formant siphon. Le niveau du liquide dans le vase s'arrête juste au niveau de l'extrémité extérieure du tube.

Plonger la pierre dans l'eau ; le fléau de la balance s'incline du côté de la tare ; il *semble* donc que la pierre ait diminué de poids ; elle a subi de la part du liquide une poussée de bas en haut. De l'eau s'écoule par le déversoir, on la recueille. *Le volume écoulé est juste égal au volume de la pierre.* Le vase vide placé dans A sert précisément à recueillir cette eau. En plaçant en A le vase précédent, renfermant l'eau déplacée par la pierre, l'équilibre est rétabli. Ainsi, *la poussée exercée par le liquide est juste égale au poids du liquide déplacé par le corps qui est plongé dans ce liquide.*

Lorsque la pierre plonge dans l'eau (fig. 46), on peut s'assurer avec un fil à plomb que le fil qui soutient cette pierre reste vertical. *La poussée exercée par le liquide est donc verticale,* car si elle avait une autre direction le fil de suspension ne resterait pas vertical quand la pierre est plongée dans l'eau.

Le même résultat se constaterait avec n'importe quel liquide, d'où le principe suivant, découvert par le savant grec Archimède :

PRINCIPE : *Tout corps plongé dans un liquide subit une poussée verticale, dirigée de bas en haut, et égale au poids du liquide déplacé.*

REMARQUE. — Dans les écoles, on a quelquefois pour vérifier le principe d'Archimède un appareil spécial, appelé *balance hydrostatique* (fig. 47). Il se compose d'une balance de précision dont les plateaux portent des crochets. On a en outre

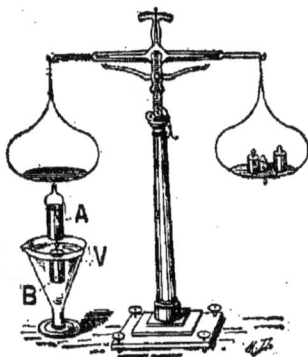

FIG. 47. — Balance hydrostatique.

deux cylindres en laiton, l'un plein B, l'autre creux A, dont la cavité a exactement le volume du cylindre plein. On suspend à l'un des plateaux de la balance le cylindre creux, et au-dessous de celui-ci le cylindre plein. Dans l'autre plateau, on met de la tare. On plonge le cylindre plein dans l'eau d'un vase V, de façon à l'immerger complètement. L'équilibre est rompu en faveur de la tare. On rétablit l'équilibre en remplissant d'eau le cylindre creux. De cette expérience il est facile de tirer le principe énoncé.

44. Réciproque du principe d'Archimède. — EXPÉRIENCE. Remplir à nouveau jusqu'au trop-plein le vase V du nº 45, et le

placer sur le plateau A d'une balance R Roberval (fig. 48). Faire
équilibre avec de la tare sur l'autre plateau. La pierre P, suspendue à un fil, est plongée dans le liquide (fig. 49). Le plateau
A s'incline comme si on y avait placé une surcharge. Ce n'est
pas le poids de la pierre qui trouble l'équilibre, puisque cette
pierre est suspendue, c'est que la pierre exerce sur le liquide
une poussée de haut en bas.

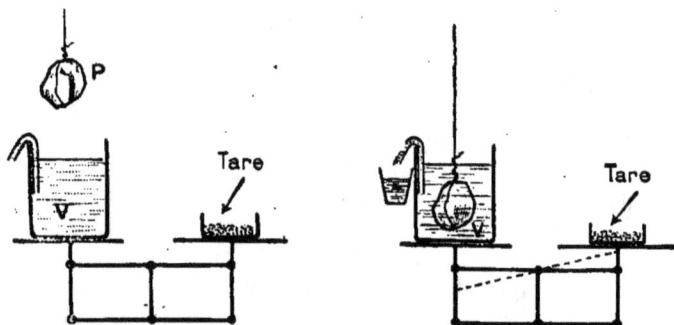

Fig. 48 et 49. — Réciproque du principe d'Archimède. L'équilibre est rétabli
quand on enlève le liquide déplacé par le corps.

Il s'écoule par le déversoir du vase V un volume de liquide
égal au volume de la pierre. Quand le liquide dans V est revenu
au niveau primitif, l'équilibre est rétabli (fig. 48 et 49).

Ainsi, *la pierre plongée dans l'eau exerce sur le liquide une
poussée verticale, de haut en bas, égale au poids de l'eau déplacée.*
On voit que cette poussée est juste égale et opposée à la poussée
exercée par le liquide. C'est ce qu'on exprime en disant que *la
réaction est égale à l'action.*

Corps flottants.

45. Équilibre des corps flottants. — Expérience. Dans un
flacon F (fig. 50) mettre de la grenaille de plomb, de façon que,
plongé dans l'eau, le flacon flotte et se maintienne verticalement. Placer ce flacon et un verre vide sur un plateau d'une
balance (fig. 51) et faire équilibre avec de la tare. Enlever le
flacon et le plonger dans le vase V des expériences précédentes,
rempli jusqu'au trop-plein. Recueillir dans le verre vide l'eau
qui s'écoule. Le verre placé sur le plateau de la balance rétablit l'équilibre. Ainsi, *le poids du liquide déplacé est juste égal
au poids du corps qui flotte.*

Ce résultat peut être déduit du principe d'Archimède.

Considérons le flacon de l'expérience précédente. Quand on met dans l'eau, il se trouve soumis à deux forces :

1° Son poids, qu'on peut considérer comme appliqué au ntre de gravité, et qui tend à entraîner le flacon de haut bas ;

2° La poussée du liquide, appliquée au *centre de gravité du*

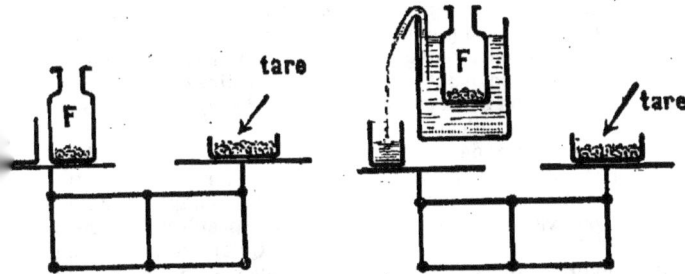

Fig. 50 et 51. — Le poids du corps flottant F est juste égal au poids du liquide déplacé.

olume déplacé par le flacon (centre de poussée). Cette poussée exerce de bas en haut.

Pour qu'il y ait équilibre, il faut que ces deux forces soient gales et opposées. Ainsi, la poussée est égale au poids du corps ottant. De plus, le centre de gravité et le centre de poussée ont placés sur la même verticale.

RÉSUMÉ

1. Un corps plongé dans un liquide subit de la part de e liquide une poussée verticale, dirigée de bas en haut t égale au poids du liquide déplacé par le corps.

Cette poussée peut être considérée comme appliquée u centre de gravité du volume de liquide déplacé. Ce ernier point s'appelle le *centre de poussée*.

2. Réciproquement, un corps plongé dans un liquide xerce une poussée verticale et de haut en bas égale et pposée à la poussée du liquide.

3. Quand un corps flotte, la poussée du liquide est uste égale au poids du corps.

4. Quand un corps flottant est en équilibre, son centre de gravité et le centre de poussée sont sur la même verticale.

EXERCICES

1. Jeter une pierre dans l'eau. Placer un morceau de liège au fond d'un bocal plein d'eau et l'abandonner. Placer un morceau de fer sur du mercure. Constater ce qui se passe. — Dire à quelle condition un corps flotte quand on le plonge dans un liquide. — Attacher une lourde pierre à une ficelle, plonger la pierre dans l'eau. Retirer la pierre de l'eau. Que remarque-t-on ? — Doit-on dire que la pierre *perd de son poids* quand on la plonge dans l'eau ? — Qu'observe-t-on quand on retire un seau d'eau d'un puits ?

II. On a un cylindre de bois de 20 centimètres de haut. A la partie inférieure, on colle un disque de plomb de même diamètre que le cylindre et de 2 millimètres d'épaisseur. On plonge l'appareil dans l'eau. Que va-t-il se passer ? Le poids spécifique du bois employé est 0,7, celui du plomb est 11, 3. — Qu'arriverait-il si on plongeait le cylindre dans l'alcool, dont le poids spécifique est 0,8 ?

11ᵉ LEÇON

APPLICATIONS DU PRINCIPE D'ARCHIMÈDE

MATÉRIEL : Aréomètres de Baumé pour liquides plus denses et pour liquides moins denses que l'eau. — Alcoomètre centésimal. — Alcool et eau. — Liquides divers (acide sulfurique, azotique, éther, etc.)

Équilibre des navires.

46. *Condition pour que l'équilibre soit stable.* — Un navire est un corps flottant, et il est essentiel qu'il soit en équilibre stable. Que le bateau s'incline à droite ou à gauche (roulis), en avant ou en arrière (tangage), le centre de gravité et le centre de poussée doivent être placés de façon que le poids du navire et la

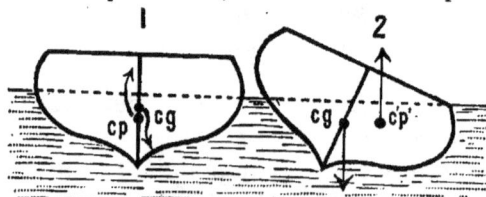

Fig. 52. — Équilibre d'un navire.
1, L'axe du bateau est vertical et contient le centre de gravité *cg* et le centre de poussée *cp*. — 2, L'axe du bateau est incliné ; la poussée, appliquée en *c'p'* et le poids du bateau, appliqué en *cg* tendent à ramener l'axe dans la position verticale.

poussée du liquide ramènent dans la position verticale l'axe du bateau. Considérons une coupe transversale de la coque (fig. 52). Dans la position d'équilibre, le centre de gravité et le

centre de poussée sont sur la même verticale; mais si le bateau
s'incline vers la droite, par exemple, le centre de gravité reste
en *cg*, le centre de poussée vient en *c'p'*. On voit que le bateau
se redressera sous l'action des forces appliquées en *cg* et *c'p'* si
la verticale du centre de poussée passe au-dessus du centre de
gravité.

Natation.

47. Le poids spécifique du corps de l'homme est légèrement
supérieur à celui de l'eau. De faibles mouvements suffisent
à maintenir le corps à la surface de l'eau. La natation a pour
but d'apprendre à faire les mouvements convenables pour rester
à la surface de l'eau et pour maintenir la tête hors du liquide.
On se maintient facilement dans l'eau en se passant sous les bras
une ceinture faite de morceaux de liège réunis par une ficelle.
Il est plus facile de nager dans la mer que dans l'eau douce.
Pourquoi?

Sous-marins.

48. Ce sont des applications intéressantes du principe
d'Archimède. Un sous-marin est un petit bateau qui peut s'enfoncer et naviguer sous l'eau. Il
y a deux types de sous-marins :
le sous-marin proprement dit
et le submersible. Le sous-marin proprement dit ne peut
guère s'éloigner des côtes, la
force motrice est donnée par
des accumulateurs. Le submersible a un plus grand rayon d'action. Il navigue en surface sous
l'action de moteurs à pétrole,
et en plongée au moyen d'accumulateurs. Son déplacement
d'eau est plus fort que celui du

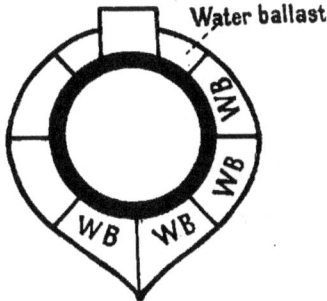

Fig. 53. — Coupe transversale d'un
sous-marin.

sous-marin. Dans les deux types, la coque est double (fig. 53),
et entre les deux cloisons se trouvent un certain nombre de
compartiments WB
(water-ballast) dans les-
quels on fait entrer l'eau
de la mer quand on veut
effectuer une plongée.
On chasse l'eau au
moyen d'air comprimé

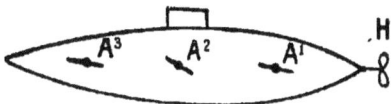

Fig. 54. — Sous-marin. H, hélice; A₁, A₂,
A₃, gouvernails latéraux.

quand on veut remonter. La direction en plongée est obtenue

en manœuvrant de l'intérieur des gouvernails latéraux ou *aile-rons* (fig. 54). Des plombs mobiles placés sous la coque per-mettent de faire remonter le bateau en cas d'accident.

Aréomètres.

49. Ce sont des corps flottants de forme particulière qui permettent d'apprécier le degré de concentration de certains liquides. Un aréomètre se compose d'une ampoule en verre constituant le flotteur, sur-montée d'une tige générale-ment cylindrique (fig. 55). L'ampoule est lestée à la partie inférieure par du mercure ou de la gre-naille de plomb. La figu-re 55 représente la forme habituelle des aréomè-tres.

Supposons que dans l'eau l'appareil s'enfonce jusqu'en un point certain de la tige; le poids de l'a-réomètre est égal au poids du liquide déplacé. Plon-geons l'appareil dans un liquide plus dense que l'eau, il s'enfoncera moins; dans un liquide moins dense que l'eau, il s'enfon-cera davantage.

Les aréomètres les plus courants ont été gradués par Baumé, on a conservé sa graduation.

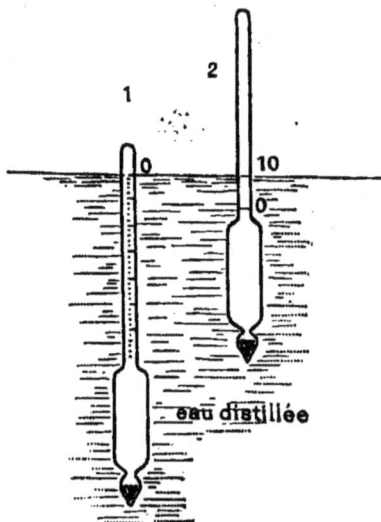

Fig. 55. — Aréomètres.
1, pour liquides plus denses que l'eau, —
2, pour liquides moins denses que l'eau.

Pour les liquides *plus denses* que l'eau, Baumé construisait ses aréomètres de façon que dans l'eau l'appareil s'enfonçait jusqu'au sommet de la tige. Le point d'affleurement était mar-qué 0°. Il plongeait ensuite l'appareil dans une solution de 15 grammes de sel marin et 85 grammes d'eau. Au point d'afleu-rement, il marquait 15. Il divisait l'intervalle 0-15 en 15 parties égales et il prolongeait les divisions.

Pour les liquides· *moins denses* que l'eau, l'aréomètre était lesté de façon que dans une solution renfermant 10 grammes de sel pour 100 grammes d'eau, l'affleurement se produisait en bas de la tige. Ce point fut marqué 0. Dans l'eau pure, Baumé marqua 10 au point d'affleurement. Il divisa l'intervalle des deux points en 10 parties égales et prolongea les divisions.

Les aréomètres sont très commodes parce qu'ils permettent de déterminer par simple lecture le moment où la concentration d'un liquide est suffisante. Ainsi, l'acide sulfurique concentré marque 66º à l'aréomètre Baumé ; l'industrie des savons emploie des lessives de soude caustique qui doivent marquer 10º et 20º à l'aréomètre.

Les aréomètres ne renseignent pas directement sur la densité des solutions dans lesquelles on les plonge, mais on a gradué certains de ces appareils de façon à donner cette densité. Ce sont des *densimètres*. On a des aréomètres gradués spécialement pour apprécier la densité du lait, des jus sucrés, des moûts provenant de la fermentation, etc.

Alcoomètre centésimal.

50. C'est un aréomètre spécial qui fait connaître *le volume d'alcool pur contenu dans 100 volumes d'un mélange d'eau et d'alcool.* Gay-Lussac en a établi la graduation par le procédé suivant : L'alcoomètre est lesté de façon qu'il affleure à la base de la tige dans l'eau pure, et au sommet dans l'alcool pur. Dans l'eau pure, on marque 0 au point d'affleurement. On prend ensuite 5 centimètres cubes d'alcool pur, et on ajoute de l'eau jusqu'à ce que le mélange ait un volume de 100 centimètres cubes. Au point d'affleurement, on marque 5. On prend ensuite 10 centimètres cubes d'alcool pur et on ajoute de l'eau de façon à obtenir 100 centimètres cubes, etc... On divise en parties égales l'intervalle de 0 à 5, de 5 à 10, etc. La difficulté de la graduation résulte de ce que le mélange d'eau et d'alcool subit une contraction irrégulière. Cette contraction est maximum pour 48 vol. d'eau et 52 vol. d'alcool, elle atteint alors 4 vol. On peut voir sur l'alcoomètre que les divisions ne sont pas égales, 5 divisions du bas de la tige n'occupent pas plus de place qu'une division en haut.

RÉSUMÉ

1. Le principe d'Archimède est appliqué dans l'équilibre des navires. Dans les diverses positions que prend le bateau, il faut que la verticale du centre de poussée passe au-dessus du centre de gravité. L'action du poids du navire et celle de la poussée tendent à redresser le navire.

2. La densité du corps humain est légèrement supérieure à celle de l'eau ; la natation consiste à faire les mouvements convenables pour se maintenir à la surface du liquide, la tête étant hors de l'eau.

3. Les sous-marins sont de petits bateaux à double coque. En faisant entrer de l'eau entre les deux cloisons on peut submerger le bateau. Pour faire remonter celui-ci, on chasse l'eau introduite.

4. Les aréomètres sont des flotteurs surmontés d'une tige et qui s'enfoncent plus ou moins suivant la densité du liquide dans lequel on les plonge. Le point d'affleurement sur la tige permet d'apprécier la concentration d'un liquide. Les aréomètres les plus employés sont ceux de Baumé, mais on a construit des aréomètres spéciaux pour les divers liquides employés dans l'industrie.

5. L'alcoomètre centésimal de Gay-Lussac est un aréomètre qui est gradué de façon à faire connaître le volume d'alcool pur contenu dans 100 volumes d'un mélange d'eau et d'alcool.

EXERCICES

I. L'alcoomètre de Gay-Lussac est gradué à la température de 15°. Qu'arrivera-t-il si la température est supérieure à 15°, si elle est inférieure à 15° ? — Constater avec un aréomètre le point d'affleurement dans les divers liquides dont on dispose. — Dans un mélange d'eau et d'alcool, plonger un alcoomètre centésimal et un aréomètre pour liquides moins denses que l'eau, comparer les indications des deux appareils. — Avec un pèse-lait, ou avec un aréomètre pour liquides plus denses que l'eau, noter l'affleurement dans du lait pur. Ajouter au lait 1/10, 2/10, 3/10, 4/10 de son volume d'eau et noter les affleurements successifs. Applications pratiques.

II. Un aréomètre du poids de 55^{gr},2 et à tige cylindrique s'enfonce dans l'eau jusqu'au point 0. Dans l'acide sulfurique de densité 1,84, il affleure à la division 66. Quel est le volume de l'appareil jusqu'au zéro ? Quel est le volume d'une division ? Si la distance 0-66 est de 20 centimètres, quelle est la section de la tige ? Quelle est la densité d'un liquide dans lequel l'aréomètre marque 30° ?

III. En appliquant le principe d'Archimède ou sa réciproque, imaginer un procédé simple pour déterminer le poids spécifique d'un corps solide ou d'un corps liquide.

12e LEÇON

PROPRIÉTÉS DES GAZ. — PRESSION ATMOSPHÉRIQUE

MATÉRIEL : A défaut de machine pneumatique et de pompe de compression, on peut faire sur les gaz des expériences très intéressantes au moyen de la vulgaire pompe à bicyclette. On peut prendre 2 pompes, l'une fonctionnant à la façon ordinaire, l'autre dont on retourne le cuir et qui sert ainsi de machine pneumatique ; deux valves de chambre à air, fixées en sens inverse dans deux bouchons en caoutchouc, ou dans deux bouchons en liège fermant bien, complètent le matériel. — Petite vessie en caoutchouc. — Appareil fig. 59. — Petit entonnoir en verre, papier parchemin. — Carafe, œuf cuit dur, alcool, bouteille, verres, tube effilé, pipette. — Balance sensible au 1/2 gramme.

Propriétés des gaz.

51. Les gaz sont des fluides. — EXPÉRIENCE. Prenons un verre que nous disons *vide ;* retournons-le et plongeons-le retourné dans un vase plein d'eau (fig. 56). Que se passe-t-il ? — Inclinons-le dans le liquide. Que voit-on ? — Recueillir ce qui s'échappe du verre dans un flacon.

FIG. 56. — Expériences montrant l'existence d'un gaz.

Il y avait donc dans le verre quelque chose ; c'est de l'air qui empêchait le liquide de remplir le verre, qui s'échappait en bulles dans l'eau quand on inclinait le verre, et qu'on a pu recueillir dans un flacon.

L'air ne peut être saisi à la main, il prend la forme des vases qui le contiennent : c'est un *gaz*.

En chimie, 1re année, nous avons étudié un certain nombre de gaz — les rappeler — et nous avons vu différents moyens de les recueillir.

FIG. 57. — Quand on presse sur le piston, le volume du gaz diminue.

EXPÉRIENCE. Prenons une pompe à bicyclette dont nous fermons l'extrémité du tube à dégagement (fig. 57). Pressons sur le piston. Le volume occupé par le gaz diminue. On dit que l'air est *compressible*. Cessons de presser, l'air revient au volume primitif. On appelle corps élastique un corps qui reprend sa forme lorsque la cause qui l'a déformé cesse d'agir. L'air est un corps *élastique*.

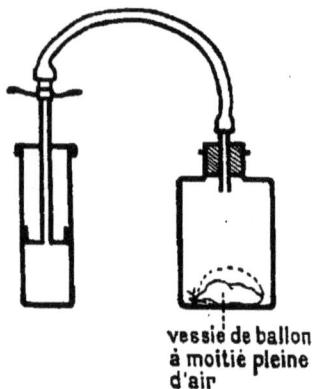

vessie de ballon
à moitié pleine
d'air

Fig. 58 — Quand on enlève l'air du flacon la vessie se gonfle. — Il suffit de mettre dans le bouchon une valve à bicyclette retournée. A défaut de cette disposition, après chaque coup de pompe, pincer le caoutchouc de façon à intercepter la communication entre la pompe et le flacon. Avec une modeste pompe de 1 fr., nous avons obtenu une raréfaction à 20 centimètres de mercure.

EXPÉRIENCE. Prenons une pompe à bicyclette dont nous avons retourné le cuir de façon à en faire une pompe à aspirer l'air (fig. 58). Dans un flacon à large goulot, plaçons une petite vessie en caoutchouc (vessie de ballon d'enfant) à moitié pleine d'air. Enlevons l'air du flacon. La vessie se gonfle.

Ainsi, le volume occupé par le gaz n'est pas limité, il varie avec la pression supportée par le gaz. Nous reviendrons bientôt sur ce point, mais cette propriété constitue entre les liquides et les gaz une différence fondamentale, car le volume occupé par un liquide varie très peu avec la pression.

On peut encore donner à ces expériences une forme plus saisissante. La figure 59 montre l'appareil qui sert à cet usage. En refoulant l'air au moyen de la pompe, on voit le volume du gaz diminuer dans le tube; en aspirant l'air, au contraire, on voit le volume du gaz augmenter. On peut même provoquer des variations sensibles de volume en comprimant l'air, ou en aspirant avec la bouche.

CONCLUSION. *Un gaz est un fluide; il prend la forme du vase qui le renferme; il est compressible et élastique; il est expansible, c'est-à-dire qu'il tend à occuper tout l'espace qui lui est offert.*

52. Les gaz sont pesants. — EXPÉRIENCE. Prendre un

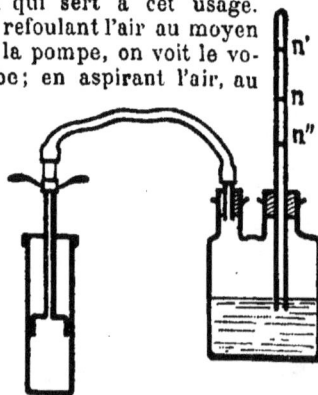

Fig. 59. — Quand on comprime l'air dans le flacon, le volume du gaz diminue de *n* en *n'*; quand on aspire l'air, le volume du gaz augmente de *n* en *n"*.

ballon de 2 litres au moins ; le tarer plein d'air sur une balance sensible. Enlever l'air avec la pompe : l'équilibre est rompu en faveur de la tare. Comprimer de l'air au contraire, le poids du ballon augmente.

On peut réaliser simplement la première partie de cette expérience. Chauffer à l'ébullition une petite quantité d'eau dans un grand ballon ; l'air est chassé par la vapeur. Fermer par un bon bouchon et tarer sur la balance. Quand le ballon est un peu refroidi, laisser rentrer l'air : on voit que le poids du ballon a augmenté.

Un litre d'air, à la température de 0° et sous une pression de 76 centimètres de mercure, pèse 1^{gr},3.

Nous avons indiqué en 1re année (V. *Chimie*) le poids de 1 litre de chacun des gaz étudiés, nous avons aussi donné la notion de densité. Nous y reviendrons d'ailleurs dans une prochaine leçon.

53. *Les gaz transmettent les pressions.* — EXPÉRIENCE. Un petit ballon en caoutchouc supporte une brique (fig. 60). On

FIG. 60. — Les gaz transmettent les pressions.

comprime de l'air dans le ballon au moyen d'une pompe à bicyclette. La brique est soulevée. Comme pour les liquides, la transmission a lieu dans tous les sens.

Pression atmosphérique.

54. *Existence de la pression atmosphérique.* — L'air entoure la terre d'une couche dont l'épaisseur est inconnue ; cette épaisseur dépasse probablement 100 kilomètres. Nous avons vu dans les liquides l'existence d'une pression sur le fond des vases ; l'air, étant pesant, presse aussi sur les corps placés à la surface de la terre. La couche d'air qui enveloppe la terre s'appelle *atmosphère*, et la pression exercée par l'air s'appelle *pression atmosphérique*. Mais, comme pour les liquides, la pression de l'air s'exerce dans tous les sens. Si nous considérons dans l'air une surface quelconque, elle reçoit sur ses deux faces des pressions égales, et c'est ce qui fait que la pression de l'air nous échappe. Pour la mettre en évidence,

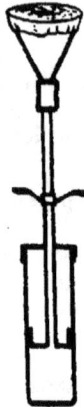

il faut supprimer ou tout au moins diminuer la pression sur l'un des côtés. C'est ce qu'on fait dans les expériences suivantes :

EXPÉRIENCE. Constater qu'il faut un effort assez considérable pour tirer le piston de la pompe à bicyclette à cuir retourné. Comme il n'y a pas d'air en dessous du piston, la pression atmosphérique s'exerce en dessus.

EXPÉRIENCE. A l'extrémité de la pompe précédente, adapter un petit entonnoir en verre (fig. 61). Sur le bord de cet entonnoir, tendre une feuille de papier parchemin. Tirer brusquement le piston : la feuille se crève avec un grand bruit. Appuyer le bord de l'entonnoir contre la joue d'un élève. Tirer le piston. La peau de la joue

Fig. 61. — La pression atmosphérique crève la feuille de papier tendue sur l'entonnoir lorsqu'on tire le piston.

est tirée dans l'entonnoir (principe des ventouses). — Expliquer ces résultats.

EXPÉRIENCE. On a préparé un œuf cuit dur dépouillé de sa coque et dont le diamètre est un peu plus grand que celui du goulot d'une carafe. Dans la carafe. on a jeté un morceau de papier buvard imprégné d'alcool et allumé. Quand le papier s'éteint, on place l'œuf sur le goulot de la carafe. Que se passe-t-il ? — Expliquer (fig. 62).

CONCLUSION. Les expériences précédentes et celles que nous proposons comme exercices suffisent amplement à montrer l'existence de la pression atmosphérique. Dans la prochaine leçon. nous verrons comment on évalue cette pression.

RÉSUMÉ

1. Les gaz sont des *fluides;* ils prennent la forme du vase qui les contient. L'air est un gaz.

Les gaz sont *compressibles*, c'est-à-dire qu'ils diminuent de volume lorsqu'on les soumet à une pression.

Les gaz sont *élastiques*. Lorsque la force qui les a

Fig. 62. — Expérience de l'œuf dans la carafe.

comprimés cesse d'agir, ils reprennent leur volume primitif.

Les gaz sont *expansibles*. Ils tendent à occuper tout l'espace qui leur est offert.

Les gaz sont *pesants*. 1 litre d'air pèse 1^{gr},3 à la température de 0° et sous la pression de 76 centimètres de mercure.

Les gaz *transmettent les pressions* comme les liquides.

2. La couche d'air qui enveloppe la terre s'appelle *atmosphère*. La pression exercée par l'air sur les corps placés à la surface de la terre s'appelle *pression atmosphérique*.

Pour constater l'existence de cette pression sur une surface, il faut enlever l'air sur l'un des côtés; c'est ce qu'on peut faire au moyen de nombreuses expériences.

EXERCICES

Remplir d'eau une bouteille, la renverser dans un verre d'eau. L'eau ne tombe pas, pourquoi? — Soulever la bouteille hors du verre. Examiner comment elle se vide. — Remplir d'eau un verre, placer à la surface une feuille de papier qui adhère au bord bien exactement. Retourner le verre, l'eau ne tombe pas. Pourquoi? — Aspirer de l'eau dans un tube effilé; boucher avec le doigt l'extrémité supérieure. L'eau ne tombe pas. Enlever le doigt; l'eau coule (principe de la pipette). — Montrer une pipette et expliquer son fonctionnement. — Faire une ventouse au moyen d'un verre à liqueur dont on chasse l'air en partie au moyen d'une feuille de papier enflammé (expérience analogue à celle fig. 62). — Quand on met un robinet à un tonneau de vin, pourquoi prend-on la précaution de faire un petit trou à la partie supérieure? Qu'arriverait-il sans cela?

13e LEÇON

BAROMÈTRE

MATÉRIEL : Mercure. — Tube de 0^m,80 environ, fermé à un bout. — Baromètre à mercure à siphon. — Baromètre métallique.

Mesure de la pression atmosphérique.

55. *Expérience de Torricelli*. — Si le piston de notre pompe à bicyclette à cuir retourné (12e *leçon*) joignait exactement,

nous aurions un moyen de mesurer la pression atmosphérique. Il suffirait d'attacher des poids au piston jusqu'à ce que celui-ci descende. Les poids donneraient la poussée sur le piston ; en divisant la poussée par la surface du piston, on aurait la *pression* atmosphérique. La mesure ainsi effectuée serait très grossière ; l'expérience suivante, réalisée en 1641 par l'Italien Torricelli, donne la mesure précise de la pression atmosphérique.

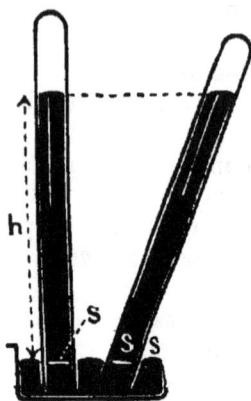

Fig. 63. — Expérience de Torricelli.
Sur les surfaces égales S et S', la pression est la même.

Prenons un tube de verre de 0m,80 au moins, et fermé à un bout (fig. 63). Remplissons le tube de mercure, bouchons-en l'orifice avec le doigt et retournons-le sur la cuve à mercure. Le niveau du mercure descend dans le tube, et s'arrête à une certaine hauteur.

Considérons deux surfaces égales S et S' dans le plan de la surface libre du mercure de la cuvette ; S est à l'intérieur du tube, S' à l'extérieur. Ces deux surfaces étant dans le même plan horizontal supportent des pressions égales (n° 38). La surface S supporte le poids de la colonne de mercure qui le surmonte, S' supporte la pression atmosphérique.

Ainsi, *la pression atmosphérique est mesurée par le poids d'une colonne de mercure dont la base est 1 centimètre carré et dont la hauteur est la istance verticale des niveaux du mercure dans le tube et dans la cuvette.* En inclinant le tube, on voit que la distance verticale des deux niveaux est invariable.

Baromètre.

56. *Baromètre à mercure.* — L'appareil précédent, qui sert à mesurer la pression atmosphérique, est un *baromètre*. C'est même le baromètre le plus simple et le plus précis, à condition qu'on mesure bien exactement la distance verticale entre le niveau du mercure dans le tube et le niveau dans la cuvette. C'est le *baromètre à cuvette* ou *baro-*

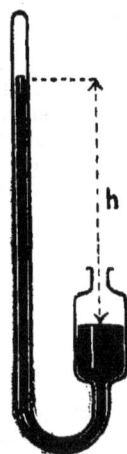

Fig. 64. — Baromètre à siphon.

mètre normal. Cet appareil est encombrant et difficile à transporter. On lui préfère généralement le *baromètre à siphon* que
représente la figure 64.

C'est le baromètre à
siphon qui est le baro-
mètre à mercure le plus
répandu.

**57. Baromètres mé-
talliques.** — Supposons
une boîte dans laquelle
on a fait le vide (fig. 65).
Le couvercle présente
des cannelures qui
permettront les défor-
mations; ce couvercle
est maintenu par un
ressort équilibrant la

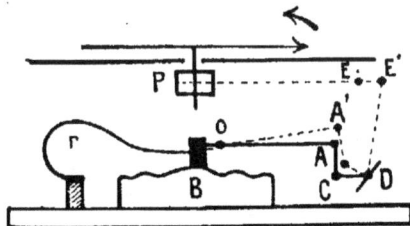

Fig. 65. — Baromètre anéroïde.
B, boîte métallique vide d'air; r, ressort équilibrant la pression atmosphérique; o, A, C,
D, E, système de leviers transmettant et am-
plifiant les mouvements du couvercle. Le
point E en se déplaçant fait tourner la poulie
P à laquelle est fixée l'aiguille.

pression atmosphérique moyenne. Si la pression augmente, le
couvercle s'abaisse; si la pression extérieure diminue, le couvercle se soulève sous
l'action du ressort. Les
mouvements du couver-
cle sont amplifiés par
un système de leviers
assez compliqué et se
transmettent à une ai-
guille qui tourne sur un
cadran. On gradue le
baromètre métallique par
comparaison avec un ba-
romètre à mercure.

Fig. 66. — Baromètre enregistreur Richard.
C'est un baromètre métallique qui inscrit
les variations de la pression atmosphérique.

58. Pression moyenne. — Pression normale.

À Paris (Observatoire du parc Saint-Maur), le 2 juin 1906, on a
relevé les pressions suivantes :

3 heures du matin....	753^{mm},6	3 heures du soir	758^{mm},3
6 — — ...	755^{mm},7	6 — —	758^{mm},9
9 — — ...	757^{mm}	9 — —	760^{mm}
12 — — ...	758^{mm},1	12 — —	760^{mm},2

Additionnons ces résultats et divisons par le nombre des
observations, nous aurons ce qu'on appelle la *pression moyenne*
de la journée (La déterminer). — On peut de même prendre la

pression moyenne pour un mois, pour une année, pour plusieurs années. (Comment fera-t-on ?)

En un même lieu, la moyenne de la pression pour une année est sensiblement constante. Au bord de la mer, on a trouvé que la moyenne de la pression atmosphérique est mesurée par le poids d'une colonne de mercure de 76 centimètres de hauteur et de 1 centimètre carré de surface. Cette pression est dite *pression normale*.

Or, une colonne de mercure de 1 centimètre carré de surface et de 76 centimètres de hauteur pèse 13 gr. 6 × 76 = 1 033 grammes. Cette pression s'appelle encore *atmosphère*.

59. *Variation de la pression avec l'altitude*, — Expérience. Prenons un baromètre et notons la pression qu'il indique. Montons au sommet d'une colline, d'une tour, d'un clocher ; nous voyons la pression baisser à mesure que nous nous élevons. Quand nous redescendons, la pression reprend la valeur qu'elle avait précédemment. Ce résultat se conçoit facilement, car plus on s'élève, moins haute est la colonne d'air qui surmonte le baromètre.

Exemple. Le 3 juin 1906, à diverses altitudes, on a noté les pressions suivantes :

Bordeaux 0^m	768^{mm},6	Puy-de-Dôme 1 467^m..	642^{mm},7
Paris (Saint-Maur) 50^m..	760^{mm},6	Mont Ventoux 1 900^m..	605^{mm},1
Briançon 1 298^m	653^{mm},6	Pic du Midi 2 859^m.....	542^{mm},5

Si le poids du litre d'air ne variait pas, on pourrait facilement déterminer de quelle hauteur il faut s'élever pour que la pression atmosphérique baisse de un centimètre. (Voir *Exercices*). Mais le poids du litre d'air varie avec l'altitude ; on a établi une formule très compliquée qui permet de déterminer l'altitude d'un lieu, connaissant la pression atmosphérique en ce lieu. C'est ainsi qu'on peut évaluer la hauteur à laquelle s'élèvent les ballons. (Voir *Exercices*.)

Prévision du temps.

60. *Bourrasque.* — Quand on détermine à la même heure la pression atmosphérique en diverses régions du globe, on trouve des *centres de basse pression*, c'est-à-dire des régions pour lesquelles la pression est moindre que dans les régions avoisinantes. Des vents plus ou moins violents soufflent alors des points où la pression est la plus forte vers le centre de basse pression.

Ces dépressions ou *bourrasques* se déplacent et provoquent
généralement dans les régions qu'elles traversent des orages,
es pluies, etc. Supposons qu'une bourrasque touche **Brest**
aujourd'hui. Si on détermine à Brest la vitesse de cette bourrasque et sa direction, on pourra indiquer les régions qu'elle

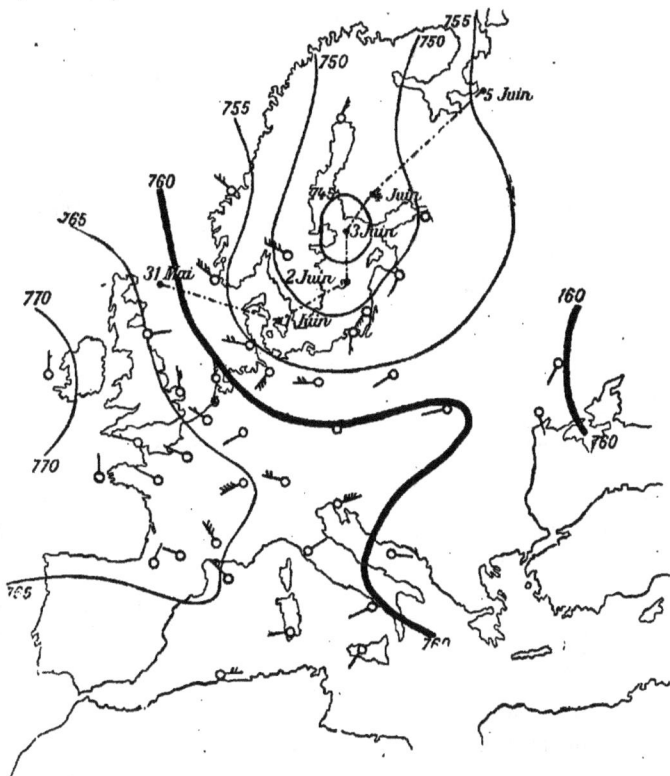

FIG. 67. — Carte météorologique du 3 juin 1906. — On remarque sur la Baltique
le centre de basse pression. Observer la direction des vents. — On a figuré
en pointillé mixte la marche de la bourrasque depuis le 31 mai jusqu'au
5 juin.

traversera le lendemain et les jours suivants, et par suite, prévoir le mauvais temps dans ces régions. En France, le Bureau
central météorologique reçoit les dépêches de près de 150 sta-
tions et établit chaque jour une carte (fig. 67) qui indique
l'emplacement des bourrasques et le temps probable pour
les jours suivants.

L'approche d'une bourrasque est annoncée par une baisse du baromètre. Quand cette baisse coïncide avec les vents du sud-ouest ou de l'ouest, la pluie est probable. Une hausse du baromètre, coïncidant avec des vents du nord ou de l'est, est un indice de beau temps. Une baisse brusque est un signe d'orage ou de tempête. Ainsi le baromètre sert à la prévision du temps à courte échéance.

Les baromètres métalliques ou *anéroïdes* sont très répandus. Sur le cadran on voit inscrite l'indication *variable* en face de la pression 76. Pour les pressions 77, 78, etc., on lit : beau, beau fixe, et pour les pressions 75, 74, on lit : pluie ou vent, grande pluie, tempête. Ces indications ne concordent pas nécessairement avec la pression donnée par le baromètre à mercure ; elles ne conviennent que pour les régions de faible altitude. On règle les baromètres anéroïdes en plaçant l'aiguille de façon que l'indication *variable* corresponde à la pression atmosphérique moyenne de la région, donnée par un baromètre à mercure.

Il ne faut donc pas attribuer aux indications placées sur le cadran une valeur absolue. *Ce qu'il y a lieu d'observer, c'est la hausse ou la baisse du baromètre.* Cette indication, jointe à différents indices locaux, permet de prévoir le temps à un ou deux jours d'intervalle.

Inutile de dire que la prévision du temps à longue échéance est absolument fantaisiste et ne mérite aucune créance.

RÉSUMÉ

1. La pression atmosphérique se mesure au moyen de l'expérience de Torricelli. Un tube de 80 centimètres de long et fermé à un bout est rempli de mercure pur et sec. On le retourne sur une cuvette renfermant du mercure. La pression atmosphérique est mesurée par le poids d'une colonne de mercure de 1 centimètre carré de section et dont la hauteur est la *distance verticale* des niveaux du mercure dans le tube et dans la cuvette.

2. Les baromètres sont des instruments destinés à mesurer la pression atmosphérique. Le plus simple est le *baromètre à cuvette ;* on lui préfère le *baromètre à siphon,* plus facile à transporter.

3. Le *baromètre métallique* le plus usité est constitué par une caisse vide d'air dont le couvercle s'abaisse plus ou moins sous l'action de la pression atmosphérique. Les

mouvements du couvercle, amplifiés par un système de leviers, se transmettent à une aiguille qui tourne sur un cadran.

4. La *pression moyenne* au bord de la mer est de 76 centimètres. C'est la *pression normale*. La pression baisse à mesure qu'on s'élève.

5. Il existe des régions où la pression est plus faible que dans les régions avoisinantes. Le vent se dirige vers ces *centres de basse pression*. Les dépressions ou *bourrasques* se déplacent et amènent généralement le mauvais temps dans les régions qu'elles traversent. Ainsi, l'observation du baromètre, jointe à des indices locaux, permet de prévoir le temps un ou deux jours à l'avance.

EXERCICES

I. Que signifie cette expression : la hauteur barométrique est de 70 centimètres ? — Dans ce cas, quelle est la poussée exercée par l'air sur une surface circulaire plane de 10 centimètres de diamètre ?

II. La pression de l'air étant supposée normale, de combien faut-il s'élever pour que la colonne de mercure s'abaisse de 1 centimètre ? — Quelle est la pression moyenne à l'école ? — Si on dispose d'un baromètre métallique, **noter** la pression à l'école. Monter au clocher de l'église ou sur une colline voisine, constater la baisse du baromètre.

III. La pression au bord de la mer étant de 76 centimètres, le calcul donne pour les hauteurs correspondant à diverses pressions les nombres suivants :

Pressions.	Altitudes.	Pressions.	Altitudes.
70%m	650m	45%m	4 170m
65%m	1 250m	40%m	5 110m
60%m	1 880m	35%m	6 170m
55%m	2 570m	30%m	7 400m
50%m	3 330m		

Tracer la courbe qui donne la pression atmosphérique en fonction de l'altitude. (On tracera deux droites rectangulaires OX et OY. Sur l'une, on prendra des longueurs proportionnelles aux pressions, sur l'autre des longueurs proportionnelles aux altitudes. On achèvera comme il est dit *1re année*, n° 34.) Cette courbe tracée, déterminer quelle serait la pression aux différentes altitudes indiquées n° 59 ? (On tiendra compte de ce que la pression au bord de la mer est 768,6.)

IV. Se procurer un bulletin du Bureau central météorologique, le faire examiner par les élèves. — Noter pendant un mois les indices locaux, joints aux indications du baromètre, à la direction du vent. Prévoir le temps pour le lendemain. — Contrôler pendant un mois les prévisions de l'almanach.

14ᵉ LEÇON

MANOMETRES. — LOI DE MARIOTTE

MATÉRIEL : 2 pompes à bicyclette, montées l'une pour aspiration, l'autre pour refoulement. — 2 flacons de 1/2 litre environ, avec bouchon muni de valve de chambre à air (Voir 12ᵉ *leçon*). Manomètre métallique, si on peut s'en procurer un. — Appareil fig. 71 (Il suffit d'étirer aux deux bouts un tube de 1 centimètre de diamètre intérieur environ. On engage une extrémité dans un caoutchouc de pompe à bicyclette de 1 mètre de long. L'autre extrémité porte un bout de caoutchouc ordinaire fort, qu'on pourra serrer au moyen d'une pince ou même d'une ficelle). Le réservoir à mercure est constitué par un petit entonnoir en verre. — Mercure.

Mesure de la force élastique des gaz.

61. Manomètres à air libre. — EXPÉRIENCE. Dans l'appareil représenté par la fig. 68, le niveau du liquide est le même dans le tube et dans le flacon. Si nous prenons des surfaces égales dans le tube et dans le flacon, et sur le niveau du liquide, ces deux surfaces supportent la même pression (nᵒ 38). Dans le tube, la pression supportée est la pression atmosphérique. L'air du flacon exerce donc sur le liquide une pression égale à la pression atmosphérique. Cette même pression s'exerce aussi sur les parois du flacon; on la désigne sous le nom de *force élastique* du gaz contenu dans le flacon.

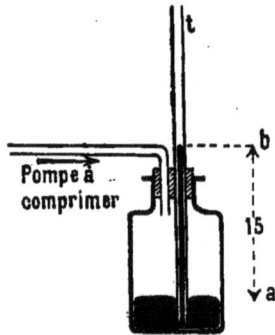

FIG. 68. — Manomètre à air libre — La pression du gaz est supérieure à la pression atmosphérique

Donnons un coup de piston pour refouler de l'air dans le flacon, le niveau du mercure monte dans le tube *t*. Par un raisonnement analogue au précédent, nous voyons que la force élastique du gaz du flacon est maintenant égale à la pression atmosphérique, augmentée du poids d'une colonne de mercure de hauteur *a b*. L'appareil précédent ous permet donc d'évaluer la force élastique du gaz du flacon uand elle est supérieure à la pression atmosphérique : c'est un anomètre.

EXEMPLE. Si la pression atmosphérique extérieure est 5 centimètres, la colonne de mercure *ab* soulevée 15 centimètres, la force élastique du gaz du flacon est 75 + 15 ou 0 centimètres. Cela signifie : sur ne surface de 1 centimètre carré, a pression exercée par le gaz est gale au poids d'une colonne de nercure de 1 centimètre carré de ase et de 90 centimètres de haueur.

EXPÉRIENCE. Dans l'appareil ig. 69 je donne un coup de pompe pour aspirer de l'air. Le niveau du mercure monte dans le tube *g*. Deux surfaces égales, prises sur le niveau *x y*, l'une dans le vase V, l'autre dans le tube *g* supportent la même pression. Or dans le vase V, la pression supportée est la pression atmosphérique; dans le tube *g*, la pression supportée est celle de la colonne de mercure *a' b'*, augmentée de la force élastique du gaz du

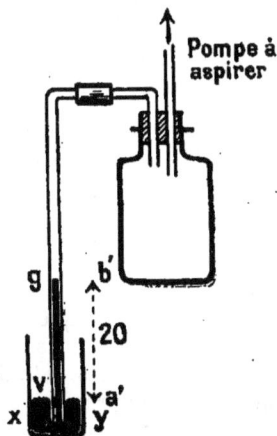

FIG. 69. — Manomètre à air libre pour pressions inférieures à la pression atmosphérique.

flacon. La force élastique du gaz du flacon est donc égale à la pression atmosphérique diminuée de la hauteur de mercure *a' b'*.

EXEMPLE. Si la pression barométrique est 75 centimètres, et si $a' b' = 20$ centimètres, quelle est la force élastique du gaz? — Que signifie cette expression?

L'appareil fig. 69 est encore un *manomètre*, pour mesurer la force élastique des gaz lorsqu'elle est inférieure à la pression atmosphérique.

62. Manomètres métalliques. — Dans l'industrie, on a couramment à évaluer des forces élastiques qui atteignent et dépassent 20 fois la pression atmosphérique. L'emploi d'un appareil comme celui de la fig. 68 serait peu commode. On utilise alors des manomètres métalliques (fig. 70). Le plus usité est celui de Bourdon. Il se compose d'un tube métallique enroulé en spirale. *La section de ce tube est une ellipse.* Une extrémité du tube

communique avec le réservoir à gaz, l'autre bout agit sur une
aiguille par un système de leviers. Quand la pression croît dans
le tube, la section se déforme et tend à
devenir circulaire, mais en même temps
la spirale se déroule et l'aiguille se déplace
sur un cadran. Lorsque la pression diminue, le contraire se produit, l'aiguille
se déplace en sens inverse.

On gradue les manomètres métalliques en les comparant à des manomètres
à air libre. On fait communiquer avec
le même récipient à gaz un manomètre
métallique et un manomètre à air libre,
et on inscrit sur le premier la force
élastique indiquée par le deuxième.

Fig. 70. — Manomètre
métallique.

63. *Graduation des manomètres industriels.* — On appelle
atmosphère la force élastique égale à la pression atmosphérique
normale; nous avons vu qu'elle équivaut à une pression de
1 033 grammes sur chaque centimètre carré. Autrefois on gra-
duait les manomètres en atmosphères, aujourd'hui ils sont gradués en kilogrammes. L'indication 0 correspond à la force
élastique égale à la pression atmosphérique. L'indication 5 kilogrammes marquée par un manomètre signifie donc : le gaz
possède une force élastique telle que la pression sur un centimètre carré est égale à la pression atmosphérique *augmentée* de
5 kilogrammes.

Loi de Mariotte.

64. *Vérification expérimentale.* — Avec la pompe à bicyclette, on constate que plus on réduit le volume du gaz dans le
corps de pompe, plus il faut exercer une pression énergique.
On pourrait même (Voir *Exercices*), avec les appareils fig. 68 et
69, déterminer grossièrement le rapport qui existe entre la force
élastique d'un gaz et le volume qu'il occupe, mais ce rapport
est plus facile à déterminer avec l'appareil suivant (fig. 71).

Un tube A, gradué en parties d'égal volume est réuni par un
tube de caoutchouc à un récipient B. Le tube A peut être fermé
à sa partie supérieure par un caoutchouc muni d'une pince P.

Expérience. On verse du mercure dans B, on ouvre P, et on
amène le niveau du mercure à la même hauteur dans A et dans B.
Le volume de l'air occupe, par exemple, 60 divisions de A. On
ferme P et on soulève B jusqu'à ce que le volume du gaz en A

soit réduit à 30 divisions. A ce moment, la force élastique du
gaz est égale à la pression atmosphérique
augmentée de la colonne de mercure *ab*. Or
la colonne *ab* est juste égale à la hauteur du
baromètre. Donc la force élastique de l'air en
A est égale à 2 fois la pression atmosphérique (fig. 72).

CONCLUSION. *Quand le volume devient 2 fois
plus petit, la pression devient 2 fois
plus grande.*

EXPÉRIENCE. Ouvrons maintenant P et enfermons en A un volume d'air égal à 30 divisions. —
Comment peut-on y parvenir ? —
Fermons P et abaissons B jusqu'à
ce que le volume de l'air en A soit
devenu 60 divisions (fig. 73 et 74).
A ce moment, la force élastique de
l'air en A
est égale
à la pres-
sion at-
mosphé-
rique di-
minuée
de la co-
lonne de
mercure
a' b', Or

FIG. 71. et 72 —
Vérification de
la loi de Mariotte
pour les pres-
sions supérieu-
res à la pression
atmosphérique.

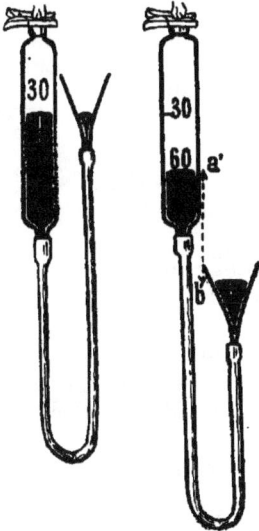

a' b' est la moitié de la hauteur barométrique. La force élastique du gaz est
donc égale à la moitié de la pression
atmosphérique.

CONCLUSION : *Quand le volume du
gaz devient 2 fois plus grand, sa
force élastique devient 2 fois plus
petite.*

FIG. 73 et 74. — Vérification de
la loi de Mariotte pour les
pressions inférieures à la
pression atmosphérique.

65. Énoncé de la loi de Mariotte.

— On peut recommencer l'expérience
précédente en faisant varier le volume occupé par le gaz; on observe
que si le volume devient 3, 4, 5, etc., fois plus petit, la pres-

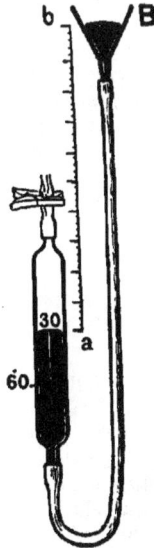

sion devient 3, 4, 5, etc. fois plus grande et inversement.

Dans ces expériences, on suppose que la température de la masse gazeuse ne varie pas, d'où l'énoncé suivant :

A température constante, les volumes occupés par une même masse gazeuse sont inversement proportionnels aux forces élastiques correspondantes.

Soit V le volume d'une masse gazeuse dont la force élastique est P, V' le volume de la même masse : quand sa force élastique devient P', on a

$$\frac{V}{V'} = \frac{P'}{P'}.$$

Dans cette proportion, égalons le produit des extrêmes et le produit des moyens, nous obtenons

$$V \times P = V' \times P'.$$

d'où le nouvel énoncé, plus commode à appliquer que le premier :

A température constante, le produit du volume occupé par une masse gazeuse par la force élastique correspondante est un nombre constant.

La relation entre le volume d'un gaz et sa force élastique fut indiquée vers 1670 par le physicien français Mariotte, d'où le nom de « Loi de Mariotte » donné à cette relation.

RÉSUMÉ

1. — Un gaz exerce sur les parois du vase qui le renferme une certaine pression qu'on appelle *force élastique* de ce gaz.

On évalue cette pression soit en kilogrammes, soit en indiquant la hauteur d'une colonne de mercure capable de faire équilibre à cette pression. Les indications se rapportent toujours à une surface de 1 centimètre carré.

Dire que la force élastique d'un gaz est de 1 mètre de mercure signifie : ce gaz exerce sur une surface de 1 centimètre carré une pression égale au poids d'une colonne de mercure de 1 centimètre carré de base et 1 mètre de hauteur.

On appelle *atmosphère* une pression égale à la pression atmosphérique normale ; elle équivaut à 1 033 grammes par centimètre carré.

2. — On mesure la force élastique des gaz au moyen des *manomètres*. Dans les laboratoires, on utilise les manomètres à air libre; l'industrie emploie les manomètres métalliques, dont le plus usité est celui de Bourdon. Les manomètres industriels indiquent de combien la force élastique du gaz dépasse la pression atmosphérique. Ils sont gradués en kilogrammes.

3. — Entre le volume d'une masse gazeuse et sa force élastique il existe la relation suivante, formulée par Mariotte :

A température constante, les volumes occupés par une même masse gazeuse sont inversement proportionnels aux forces élastiques correspondantes.

Cette loi peut encore s'énoncer comme suit :

A la température constante, le produit du volume occupé par une masse gazeuse par la pression correspondante est un nombre constant.

EXERCICES

I. Evaluer le volume de la pompe à bicyclette utilisée fig. 68. Refouler de l'air en donnant un coup de piston. — Mesurer l'augmentation de pression. Connaissant le volume du gaz dans le flacon, calculer d'après la loi de Mariotte l'augmentation de pression qu'on aurait dû obtenir. — Quelle différence présentent les résultats. — Même expérience dans le cas où l'on aspire l'air.

Si on n'a pas de mercure, on peut employer de l'eau, ou mieux de l'acide sulfurique (d = 1, 84). S'il y a lieu, on mettra deux tubes de 1 mètre bout à bout en les réunissant par un raccord en caoutchouc.

II. Evaluer avec un manomètre à eau l'augmentation de pression que peut produire un élève en soufflant dans un récipient (fig. 68). — Même expérience en aspirant (fig. 69). Evaluer la pression dans les conduits de gaz si on dispose du gaz.

III. L'appareil fig. 71 peut se réaliser simplement avec un tube ordinaire de 8 m/m de diamètre, fermé par un petit bouchon de caoutchouc, un tube à entonnoir constitue le réservoir B. Si le tube est bien cylindrique, à des longueurs égales correspondent des volumes égaux. Avec cet appareil très simple, on vérifie facilement à moins de 1/100 la loi de Mariotte. On mesure les longueurs avec un mètre en buis gradué en millimètres.

Faire 20 observations pour les pressions supérieures à la pression atmosphérique. Noter chaque fois le volume V. et la pression P. Effectuer le produit P V. Calculer la moyenne des résultats. Quel est le plus grand écart avec cette moyenne? A quelle précision la loi est-elle vérifiée?

Même expérience pour les pressions inférieures à la pression atmosphérique.

15° LEÇON

COMPLÉMENTS SUR LA DILATATION DES GAZ. — DENSITÉ DES GAZ

OBSERVATIONS : Revoir *Cours de 1re année*, 5e leçon.

66. Dilatation des gaz. — Nous avons vu en 1re année (5e leçon) que l'action de la chaleur sur les gaz peut se traduire :

1° Si la pression reste constante par une augmentation de volume;

2° Si le volume reste constant, par un accroissement de pression. Nous avons de plus trouvé le même nombre $\frac{1}{732}$ pour le coefficient de dilatation en volume et le coefficient d'augmentation de pression.

La loi de Mariotte va nous permettre de nous rendre compte de ce résultat expérimental.

Considérons une masse de gaz occupant, par exemple, un volume de 1 dm³ à 0°. Portons cette masse à la température de 273°, la pression restant constante; son volume a doublé et est devenu 2 dm³.

Ramenons maintenant le gaz au volume de 1 décimètre cube, la température restant constante; nous devons soumettre ce gaz à une pression double de la pression initiale, puisque nous voulons réduire son volume de moitié.

Pour une élévation de température de 273°, quand le volume du gaz est maintenu constant, l'accroissement de pression est donc égal à la pression initiale pour 1° l'augmentation de pression sera $\frac{1}{273}$ de la pression initiale.

67. Thermomètre normal. — L'augmentation de pression des gaz maintenus sous volume constant est le phénomène physique choisi par les physiciens pour comparer les températures avec précision.

Prenons une masse d'hydrogène occupant un certain volume à la température de la glace fondante et sous la pression initiale de 1 mètre de mercure. Portons l'appareil dans la vapeur d'eau bouillante sous la pression normale et maintenons constant le volume du gaz; il y a un certain accroissement de pression.

On *admet* qu'à des variations égales de pression correspondent d'égales variations de température. On définit donc le

degré centigrade *une variation de température capable de produire, dans le thermomètre à hydrogène, une variation de pression égale à un centième de la variation de pression obtenue en
portant ce thermomètre de la température de la glace fondante à
la température de la vapeur d'eau bouillante sous la pression
de 760 millimètres.*

Le thermomètre à hydrogène est le *thermomètre normal ;* on
compare à ses indications celles des thermomètres à liquide.
Entre 0 et 100°, un bon thermomètre à mercure indique des
températures qui ne diffèrent pas de plus de 1° de celles
données par le thermomètre à gaz.

68. Poids du litre de gaz. — Nous avons dit (n° 52)
qu'un litre d'air pèse 1^{gr},3 à la température de 0° et sous la
pression de 76 centimètres de mercure. Doublons la pression,
la masse gazeuse qui pèse 1^{gr},3 n'occupe plus qu'un volume de
$\frac{1}{2}$ dm³. Si nous prenons donc 1 dm³ de gaz sous une pression de 2 atmosphères, le poids de ce gaz sera 2 fois le poids
de 1 dm³ sous la pression normale. En d'autres termes *le
poids du décimètre cube de gaz est proportionnel à la force
élastique de ce gaz.*

Nous avons vu (n° 25, 1re année) comment varie le poids du
décimètre cube de gaz avec la température.

Faisons varier à la fois la température et la pression.

PROBLÈME : Quel est le poids de 1 mètre cube d'air
à la température de 50° et sous la pression de 700 millimètres ?

Solution : Nous pouvons supposer d'abord que la température reste constante à 0° et que seule la pression
varie.

1 m³ d'air à 0° et sous 760 millim. pèse 1^{kg},3

1 m³ —   0°   —   700   — $1^{kg},3 \times \frac{700}{760} = P.$ (1.)

D'autre part, quand la température s'élève de 1°, le volume
augmente de $\frac{1\text{m}^3}{273}$ si nous laissons constante la pression; pour

50°, le volume augmentera de $\frac{50}{273}$ m³, et 1 mètre cube pris

à 0° occupera à 50° le volume $\left(1 + \frac{50}{273}\right)$ m³.

Si P est le poids de 1 mètre cube de gaz à 0°, à 50°, le volume

$\left(1 + \dfrac{50}{273}\right)$ aura encore le poids P ; donc à 50°, le poids de

1 mètre cube de gaz sera $\dfrac{P}{1 + \dfrac{50}{273}}$.

Si à la place de P nous mettons la valeur indiquée en (1), il vient :

Poids du mètre cube d'air à 50° et sous 700 ‰ :

$$1^{kg},3 \times \frac{700}{760} \times \frac{1}{1 + \dfrac{50}{273}}$$

69. *Formule générale.* — Soit V le volume d'un gaz en décimètres cubes et à t°, P. gr. le poids du litre à 0° et sous 760 millimètres, H la pression du gaz. Un raisonnement identique au précédent nous donnerait :

Poids de la masse gazeuse à t° et sous pression H :

$$\text{P. gr.} \times V \times \frac{H}{760} \times \frac{1}{1 + \alpha t}.$$

Pour simplifier l'écriture, le nombre $\dfrac{1}{273}$ se représente par la lettre grecque α (alpha).

70. *Densité des gaz.* — On voit par ce qui précède que le poids du décimètre cube d'un gaz varie dans de larges limites avec la température et avec la pression. Aussi, quand on donne le poids du décimètre cube de gaz sans autre indication, la température est supposée être 0° et la pression 760 millimètres de mercure.

Dans ces conditions, le poids du litre de gaz est très faible, comparé au poids du volume correspondant des solides et des liquides. Ainsi un litre d'air pèse 1 gramme, 3 ; 1 litre de chlore, le plus lourd des corps gazeux à la température ordinaire pèse $3^{gr},2$; un litre d'hydrogène, le plus léger des gaz connus, ne pèse que $0^{gr},09$. Donc, si on comparait le poids du litre d'un gaz au poids du litre d'eau, comme on l'a fait pour les solides et pour les liquides, la *densité* du gaz serait exprimée par un nombre très petit. Ainsi, à 0° et sous 760 millimètres, la densité de l'air par rapport à l'eau serait 0,0013, celle de l'hydrogène 0,0009.

On a préféré comparer les poids de volumes égaux de gaz et d'air. *On appelle densité d'un gaz par rapport à l'air le quotient des poids de volumes égaux de ce gaz et d'air, pris à la même température et à la même pression.*

EXEMPLE. Dire que la densité de l'oxygène est 1,10 signifie : Si l'on prend, par exemple, 20 litres d'oxygène à 20° et sous la pression de 700 millimètres, le poids de ce gaz sera obtenu en multipliant par 1,10 le poids de 20 litres d'air à 20° et sous la pression de 700 millimètres.

On donne quelquefois la densité par rapport à l'hydrogène, qu'on définit comme la densité par rapport à l'air. En chimie, nous aurons de nombreux exemples de densités gazeuses prises par rapport à l'air ou par rapport à l'hydrogène.

RÉSUMÉ

1. En appliquant la loi de Mariotte, on montre que pour les gaz le coefficient de dilatation et le coefficient d'accroissement de pression doivent être exprimés par le même nombre.

2. L'augmentation de pression d'un gaz maintenu sous volume constant est le phénomène physique choisi pour la comparaison des températures dans les mesures de précision.

Le *thermomètre normal* est un thermomètre à hydrogène sous la pression initiale de 1 mètre de mercure à 0°.

Le degré centigrade est une variation de température capable de produire dans le thermomètre normal une variation de pression égale à la centième partie de la variation de pression obtenue quand on fait passer le thermomètre de la glace fondante dans la vapeur d'eau bouillante sous la pression de 76 centimètres de mercure.

3. Le poids du décimètre cube de gaz varie dans de larges limites avec la température et avec la pression; quand on donne le poids du décimètre cube d'un gaz, la température est de 0° et la pression de 76 centimètres.

4. *On appelle densité d'un gaz par rapport à l'air le quotient des poids de volumes égaux de ce gaz et d'air, dans les mêmes conditions de température et de pression.*

On donne souvent la densité d'un gaz par rapport à l'hydrogène.

EXERCICES

I° L'oxygène pur est livré comprimé sous une pression de 120 kilogs. par centimètre carré. On achète un récipient contenant 10 litres de ce gaz. Quel volume d'oxygène aura-t-on sous la pression ordinaire? Quelle est la valeur de ce gaz au prix de 4 francs le kilog.? La densité de l'oxygène par rapport à l'air est 1,10. — (On ne tiendra pas compte de la température et on prendra 1 kilog. pour la pression ordinaire.)

II. 1 litre d'air pèse 1gr,3 à 0 et sous 760 millimètres; dans les mêmes conditions, 1 litre d'hydrogène pèse 0gr,09. Quelle est la densité de l'hydrogène par rapport à l'air? — Quelle est la densité de l'air par rapport à l'hydrogène? (On calculera 3 chiffres exacts).

III. La densité de l'oxygène par rapport à l'hydrogène est 16, celle de l'azote 14, celle du chlore 35,5. Quelle est la densité de ces gaz par rapport à l'air? — Trouver le poids du litre de chacun de ces gaz à 0° et sous 760 millimètres.

16e LEÇON

AÉROSTATS

MATÉRIEL : Appareil à dégagement de gaz carbonique. — Appareil à dégagement d'hydrogène, si on ne dispose pas du gaz d'éclairage. — Balance sensible. — Ballon de 1 litre au moins. — Vase dans lequel peut entrer le ballon précédent. (On bouchera ce vase avec un couvercle en carton percé de 2 orifices, l'un pour le passage du tube à dégagement du gaz, l'autre pour le passage du fil qui soutient le ballon). — Gravures représentant des ballons ordinaires et des dirigeables.

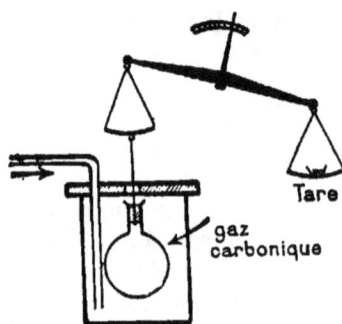

FIG. 75. — Le ballon, taré dans l'air, semble moins lourd dans le gaz carbonique.

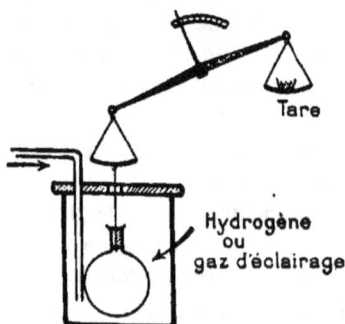

FIG. 76. — Le ballon, taré dans l'air, semble plus lourd dans l'hydrogène ou le gaz d'éclairage.

Application aux gaz du principe d'Archimède.

71. — *Le principe d'Archimède s'applique aux gaz.* — EXPÉRIENCE. Un ballon de 1 litre environ est suspendu à l'un des plateaux d'une balance sensible, on établit l'équilibre avec de la tare. Plongeons ce ballon dans un récipient contenant du gaz carbonique, puis dans un autre contenant du gaz d'éclairage. Le résultat est indiqué par les figures 75 et 76.

Ainsi, le ballon a reçu dans le gaz carbonique une poussée plus grande que dans l'air; dans l'hydrogène ou dans le gaz d'éclairage, la poussée a été moins grande que dans l'air. Tout comme un liquide, un gaz exerce une poussée sur les corps qu'on y plonge. Cette poussée est dirigée de bas en haut suivant la verticale et elle est égale au poids du gaz déplacé. Ainsi, dans le vide, un corps pèserait plus que dans l'air, mais la poussée sur un décimètre cube n'étant que $1^{gr},3$, on ne s'en préoccupe que dans les pesées de précision. (Voir *Exercices*.)

Aérostats.

72. Principe. — Lorsque le poids d'un corps est inférieur au poids de l'air qu'il déplace, ce corps s'élève dans l'air comme un morceau de liège que l'on plonge dans l'eau.

Quand le poids du corps est égal au poids de l'air déplacé, le corps peut rester en équilibre dans l'air.

Ces deux conditions sont réalisées dans les *ballons* qu'on appelle encore *aérostats*, c'est-à-dire appareils qui se tiennent dans l'air. On obtient le résultat précédent en emplissant d'un gaz moins dense que l'air une enveloppe légère.

Les premiers ballons sont dus aux frères Montgolfier (1783); ils étaient formés d'une enveloppe de toile doublée de papier et qu'on gonflait avec de l'air chaud. Aujourd'hui on gonfle les ballons avec du gaz d'éclairage ou même avec de l'hydrogène.

73. — Description. Le ballon ordinaire est formé d'une enveloppe de forme sphérique et gonflée au gaz d'éclairage ou à l'hydrogène (fig. 77). Depuis quelques années on a pu, en surperposant des couches de soie et de caoutchouc, obtenir des enveloppes suffisamment imperméables à l'hydrogène. L'enveloppe porte à sa partie inférieure une sorte de canal cylindrique, la *manche* ou *appendice*. C'est par ce canal que s'effectuera le gonflement, et que le gaz pourra s'échapper si la pression à l'intérieur devient plus grande que la pression extérieure. A sa partie supérieure, l'enveloppe présente une ouverture fermée par une *soupape* qu'on peut ouvrir de la nacelle au moyen d'une corde. L'enveloppe est enfermée dans un *filet*. Au filet est attachée la *nacelle* dans laquelle prennent place les aéronautes et tous les appareils que doit emporter le ballon.

74. Manœuvre de l'aérostat. — Soit un ballon de 1000 mètres cubes, gonflé à l'hydrogène. La poussée qu'il reçoit est de 1ᵏᵍ,3 × 1 000 ou 1 300 kilogrammes. Le poids du ballon et de ses accessoires est 400 kilogrammes, celui des aéronautes 150 kilogrammes ; celui de l'hydrogène qui gonfle le ballon est de 90 kilogrammes environ, soit en tout 640 kilogrammes. La poussée est donc supérieure au poids total du ballon de 1 300 — 640 ou 660 kilogrammes. Cette différence constitue la *force ascensionnelle* du ballon. Le ballon est maintenu par des cordes. Quand on l'abandonne, il s'élève rapidement. Mais il ne monte pas jusqu'aux confins de l'atmosphère, comme le liège que l'on plonge dans l'eau et qu'on lâche. En effet, à mesure qu'on s'élève, la pression de l'air diminue et, par suite le poids du litre d'air diminue aussi. La force ascensionnelle va en s'amoindrissant, et on trouve une couche d'air dans laquelle elle est nulle. A ce moment, le ballon est en équilibre dans cette couche d'air.

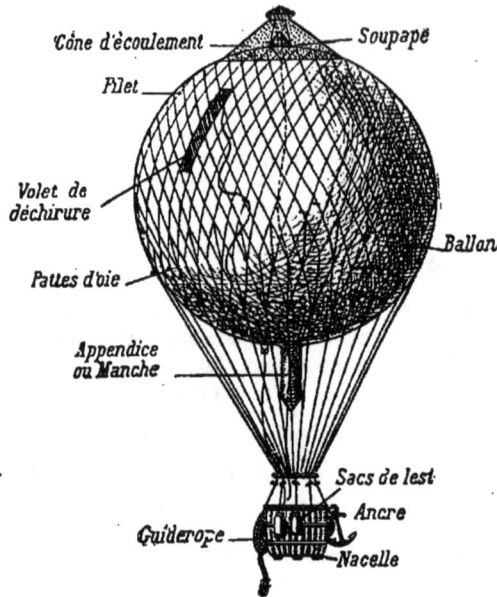

Cône d'écoulement — Soupape
Filet
Volet de déchirure
Ballon
Pattes d'oie
Appendice ou Manche
Sacs de lest
Ancre
Guiderope
Nacelle

Fig. 77. — Ballon ordinaire sphérique.

Si on veut monter encore, il faut diminuer le poids du ballon. On y arrive en jetant du *lest*. Le lest est constitué par des sacs de sable qu'on a mis dans la nacelle.

Quand on veut descendre, on ouvre la soupape et le gaz qui gonflait le ballon s'échappe. Si la descente se fait trop vite, on jette du lest pour la retarder.

A une certaine distance du sol, on laisse descendre un gros câble, le *guide-rope* fixé à la nacelle. Quand ce câble touche le ol, il forme en quelque sorte frein en traînant sur la terre. De plus, il amortit la chute, parce que la portion du guide-rope qui traîne sur le sol n'est plus supportée par l'aérostat; on obtient en jetant une certaine longueur de câble le même résultat qu'en jetant du lest.

75. — *Ballons dirigeables*. — Les ballons sphériques ordinaires sont entraînés par le vent; on a cherché à obtenir des ballons qui puissent lutter contre les courants atmosphériques et se diriger dans l'air comme les navires dans l'eau. Il y a toutefois une grosse différence entre les deux problèmes. Dans les courants atmosphériques, il y a en effet transport de la masse gazeuse dans laquelle se trouve le ballon. Dans l'eau au contraire, sauf le cas des cours d'eau et des courants marins, il n'y a pas transport de matière. Pour se diriger dans l'air, il faut obtenir une vitesse au moins égale à celle du vent. Si la ques-

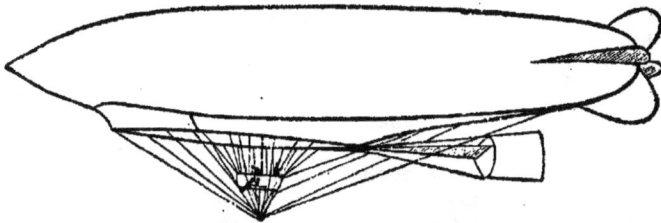

Fig. 78. — Ballon dirigeable « Patrie », destiné à la place de Verdun. — Les dirigeables sont gonflés à l'hydrogène

tion de la navigation aérienne n'est pas encore résolue, on est cependant arrivé à des résultats remarquables. Les *ballons dirigeables* (fig. 78) ont une forme allongée, pour diminuer la résistance de l'air. Leur surface est maintenue bien tendue par l'addition d'un ballonnet intérieur que l'on gonfle pour compenser la déperdition du gaz à travers l'enveloppe. La nacelle porte une ou deux hélices, actionnées par des moteurs électriques ou par des moteurs à essence. On règle la direction au moyen d'un gouvernail.

MM. Lebaudy ont construit en 1906 un dirigeable, le *Patrie* commandé par le gouvernement français. Voici quelques-unes des caractéristiques de ce ballon. Il a 60 mètres de long, 10m,30 de diamètre au maître couple, il déplace 3 150 mètres cubes. Les hélices sont actionnées par un moteur à pétrole de 70 chevaux. La force ascensionnelle utile est de 1 260 kilogrammes, ce qui lui permet d'enlever de l'essence pour 10 heures, 3 personnes et 850 kilogrammes de lest. L'enveloppe est suffisamment imperméable pour maintenir le ballon gonflé pendant 90 jours. La vitesse moyenne propre pendant les essais a atteint 45 kilomètres à l'heure. Le 23 novembre 1907, ce ballon a parcouru en une seule étape la distance de Chalais-Meudon (près Paris) à Verdun, soit 230 kilomètres environ à vol d'oiseau en 6 h.40 marchant ainsi à une vitesse de 35 kilomètres à l'heure[1].

76. *Rôle des ballons.* — Les ballons sont utilisés en temps de guerre pour observer les mouvements de l'ennemi ou pour faire communiquer une ville assiégée avec le reste du pays. Pendant les guerres de la Révolution, l'armée de Sambre-et-Meuse avait un corps d'aérostiers qui fut utilisé en particulier à la bataille de Fleurus. En 1870, cinquante-deux ballons sortirent de Paris assiégé. Aujourd'hui les armées en campagne possèdent des *ballons captifs*. Ces ballons, d'un volume de 500 à 600 mètres cubes, sont fixés à un câble qui s'enroule sur un treuil. Le treuil est placé sur un chariot qui accompagne l'armée ; le chariot porte aussi le matériel nécessaire au gonflement. Ce matériel consiste en tubes d'acier renfermant de l'hydrogène comprimé. Les aéronautes peuvent faire connaître par téléphone le résultat de leurs observations.

On se préoccupe actuellement de munir les armées de ballons dirigeables. Des essais sont faits à ce sujet en France, en Angleterre, en Allemagne.

Les ballons servent encore à étudier les hautes régions de l'atmosphère. De nombreuses ascensions ont été faites dans ce but. L'une d'elles coûta la vie à Sivel et Crocé-Spinelli, dont l'aérostat, le *Zénith*, s'éleva à environ 10 000 mètres. Aujourd'hui, on lance des *ballons-sondes*, munis d'appareils enregistreurs et qui ont permis d'étudier les phénomènes atmosphériques jusqu'à une hauteur de 15 000 mètres environ.

RÉSUMÉ

1. Un corps plongé dans un gaz subit une poussée verticale égale au poids du gaz déplacé.

2. Lorsque le poids d'un corps est inférieur au poids de l'air qu'il déplace, ce corps s'élève dans l'air comme le liège que l'on plonge dans l'eau. Quand le poids du corps est égal à celui de l'air déplacé, le corps reste en équilibre dans l'air.

3. Les ballons ou *aérostats* sont des appareils qui peu-

---

1. Ce ballon, emporté par une rafale le 2 décembre 1907, est complètement anéanti. Pour le remplacer l'État en a commandé un autre, le *République*, qui a fait ses premiers essais en juin 1908.

vent s'élever dans l'air et s'y maintenir. Ils sont formés d'une enveloppe généralement sphérique, imperméable aux gaz et qu'on gonfle avec de l'hydrogène ou du gaz d'éclairage. L'enveloppe est entourée d'un *filet*, auquel est suspendue la *nacelle*. La force ascensionnelle est la différence *au départ* entre le poids total de l'appareil et le poids de l'air déplacé. La force ascensionnelle diminue à mesure qu'on s'élève.

4. On construit actuellement des ballons qui peuvent se diriger dans l'air. Ces ballons sont gonflés à l'hydrogène.

5. Les ballons peuvent servir en temps de guerre pour observer les mouvements de l'ennemi (ballons captifs), ou pour faire communiquer une ville assiégée avec l'extérieur. Les *ballons-sondes* sont utilisés pour étudier les hautes régions de l'atmosphère.

EXERCICES

I. Un ballon de 1 000 mètres cubes de capacité et gonflé complètement au départ s'élève jusqu'à une couche d'air dont la pression n'est plus que de 50 centimètres de mercure. On demande :

1° La hauteur à laquelle il est parvenu (on utilisera la courbe indiquée 13ᵉ *leçon, exercice* III) ;

2° La masse de gaz qui s'est échappée du ballon.

(On supposera que le ballon est gonflé à l'hydrogène et que la pression au départ était de 75 centimètres.)

II. Le ballon précédent redescend à une altitude de 1 000 mètres. Quel volume d'air faut-il envoyer dans le ballonnet compensateur pour maintenir l'enveloppe rigide ?

III. Un ballon de 1 000 mètres cubes s'élève avec une force ascensionnelle de 300 kilogs. Quelle sera la pression de la couche d'air dans laquelle la force ascensionnelle sera nulle ? — En se reportant à la 13ᵉ *leçon, exercice* III, dire à quelle hauteur parviendra le ballon. (Pression au départ = 75 centimètres.)

On pourra examiner les hypothèses suivantes :

a) Le ballon est gonflé à l'hydrogène (d = 0,07) ;

b) Le ballon est gonflé avec du gaz d'éclairage (d = 0,4) ;

c) On ne tiendra pas compte du poids de la masse gazeuse qui s'échappe pendant la montée (le ballon étant gonflé complètement au départ) ;

d) On tiendra compte du poids du gaz qui s'est échappé ;

e) Établir une formule générale qui permette de trouver la pression X demandée pour un ballon dont le volume est V mètres cubes, gonflé avec un gaz de densité d par rapport à l'air, la force ascensionnelle étant P au départ et la pression atmosphérique H. (On ne s'occupera pas de la température.)

IV. Dans l'air, un corps dont le poids spécifique est 2,5 pèse 250 grammes. Le corps est pesé avec des poids en laiton dont la densité est 8,8.

Déterminer : 1° La poussée de l'air sur le corps et sur les poids; 2° Le poids du corps dans le vide.

(On supposera que la pression atmosphérique est de 76 centimètres.)

V. Dans la pesée précédente, si la balance employée est sensible au milligramme, y a-t-il lieu de tenir compte des variations de la pression atmosphérique ? Quelle variation de pression donnera une variation de 1 milligramme pour la différence des poussées ?

17ᵉ LEÇON

POMPES A GAZ. — TROMPES

MATÉRIEL : Pompe à bicyclette ordinaire; pompe à cuir retourné pour servir à l'aspiration. — Machine pneumatique de laboratoire, si on en possède une. — Soufflet. — Les élèves examineront un soufflet de forgeron et chercheront à se rendre compte de son fonctionnement. — Trompe à eau. Si on dispose d'une pression d'eau suffisante, 12 mètres environ, une trompe à eau remplace avantageusement une machine pneumatique; son installation est à conseiller.

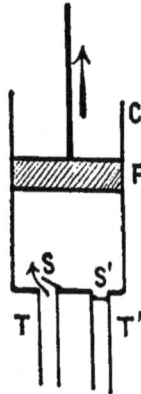

Pompes à gaz.

77. *Principe général.* — Soit un cylindre C, appelé corps de pompe, dans lequel se meut un piston P. Le cylindre porte deux tuyaux T et T' fermés par deux soupapes S et S' s'ouvrant: la première de l'extérieur vers l'intérieur du cylindre, la deuxième en sens inverse (fig. 79). Le même appareil peut servir soit à comprimer un gaz dans un récipient, soit à enlever le gaz contenu dans le récipient, selon qu'on met ce récipient en communication soit avec T', soit avec T. Il peut aussi aspirer

FIG. 79. — Principe général des pompes.

le gaz dans un récipient et le comprimer dans un autre. C'est ce qui arrive en particulier pour les pompes utilisées dans la production artificielle de la glace.

Nous avons vu (12ᵉ *leçon*) comment la pompe à bicyclette,

ui sert d'habitude à comprimer un gaz, peut devenir une pompe
aspiration.

78. Machine pneumatique. — Quand on adapte à T le réci-
ient qui contient un gaz, l'appareil précédent sert à aspirer ce
az. Un tel appareil est une *machine pneumatique*. D'habitude,
n modifie légèrement le dispositif que nous avons donné. Il n'y a
lus qu'un tuyau T adapté au corps de pompe; ce tuyau est fermé
ar une soupape qui s'ouvre
rs l'intérieur. Le piston
st percé d'une ouverture
ermée par une soupape qui
souvre de bas en haut. Le
tuyau T communique avec
le récipient dont on veut
enlever le gaz (fig. 80).

FONCTIONNEMENT. Suppo-
sons le piston en bas du
corps de pompe, soulevons-
le, le robinet R étant ouvert. La soupape S' est fermée, on fait le vide au-dessous du piston. Le gaz du
récipient soulève la sou-

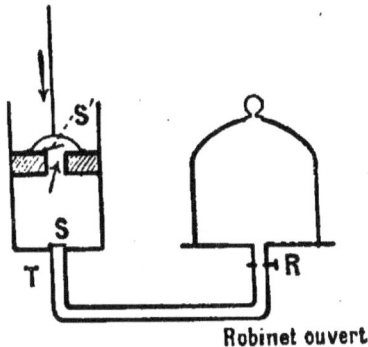

Robinet ouvert

FIG. 80. — Schéma de la machine
pneumatique.

pape S et se répand dans le corps de pompe. Sa force élastique
diminue, puisqu'il occupe un volume plus grand.

Abaissons le piston : la soupape S se ferme. Le volume du
gaz enfermé dans le corps de pompe diminue, donc sa force
élastique augmente. Il arrive un moment où sa pression devient
égale, puis supérieure à la pression atmosphérique extérieure
qui s'exerce au-dessus du piston. A ce moment, la soupape S' se
soulève et le gaz que contient le corps de pompe est chassé à
l'extérieur.

A chaque coup de piston on peut ainsi enlever une certaine
quantité de gaz, la force élastique de ce gaz dans le récipient
diminue constamment. On ne peut pas néanmoins enlever complètement le gaz, car il n'y a jamais contact parfait entre la
base du piston et le bas du corps de pompe; l'espace compris
entre les deux surfaces s'appelle *espace nuisible*, il limite la
raréfaction. Les bonnes machines pneumatiques peuvent donner
une raréfaction telle que la pression du gaz dans le récipient
n'atteint pas 1 millimètre de mercure. Les laboratoires et l'industrie emploient des appareils spéciaux appelés *trompes* qui
donnent un vide bien plus parfait (1/1 000 de millimètre environ.)

79. *Compresseur de gaz.* — En adaptant un récipient au tube T' (fig. 79), on peut comprimer un gaz dans ce récipient.

Fɪɢ. 81. — Souffiet ordinaire.

— L'élève trouvera le fonctionnement de l'appareil dans ce cas.

Le soufflet ordinaire, le soufflet à vent continu des forgerons sont les appareils les plus simples destinés à comprimer les gaz. On en expliquera facilement le fonctionnement en se reportant aux figures 81 et 82.

La pompe à bicyclette ordinaire est aussi un appareil simple de compression de gaz (fig. 83). On se rend compte facilement de son fonctionnement.

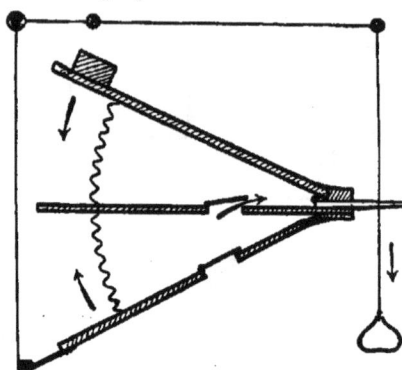

Fɪɢ. 82. — Souffiet de forge à vent continu.

Fɪɢ. 83. — Pompe à bicyclette.

Dans l'industrie, pour aérer les mines, pour amener l'air nécessaire à la combustion dans les hauts-fourneaux, on emploie des machines soufflantes à double effet dont la figure 84 représente un schéma.

Enfin, l'on utilise aussi des ventilateurs rotatifs, servant soit à l'aspiration, soit au refoulement de l'air. La figure 85 représente un ventilateur rotatif. L'air entre par la partie centrale

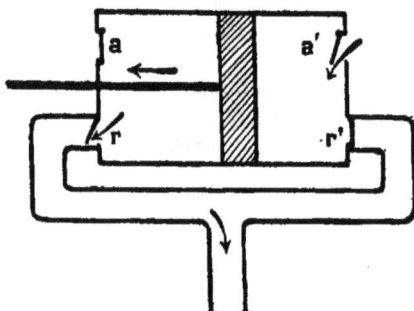

Fɪɢ. 84. — Machine soufflante industrielle.

et s'échappe par la périphérie. Le grand van ou tarare, utilisé par les cultivateurs pour séparer le grain de la balle est un ventilateur rotatif de construction peu soignée (fig. 86).

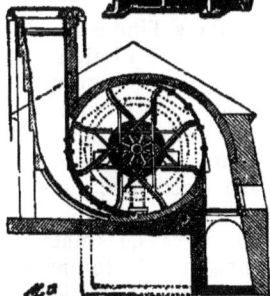

Trompes.

80. — Ce sont actuellement

FIG. 85. — Ventilateur mécanique.

FIG. 86. — Tarare.

les appareils industriels les plus utilisés pour raréfier les gaz. La *trompe à eau* est représentée par la figure 87. L'eau arrive sous pression par le tube T, elle s'échappe par un ajutage conique et prend une grande vitesse. Le liquide entre dans le tube T' par un ajutage conique disposé en sens inverse du précédent. L'air de l'ampoule A est entraîné avec l'eau. Cette ampoule communique avec le récipient qui renferme le gaz à raréfier.

FIG. 87. — Trompe à eau.

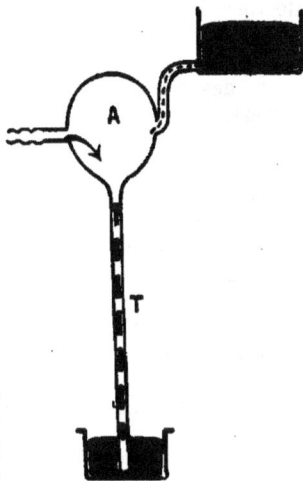

FIG. 88. — Schéma de la trompe à mercure.

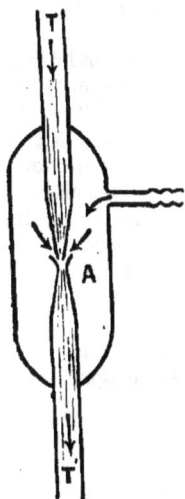

La trompe à eau fait le vide jusqu'à environ 1 centimètre de mercure. La raréfaction est ensuite continuée à la *trompe à mercure*. Cet appareil est représenté par la figure 88. Le mercure d'un réservoir tombe goutte à goutte dans une ampoule A. Les gouttes s'engagent dans le tube T et deux gouttes successives enferment un petit volume du gaz de l'ampoule. Cette ampoule communique avec le récipient dont on veut raréfier le gaz.

81. *Usages des pompes à gaz.* — 1o Dans l'industrie, les pompes à aspirer l'air sont utilisées surtout pour diminuer la pression à la surface de certains liquides qu'on veut concentrer. Ainsi pour concentrer le sirop de sucre, on le fait bouillir sous pression réduite, car le sucre s'altérerait si l'ébullition avait lieu dans les conditions ordinaires. — On fait encore le vide dans les lampes utilisées pour l'éclairage électrique, dans les ampoules qui servent à la *radiographie*.

2o L'air comprimé sert à actionner les tramways, les moteurs. Les freins des chemins de fers fonctionnent à l'air comprimé. A Paris, et dans quelques grandes villes, Lyon, Marseille, les bureaux de poste sont reliés par un tube dans lequel glisse un piston creux. On place à une station les lettres, les dépêches dans le piston, et ces dépêches sont transportées à l'autre station par l'action de l'air comprimé. On peut aussi faire le vide derrière le piston qui se trouve alors poussé par la pression atmosphérique.

Quand on a à établir des piles de pont, des fondations dans des terrains humides, on se sert de caissons en tôle, ouverts par en bas dans lesquels on envoie de l'air comprimé; l'air chasse l'eau et les ouvriers travaillent à sec. — Dans les mines, on est obligé d'envoyer au moyen de pompes de compression l'air destiné à l'aération des galeries. — L'industrie métallurgique utilise les machines à comprimer les gaz pour amener dans les hauts-fourneaux l'air nécessaire à la combustion. — Les pneumatiques de bicyclettes et d'automobiles sont gonflés à l'air comprimé.

Actuellement l'industrie utilise nombre de gaz comprimés qu'on conserve dans des tubes en fer forgé très solides. Souvent ces gaz ont été liquéfiés par la compression (gaz sulfureux, ammoniaque, gaz carbonique, chlore).

RESUMÈ

1. On appelle *machines pneumatiques* des appareils qui servent à enlever un gaz contenu dans un récipient.

La machine pneumatique à piston se compose d'un corps de pompe dans lequel se meut un piston. Le piston présente une ouverture fermée par une soupape qui s'ouvre de bas en haut. Le corps de pompe porte également une ouverture fermée par une soupape qui s'ouvre vers l'intérieur. Un tuyau fait communiquer cette ouverture avec le récipient dont on veut enlever le gaz.

2. Les *machines* et les *pompes de compression* servent à comprimer un gaz dans un récipient. Quelquefois la même machine aspire le gaz dans un récipient et le refoule dans un autre.

3. Le soufflet ordinaire, le soufflet du forgeron, les machines soufflantes de l'industrie, les pompes à bicyclette sont des appareils simples servant à la compression des gaz ou à la ventilation.

4. L'industrie utilise beaucoup les ventilateurs rotatifs lorsqu'il n'est pas nécessaire d'obtenir une pression considérable.

5. La trompe à eau et la trompe à mercure sont aujourd'hui les appareils les plus employés dans l'industrie lorsqu'il s'agit d'obtenir une raréfaction très avancée.

6. On fait le vide dans les ampoules qui servent pour l'éclairage électrique (lampes à incandescence), pour la *radiographie*; on réduit la pression au-dessus des liquides altérables qu'on veut concentrer par évaporation.

7. L'air comprimé est utilisé pour actionner des moteurs, des tramways, des freins de chemin de fer, pour gonfler les pneus des bicyclettes, des automobiles, pour aérer les mines, pour insuffler de l'air dans les hauts-fourneaux, pour transporter les dépêches par poste pneumatique.

Un certain nombre de gaz se liquéfient par compression (gaz sulfureux, ammoniaque, gaz carbonique, chlore). D'autres sont livrés à la consommation comprimés dans des tubes en fer forgé (oxygène, hydrogène).

EXERCICES

I. Un compresseur industriel a un diamètre de 50 centimètres (fig. 84). Le piston a une course de 60 centimètres et fait 40 courses (aller et retour) par minute. Quel est le volume d'air déplacé par heure par ce compresseur?

II. Une machine pneumatique à piston a un corps de pompe de 1 litre de capacité. Elle est utilisée à faire le vide dans un récipient de 3 litres. Quelle est la pression dans le récipient après le 1er coup de piston? Après le 5e coup de piston? (La pression initiale est supposée de 76 centimètres de mercure.)

III. Soit V le volume du corps de pompe d'une machine pneumatique, R celui du récipient dans lequel on raréfie le gaz. La pression initiale est H. Recommencer sur ces données le calcul précédent et trouver la formule qui permet d'obtenir la pression après N coups de piston.

***

18e LEÇON
POMPES A LIQUIDES. — SIPHON

MATÉRIEL : Appareil représenté par la figure 69. — On pourra construire avec des verres de lampe *bien cylindriques* des modèles simples de pompe aspirante et de pompe foulante. — Tube de caoutchouc de 1 mètre de longueur environ pour former siphon. — Poids suspendu à un fil de caoutchouc. — Carafe à demi remplie d'eau.

Pompes à liquides.

82. *Pompe aspirante.* — 1o L'appareil représenté par la figure 69 (14e *leçon*) nous montre comment, en remplaçant le mercure par de l'eau, une pompe à gaz peut devenir une pompe à liquides. Cet appareil permet d'élever l'eau à plusieurs mètres de hauteur.

2o Il suffit de mettre le tuyau T de l'appareil (fig. 79) en communication avec un réservoir à liquide pour que la pompe à air devienne pompe à liquide.

L'appareil fonctionne d'abord comme machine pneumatique; on enlève l'air du corps de pompe et du tuyau d'aspiration. Sous l'action de la pression atmosphérique, l'eau s'élève dans le tuyau et pénètre dans le corps de pompe. A ce moment la pompe est *amorcée;* à chaque montée du piston le cylindre se remplit d'eau. Lorsque le piston descend, l'eau de ce cylindre est refoulée dans un deuxième tuyau.

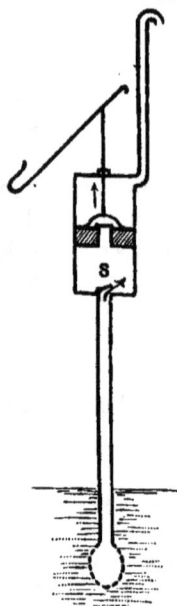

FIG. 89. — Pompe aspirante élévatoire.

La pompe aspirante est représentée par la figure 89. L'élève en indiquera facilement le fonctionnement.

La hauteur à laquelle on peut élever l'eau par aspiration n'est pas illimitée. Si la pression extérieure est de 75 centimètres de mercure, elle est mesurée en eau par une colonne de $75 \times 13,6 = 1\ 020$ centimètres de hauteur.

C'est la hauteur maxima à laquelle l'eau peut être élevée. En pratique, comme le vide n'est jamais parfait et qu'il y a des fuites dans l'appareil, le tuyau d'aspiration ne peut pas dépasser 7 à 8 mètres.

Dans la pompe aspirante, on a percé le piston d'une ouverture qui s'ouvre de bas en haut; c'est donc quand le piston remonte qu'il refoule l'eau dans le *déversoir*. On peut donner au tuyau qui sert de déversoir une dimension aussi grande qu'on veut. La pompe aspirante devient alors *pompe élévatoire*. C'est celle que représente la figure 89.

83. Pompe foulante. — Dans la pompe foulante, le piston en descendant refoule l'eau dans le tuyau de déversement. Quand le corps de pompe plonge dans le liquide à élever, on a la pompe foulante ordinaire; quand il y a un tuyau d'aspiration, c'est une pompe *aspirante* et *foulante* (fig. 90).

Lorsque le tuyau de déversement a une assez grande longueur, on place sur son trajet un réservoir à air comprimé qui régularise le débit. L'eau refoulée à chaque coup de piston comprime l'air du réservoir, mais cet air exerce sur l'eau une pression qui fait monter l'eau dans le tuyau de refoulement. L'eau continue à couler quand le piston de la pompe s'élève.

FIG. 90. — Pompe aspirante et foulante avec réservoir à air comprimé R.

EXPÉRIENCE. Dans l'appareil fig. 68, il suffit d'adapter un tube effilé à la place de T, pour comprendre le rôle du réservoir à air comprimé. En comprimant l'air dans le flacon, l'eau jaillit par le tube.

84. Pompe à incendie. — Elle est constituée par deux pompes foulantes accouplées qui refoulent l'eau dans un réservoir à air. La pression de l'air comprimé permet d'élever le liquide à une

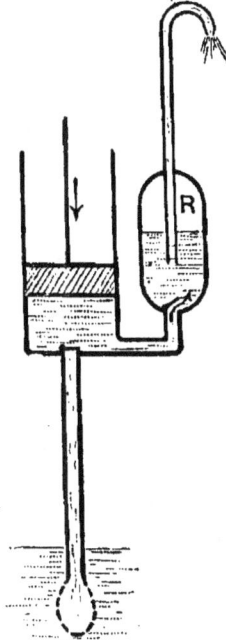

considérable hauteur et de produire un jet d'une grande puissance.

La figure 91 permet facilement de se rendre compte du fonctionnement de la pompe à incendie.

Fig. 91. — Pompe à incendie.
A, chambre à air. B, tuyau d'échappement du liquide. P, P, pistons.

85. Pompes rotatives. — Les pompes utilisées dans l'industrie sont le plus souvent des pompes rotatives utilisant la *force centrifuge*. Ces pompes sont analogues aux ventilateurs rotatifs (fig. 85).

Lorsqu'on fait tourner un corps pesant attaché à une ficelle, on constate que la ficelle se tend fortement. Si à un moment donné de la rotation on abandonne le corps pesant, ce corps s'échappe suivant la tangente au cercle qu'il décrit. En attachant le corps à un fil de caoutchouc, ce fil s'allonge d'autant plus que la rotation est plus rapide. On pourrait par l'allongement du fil mesurer la valeur d'une certaine force qui tend à écarter les corps de leur axe de rotation, force qu'on appelle pour cette raison *force centrifuge.*

Supposons maintenant dans une boîte cylindrique un axe sur lequel sont fixées des palettes et animé d'un mouvement de rotation rapide. Le centre de la boîte communique avec un récipient où se trouve le liquide à élever. A la périphérie, un tuyau sert à l'écoulement du liquide. Il y a aspiration par le centre et refoulement par la périphérie. On se rend facilement compte du fonctionnement de la pompe centrifuge en faisant tourner rapidement à la main une carafe à demi remplie d'eau. On constate une dépression en forme d'entonnoir au centre de la carafe.

Les pompes centrifuges sont *réversibles*. Si on fait arriver un courant d'eau sous pression par la périphérie, l'axe se met à tourner en sens inverse du mouvement qui tout à l'heure servait à élever le liquide. On a alors une *turbine.*

Siphon.

86. Description et fonctionnement. — Expérience. Dans un vase V, plein d'eau, plonger l'extrémité d'un tube en caoutchouc. Aspirer par l'autre extrémité, maintenue *au-dessous* du niveau du

liquide dans V. Le liquide s'écoule du vase V et peut être recueilli
dans un vase V'. — Plonger l'autre extrémité du tube dans l'eau
de V' et soulever ce dernier vase. Qu'arrive-t-il quand le niveau
du liquide en V est *au-dessus* du niveau de l'eau en V'? — Le
tube précédent constitue un *siphon*. *Un siphon est donc un tube
recourbé* (fig. 92) *qui sert à faire passer un liquide d'un récipient dans un autre placé plus bas.*

    Le siphon est dit *amorcé* quand le liquide s'écoule par l'ori-
fice de la grande branche. Pour
les liquides inoffensifs on peut
amorcer le siphon par aspiration comme nous l'avons fait,
mais quand on transvase des
liquides dangereux, on amorce
le siphon en exerçant une pression à la surface du liquide
dans le vase supérieur par
exemple, ou bien on emploie
des siphons construits pour
permettre l'amorçage sans danger.

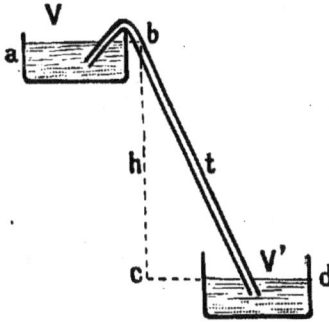

Fig. 92. — Siphon ordinaire.

    Remontons l'extrémité du
tube *t* jusqu'au niveau *a b* du
liquide en V. L'écoulement cesse. A ce moment la pression est
la même à la surface du liquide en V et à l'extrémité du tube *t*.
Abaissons ce dernier tube, il renferme en dessous du plan *a b*
une colonne de liquide de hauteur *h* qui va tomber sous l'action
de la pesanteur; mais, en tombant, cette colonne d'eau joue en
quelque sorte le rôle du piston d'une pompe aspirante. — La
pression atmosphérique qui s'exerce au niveau de la surface libre
en V fait monter le liquide dans la petite branche du siphon et
assure la continuité de l'écoulement. Somme toute, la pression
atmosphérique n'intervient que pour l'amorcement du siphon.
Le siphon étant amorcé, le vase V se vide, exactement comme
si le tube *t* partait du fond de ce vase.

RÉSUMÉ

    1. Les pompes à liquides servent à élever un liquide
d'un niveau inférieur à un niveau supérieur. Les pompes
ordinaires sont à piston.

    2. La pompe *aspirante* et *élévatoire* comprend un corps
de pompe qui communique par un tuyau d'aspiration avec

le récipient dans lequel se trouve le liquide. Dans le corps de pompe se meut un piston percé d'une ouverture. Le tuyau d'aspiration et l'ouverture du piston portent une soupape qui s'ouvre de bas en haut. A la partie supérieure du corps de pompe se trouve un tuyau pour élever l'eau.

3. La pompe *aspirante et foulante* a un piston plein, le tuyau de refoulement part de la base du corps de pompe.

4. La *pompe à incendie* est formée de la réunion de deux pompes foulantes accouplées. Ces deux pompes refoulent l'eau dans un récipient commun à air comprimé qui régularise le jet.

5. Les *pompes industrielles* sont généralement des pompes rotatives. Un axe muni de palettes tourne rapidement dans un tambour; il se produit une dépression au centre du tambour, et par suite un appel de liquide; ce liquide est refoulé dans un tuyau partant de la périphérie.

6. Le *siphon* est un tube coudé à branches inégales qui sert à transvaser un liquide d'un récipient supérieur dans un récipient inférieur. La petite branche du siphon plonge dans le récipient supérieur.

EXERCICES

I. Le diamètre intérieur du cylindre d'une pompe est 6 centimètres, la course du piston est 15 centimètres. Combien obtiendra-t-on de litres d'eau à chaque coup de piston ? — La distance verticale entre le niveau de l'eau dans un puits et l'orifice du déversoir de la pompe est 15 mètres. Quelle est la force nécessaire pour faire monter le piston?

II. Un siphon fonctionnera-t-il dans le vide? — La pression atmosphérique étant 75 centimètres, quelle devra être la hauteur maxima de la petite branche d'un siphon quand on siphone de l'eau, de l'acide sulfurique de densité 1,84?

III. Un siphon étant amorcé, qu'arrive-t-il si on perce un trou à la partie la plus élevée?

19ᵉ LEÇON

VAPORISATION DANS LE VIDE

MATÉRIEL : Éther, iode, ballon avec eau à l'ébullition, assiette
froide. — 2 tubes de Torricelli, mercure, petite cuvette. — Appareil fig. 94. Les bouchons, de préférence en caoutchouc, doivent
obturer parfaitement. A défaut de flacon à deux tubulures, on
peut prendre un flacon de 250 grammes fermé par un bon bouchon
de caoutchouc percé de deux trous.

Définitions.

87. *Vaporisation, Condensation.* — 1º Verser sur un
buvard quelques gouttes d'éther. Au bout de peu de temps le
buvard est sec, l'éther a disparu, mais on perçoit dans toute la
salle l'odeur caractéristique de ce corps. L'éther est passé à
l'état gazeux, à l'état de vapeur; on dit qu'il s'est *vaporisé*.

2º L'eau qu'on met dans une assiette finit par disparaître,
elle disparaît plus vite encore quand on chauffe. Après la pluie,
le sol mouillé sèche plus ou moins rapidement; il en est de
même du linge mouillé que la ménagère étend. Ici, comme
pour l'éther de tout à l'heure, l'eau (liquide) est passée à l'état
de vapeur, elle s'est *vaporisée*.

On peut faire passer un liquide à l'état de vapeur par deux
moyens : ou bien l'évaporation se fait par la surface libre du
liquide, c'est l'*évaporation ;* ou bien des bulles de vapeur se
forment sur les parois du vase, traversent le liquide qu'elles
font bouillonner et s'échappent, c'est l'*ébullition*.

3º Si on place une assiette froide au-dessus de la marmite
qui bout, on voit bientôt de l'eau ruisseler sur cette assiette;
la vapeur qui s'échappait de la marmite a repris l'état liquide,
elle s'est *condensée* ou *liquéfiée*.

REMARQUE. — Il y a des corps qui passent directement de l'état
solide à l'état gazeux. Le carbone se vaporise sans fondre dans le
four électrique; la neige disparaît sans fondre par un vent chaud
et sec, le fait est constaté depuis longtemps dans le Valais lorsque
le « fœhn » souffle dans les vallées; l'iode présente la même particularité.

Réciproquement, certains corps passent directement de l'état de
vapeur à l'état solide; on dit qu'ils se *subliment*. Citons le bichlorure de mercure, qui porte le nom caractéristique de *sublimé*, la
naphtaline, le soufre, l'iode.

EXPÉRIENCE. — Dans un petit ballon, jeter quelques petites parcelles d'iode et chauffer légèrement. De lourdes vapeurs violettes
remplissent le ballon, alors que l'iode n'est pas encore en fusion;

dans le col du ballon se déposent par *sublimation* de petits cristaux d'iode.

Force élastique maxima des vapeurs.

88. *Étude de la vapeur d'éther.* — EXPÉRIENCE. 1º Recommençons l'expérience de Torricelli : la colonne de mercure dans le tube A (fig. 93) mesure la pression atmosphérique extérieure, soit 75 centimètres.

2º Versons du mercure dans un deuxième tube B identique au précédent, mais laissons à l'extrémité du tube un centimètre environ. Achevons de remplir le tube avec de l'éther et retournons-le sur la cuve à mercure comme nous avons fait pour le tube A. L'éther gagne la partie supérieure du mercure, mais on constate que la hauteur de la colonne de mercure dans le tube B est seulement de 39 centimètres. Que signifie ce résultat ? C'est que l'éther s'est vaporisé instantanément, sa vapeur a rempli l'espace vide et présente une certaine force élastique. La valeur de cette force élastique est précisément mesurée par la différence entre la hauteur barométrique dans le tube A et la hauteur de la colonne mercurielle dans le tube B, soit 75 — 39 ou 36 centimètres. A la température de l'expérience (15º ici), la force élastique de la vapeur d'éther est donc mesurée par le poids d'une colonne de mercure de 36 centimètres de hauteur.

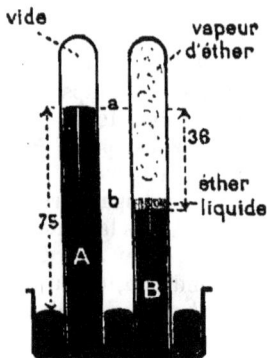

FIG. 93. — La différence de niveau *a b* mesure la force élastique de la vapeur d'éther.

Puisqu'il reste de l'éther liquide au-dessus du mercure, l'espace B renferme la plus grande quantité de vapeur possible : on dit qu'il est *saturé*, et la vapeur, restant au contact du liquide générateur, est dite *saturante*. Ainsi, *à une certaine température, une vapeur saturante a une force élastique constante*.

Si l'espace vide était assez grand, tout le liquide pourrait être vaporisé sans que cet espace fût saturé ; on constaterait alors que la force élastique de la vapeur serait inférieure à celle que nous avons déterminée précédemment. Lorsqu'elle est saturante, une vapeur possède la force élastique la plus grande qu'elle puisse avoir. La force élastique d'une vapeur saturante est dite *force élastique maxima* ou *tension maxima* de cette vapeur.

3o Chauffons le tube B, en promenant, par exemple, le long de ce tube la flamme d'une lampe à alcool. La hauteur de la colonne de mercure dans B diminue, ce qui montre que la *force élastique de la vapeur augmente rapidement avec la température*.

89. Idée de la mesure de la force élastique des vapeurs. — 1o Entourons le tube B d'un manchon dans lequel nous mettons de l'eau à diverses températures. En mesurant chaque fois la distance entre le niveau du mercure dans A et dans B et en prenant la température du liquide du manchon, nous pourrons déterminer la tension maxima de la vapeur d'éther à diverses températures.

2o Au lieu d'éther, nous pouvons mettre en B d'autres liquides volatils (alcool, sulfure de carbone, eau, etc.); nous constate rons que chacun d'eux se comporte comme l'éther, mais à une certaine température, la force élastique de la vapeur dépend de la nature du liquide. C'est ce que montre le tableau suivant :

	A 0°	à 10°	à 20°	à 30°
Ether.	184mm,3	300mm	432mm,8	680mm.
Alcool.	12mm,7	28mm	44mm,5	82mm.
Eau.	4mm,6	9mm,2	17mm,4	31mm,5

Vaporisation dans l'air.

90. La vaporisation dans le vide est un phénomène très rare ; le plus souvent, la vaporisation a lieu dans l'air.

Pour étudier la vaporisation dans l'air, on emploie l'appareil représenté par la figure 94. Les deux tubulures du flacon sont fermées par de bons bouchons en caoutchouc. Le tube T plonge dans le mercure, le tube T' porte un ajutage de caoutchouc fermé par deux pinces, P' et P ; l'ajutage est surmonté d'un petit entonnoir.

On ouvre P et on verse de l'éther par l'entonnoir ; on ferme P, on ouvre P', l'éther descend dans le flacon. On voit alors monter le mercure dans le tube T, et si les bouchons sont bien étanches, la colonne de mercure soulevée atteint 36 centimètres à la température de 15°. **La force élastique du mélange gazeux a donc**

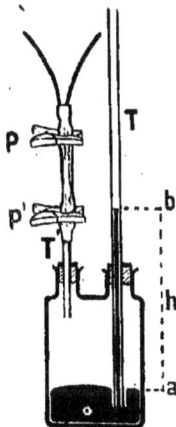

Fig. 94. — Vaporisation de l'éther dans l'air.

augmenté. Cette augmentation représente la force élastique de la vapeur; nous voyons que dans l'air la tension de la vapeur d'éther atteint la même valeur (36 centimètres à 15°) que si la vaporisation avait eu lieu dans le vide.

Cette tension reste constante si la température ne varie pas; mais portons le flacon dans un récipient contenant de l'eau à 30°, nous voyons le mercure monter à 68 centimètres, pression maxima de la vapeur d'éther à 30°. Nous supposons, bien entendu, qu'on a versé assez d'éther pour que la vapeur soit saturante.

Ainsi, lorsqu'un liquide se vaporise dans l'air (ou dans un autre milieu gazeux), la force élastique de sa vapeur est la même que celle qu'on obtiendrait si le liquide se vaporisait dans un espace vide à la même température.

RESUME

1. On applle *vaporisation* le passage de l'état liquide à l'état de vapeur; le passage inverse est la *condensation* ou *liquéfaction*.

2. Dans un espace vide, la vaporisation est très rapide, mais le phénomène est *limité*. Si le liquide est en excès, la vaporisation cesse lorsque la force élastique de la vapeur a pris une certaine valeur qui reste constante si la température ne change pas. Cette force élastique ne peut pas être dépassée : on l'appelle *force élastique maxima* ou *tension maxima* de la vapeur à la température de l'expérience. La vapeur qui reste au contact du liquide générateur est dite *saturante*.

3. Pour un liquide donné, la tension maxima de la vapeur ne dépend que de la température; cette tension augmente rapidement quand la température s'élève.

4. A la même température, la tension maxima d'une vapeur dépend du liquide générateur.

5. Dans un milieu gazeux d'espace limité, un liquide se vaporise comme dans le vide, mais la vaporisation est moins rapide. La force élastique de la vapeur prend la même valeur que si le liquide s'était vaporisé dans un espace vide, à la température de l'expérience.

EXERCICES

I. Quand un liquide se vaporise dans un espace limité, et que la quantité de liquide est trop faible pour que la vapeur devienne

aturante, cette vapeur est dite *sèche*; sa force élastique est infé-
eure à la force élastique maxima correspondant à la tempéra-
ire de l'expérience. Une vapeur sèche se comporte comme un gaz
isqu'au moment où elle devient saturante.

D'après cela, dire ce qui se passera dans les deux cas suivants :

a) Dans un récipient, on a de la vapeur d'éther non saturante
la température de 10°. La force élastique de cette vapeur est de
00 millimètres. On réduit de moitié le volume de cette vapeur.
Jue remarque-t-on?

b) On refroidit jusqu'à 0°, le récipient précédent.

II. On peut facilement faire toutes les expériences sur la force
lastique des vapeurs au moyen de l'appareil qui nous a servi à
érifier la loi de Mariotte : il suffit de surmonter le tube A d'un
jutage en caoutchouc fermé par deux pinces et de faire entrer le
iquide à vaporiser, comme au numéro 90.

L'élève imaginera le détail des expériences pour étudier au
moyen de cet appareil (V. fig. 71) :

1° Les lois de la vaporisation dans le vide (cas de l'éther);

2° Les lois de la vaporisation dans l'air.

(On supposera que la température est de 15°.)

20° LEÇON

ÉVAPORATION. — ÉBULLITION

MATÉRIEL : Ether, thermomètre, coton. — Appareil, figure 95. Pour
obtenir le dispositif figure 95 on bouche la grande branche du
tube et on verse du mercure par la petite jusqu'à ce que celle-ci
soit à peu près remplie. On achève de remplir avec de l'eau, on
bouche la petite branche avec un bon bouchon et on enlève le
bouchon de la grande branche. — Bouillant de Franklin (fig. 96).
— Appareil fig. 97. (Avec cet appareil, il ne faut pas dépasser une
surchauffe de 4 à 5°, car le ballon pourrait sauter.)

Évaporation.

91. Causes qui favorisent l'évaporation. — Quand un
liquide émet des vapeurs par sa surface libre, on dit qu'il *s'éva-*
pore; ce phénomène est l'*évaporation.*

Si on pèse à intervalles réguliers, de cinq minutes en cinq
minutes par exemple, le vase qui contient le liquide, on peut
déterminer le poids de ce liquide qui se vaporise dans l'unité
de temps; on a ainsi la *vitesse d'évaporation.*

Les autres conditions restant les mêmes, la vitesse d'évaporation est d'autant plus grande :

PHYS. ET CHIMIE. 2° ANNÉE. 5

1º Que la surface libre est plus grande;

2º Que la pression est plus faible au-dessus du liquide;

3º Que la différence entre la tension maxima de la vapeu et la pression de cette vapeur dans l'air est plus grande.

Une élévation de température accélère l'évaporation, car l tension maxima de la vapeur augmente.

L'agitation de l'air à la surface du liquide favorise l'évapo ration, car si l'air est calme, les couches voisines du liquide s saturent de vapeur et l'évaporation est ralentie; l'agitation d l'air a pour effet de remplacer ces couches saturées de vapeu par d'autres non saturées.

La vapeur d'eau qui existe dans l'air influe sur l'évaporatic de l'eau. Quand l'air est sec, l'évaporation est rapide; quand est humide, l'évaporation est lente. (Voir *Exercices*.)

92. *Froid produit par l'évaporation.* — EXPÉRIENCE. Vers de l'éther sur le dos de la main : constater la sensation de fro produite par l'évaporation du liquide. — Recouvrir de oua le réservoir d'un thermomètre, verser de l'éther sur le cou et agiter. La température atteint — 12º.

Ainsi, le passage de l'état liquide à l'état gazeux absorbe la chaleur. Nous indiquerons (nº 101) la quantité de chale absorbée par 1 kilogramme d'eau pour passer à l'état g zeux.

L'évaporation rapide des gaz liquéfiés est une source froid utilisée dans la production de la glace artificielle.

Ébullition.

93. *Description du phénomène.* — EXPÉRIENCE. Chau de l'eau dans un ballon. On voit bientôt de petites bu s'échapper du liquide; ce sont des bulles de gaz diss dans l'eau (1re *année de Chimie*, nº 58). Ensuite, d'aut bulles viennent se former au contact même de la pa chauffée, montent à travers le liquide et disparaissent av d'atteindre la surface. On entend un bruit particulier et dit que le liquide *chante*. Enfin, les bulles parties de la pa grossissent en s'élevant et viennent crever à la surface; to la masse du liquide est vivement agitée : l'eau est porté l'*ébullition*.

94. *Lois de l'ébullition.* — EXPÉRIENCE. Dans le vas (fig. 95) nous avons de l'eau portée à l'ébullition. On a d'au part un tube en U, dont la branche A est fermée; cette bran

enferme une colonne de mercure surmontée d'une petite
colonne d'eau de 1 centimètre environ de longueur ; la
branche B est ouverte et on voit que le niveau du mercure est
plus élevé dans A que dans B. On porte le tube dans le vase V.
On constate que le mercure se met au même niveau dans les
deux branches A et B.

Le tube a pris la température de la vapeur d'eau bouillante
dans le vase V, l'eau placée dans la branche A a émis de la
vapeur dont la tension maxima est égale à la pression atmosphérique qui s'exerce en B à la surface du mercure, car le
niveau du mercure étant le
même en A et en B, la pression à la surface du mercure
est la même en A et en B.
Ainsi, on peut énoncer la loi
suivante :

*Quand un liquide bout, la
force élastique de sa vapeur
est égale à la pression supportée par le liquide.*

EXPÉRIENCE. *Dans la va-
peur* d'eau bouillante, plaçons un thermomètre ; nous
voyons que la température
indiquée par le thermomètre

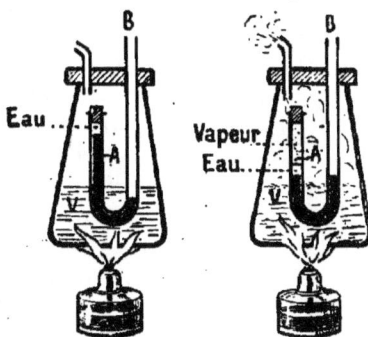

FIG. 95. — Quand un liquide bout, la
force élastique de sa vapeur est égale
à la pression supportée par le liquide.

reste constante pendant toute la durée de l'ébullition, à condition toutefois que la pression extérieure ne subisse pas de variations notables ; d'où la loi :

*Quand la pression supportée par un liquide reste constante,
la température de la vapeur est invariable pendant toute la durée
de l'ébullition.*

95. Points d'ébullition. — Nous savons (n° 88) que la force
élastique maxima d'une vapeur ne dépend que de la température, nous pourrons donc faire varier la température d'ébullition d'un liquide en faisant varier la pression. On a déterminé
pour les différents liquides la température d'ébullition quand
la pression supportée par le liquide est de 76 centimètres de
mercure (pression normale). Cette température est le *point
d'ébullition normal* du liquide. On se rappelle que la température de la vapeur d'eau bouillante dans ces conditions a été
choisie pour déterminer le point 100 du thermomètre centigrade.

Voici la température ou *point d'ébullition* de quelques liquides (1) :

Anhydride sulfur. liquide. —	8°	Alcool de bois...........	66c
— carbon. liquide. —	79°	— ordinaire.........	78°
Gaz amm. liquéfié........ —	33°	Acide sulfurique........	326°
Chlor. de methyle liquide. —	23°	Mercure.................	357°
Ether ordinaire..........	35°	Soufre.................	445°

96. *Influence de la pression sur la température d'ébullition*. — Un liquide peut bouillir à une température inférieure à

FIG. 96. — Bouillant de Franklin.

son point d'ébullition normal; pour obtenir ce résultat il suffit de diminuer la pression à la surface du liquide. C'est ce qu'on fait dans l'industrie pour concentrer certains liquides organiques, qui s'altéreraient si l'ébullition se produisait sous la pression ordinaire. Signalons en particulier la concentration des jus sucrés.

EXPÉRIENCE. On peut montrer le fait précédent au moyen du bouillant de Franklin (fig. 96). On fait bouillir de l'eau dans un ballon, on ferme le ballon et on le retourne. L'ébullition cesse, mais si on place sur le ballon une éponge mouillée, la paroi se refroidit et une partie de la vapeur se condense; la pression diminue à la surface du liquide. Celui-ci se remet à bouillir tumultueusement, car il est à une température pour laquelle la force élastique de sa vapeur est supérieure à la pression qu'il supporte.

Au contraire, si on augmente la pression au-dessus du liquide, la température d'ébullition s'élève. Dans les chaudières de machines à vapeur, on fait bouillir de l'eau à

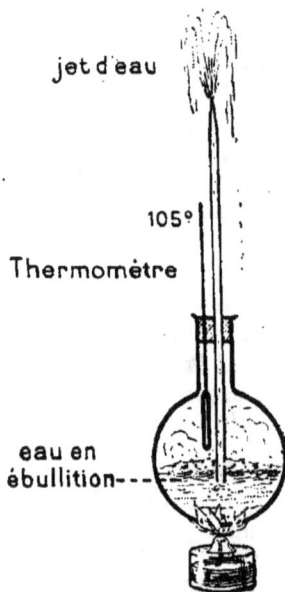

jet d'eau

105°

Thermomètre

eau en ébullition---

FIG. 97. — Si on empêche la vapeur de s'échapper, sa force élastique augmente.

1. L'anhydride sulfureux, l'anhydride carbonique, le gaz ammoniac, le chlorure de méthyle liquéfiés sont employés industriellement pour la production du froid.

une température qui peut atteindre 200°. La tension de la vapeur d'eau peut s'élever dans ces conditions jusqu'à 15 kilogrammes par centimètre carré.

EXPÉRIENCE. Boucher avec un bon bouchon en caoutchouc un ballon dans lequel l'eau est portée à l'ébullition (fig. 97). Le bouchon est percé de deux trous; par l'un passe un thermomètre qui plonge dans la vapeur, par l'autre un tube effilé, dont l'extrémité plonge dans l'eau. Fermer avec le doigt le tube effilé, la température de la vapeur s'élève. Lorsqu'elle s'est élevée de 4 ou 5° (ne pas dépasser ce chiffre), enlever le doigt. L'augmentation de pression de la vapeur produit un jet d'eau à plus d'un mètre de hauteur.

RÉSUMÉ

1. On appelle *évaporation* le passage d'un liquide à l'état gazeux par la surface libre du liquide.

La quantité de liquide vaporisée dans l'unité de temps définit la *vitesse d'évaporation*.

2. La vitesse d'évaporation est d'autant plus grande :

a) Que la surface libre du liquide est plus étendue ;

b) Que la pression est plus faible au-dessus du liquide ;

c) Que la différence entre la pression maxima de la vapeur et la pression de cette vapeur dans l'air est plus grande.

3. L'évaporation absorbe de la chaleur. L'évaporation rapide des gaz liquéfiés est utilisée industriellement pour la production du froid et la fabrication de la glace artificielle.

4. L'*ébullition* est la vaporisation par production de bulles de vapeur au sein même du liquide.

5. Les lois de l'ébullition sont les suivantes :

a) *Quand un liquide bout, la force élastique de sa vapeur est égale à la pression supportée par le liquide ;*

b) *Si la pression supportée par le liquide reste constante, la température de sa vapeur est invariable pendant la durée de l'ébullition.*

Quand un liquide bout sous la pression de 76 centimètres de mercure, la température de sa vapeur est le *point d'ébullition normal de ce liquide.*

6. En diminuant la pression à la surface d'un liquide, on abaisse la température d'ébullition. C'est ce qu'on fait

dans la concentration de certains liquides organiques altérables, en particulier pour les jus sucrés.

Au contraire, une augmentation de pression élève la température d'ébullition. Dans les chaudières de machines à vapeur, on fait bouillir l'eau à une température qui peut atteindre 200°.

EXERCICES

I. Pourquoi les marais salants sont-ils larges et peu profonds ? — Pourquoi la ménagère étend-elle le linge qu'elle veut faire sécher ? — Dans l'industrie on fait le vide au-dessus des liquides qu'on veut concentrer rapidement. Pourquoi ? — Le linge sèche mieux en été qu'en hiver, par un temps sec que par un temps humide, par le vent que par un temps calme. Pourquoi ?

II. Qu'arrive-t-il quand on est en sueur et qu'on reste exposé aux courants d'air ? — Dans les pays chauds, on met l'eau dans des vases en terre poreuse (alcarazas) et on place ces vases dans un endroit bien aéré. Expliquer ce qui se passe.

21ᵉ LEÇON

FORCE ÉLASTIQUE DE LA VAPEUR D'EAU. — CONDENSATION. — CHALEUR DE VAPORISATION

Matériel : Appareil distillatoire simple (fig. 99). — Appareil fig. 100. Le calorimètre peut être constitué par deux boîtes cylindriques en fer-blanc de diamètres différents. On fera passer la vapeur dans l'eau du calorimètre de façon à élever la température d'une vingtaine de degrés. On peut obtenir à 1/10 près la valeur de la chaleur de vaporisation de l'eau par l'expérience assez grossière signalée n° 101. — Thermomètre.

97. *Force élastique maxima de la vapeur d'eau.* — Dans la pratique, la connaissance de la force élastique maxima de la vapeur d'eau offre un grand intérêt, surtout pour la conduite des machines à vapeur.

De 0 à 100°, on peut utiliser pour déterminer la force élastique de la vapeur d'eau un appareil analogue à celui dont nous avons donné l'idée (n° 89). Au-dessus de 100°, on peut utiliser la première loi de l'ébullition (n° 94). On exerce à la surface d'un liquide une pression mesurée au moyen d'un manomètre, et on détermine la température à laquelle bout le liquide sous cette pression.

Ainsi, supposons qu'on exerce à la surface du liquide une pression de 2 kilogrammes par centimètre carré. Quand le liquide bout, le thermomètre indique une température de 120°. On voit alors qu'à 120° la force élastique maxima de la vapeur d'eau est 2 kilogrammes.

Le tableau suivant donne les résultats de cette mesure entre 0 et 220°. De 0 à 100°, les tensions sont exprimées en grammes; au-dessus de 100°, elles sont exprimées en kilogrammes par centimètre carré.

Températures.	Tensions maxima	Températures	Tensions maxima.
0	6^{gr},2	120	2^{kg},
20	23, 6	140	3, 7
40	75	160	6, 3
60	203	180	10, 3
80	483	200	15, 9
100	1033	220	23, 2

98. Représentation graphique des résultats. — Nous allons représenter entre 100 et 200° les résultats précédents; nous laissons aux élèves le soin de faire le graphique entre 0 et 100° (Voir *Exercices*).

Traçons deux axes rectangulaires : 0 x et 0 y. Sur 0 x (fig. 98), portons des longueurs proportionnelles aux variations de température; la longueur 0 A représentera 20°. Sur 0 y, portons des longueurs proportionnelles aux tensions, 0 A′ représentera 2 kilogs. Aux points 120, 140, etc., élevons des perpendiculaires à 0 x; aux points 2^k, 3^k,7 sur 0 y, correspondant aux pressions à 120°, 140°..., élevons des perpendiculaires à 0 y. La perpendiculaire en A à 0 x coupe la perpendiculaire en A′ à 0 y en un certain point. Deux perpendiculaires correspondantes, l'une à 0 x, l'autre à 0 y déterminent un point. On réunit ces points par une ligne continue. Cette ligne est la courbe représentant en fonction de la température la tension maxima de la vapeur d'eau. Cette courbe

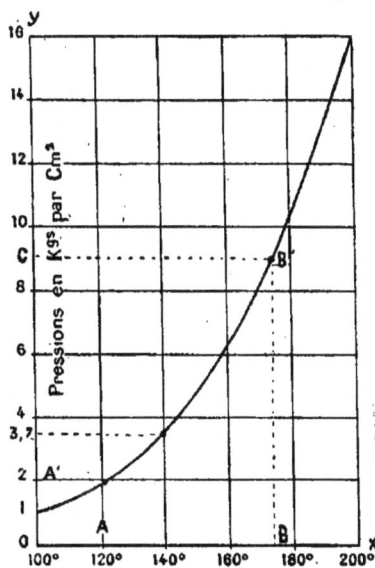

Fig. 98 — Courbe figurative de la force élastique de la vapeur d'eau entre 100° et 200°.

permet de déterminer la tension de la vapeur pour des températures autres que celles portées au tableau précédent.

EXEMPLE. Soit à déterminer la tension de la vapeur d'eau à 175°. Sur 0 x, au point B représentant 175, on élève une perpendiculaire qui rencontre la courbe en B'. De B' on abaisse B' C, perpendiculaire à 0 y, et on voit que 0 C représente 9 kilogrammes. On en conclut qu'à 175° la tension de la vapeur d'eau est de 9 kilogrammes.

La courbe permet aussi de résoudre le problème inverse ; de plus, elle représente mieux à l'esprit les variations de la grandeur que l'on étudie.

Ces courbes ou graphiques sont très employées en physique.

Condensation. — Distillation.

99. *Condensation.* — EXPÉRIENCE. Dans le ballon où l'eau bout, il y a de la vapeur au-dessus du liquide, mais cette vapeur est invisible. Du col du ballon on voit s'échapper un petit nuage. Ce nuage est formé de gouttelettes d'eau très petites ; la vapeur, au contact de l'air froid, est repassée à l'état liquide, elle s'est *condensée*. Le petit nuage, d'ailleurs, ne tarde pas à disparaître, parce que les petites gouttelettes, arrivant dans des couches d'air non saturées de vapeur, se vaporisent à nouveau. On peut rendre la condensation plus visible en plaçant au-dessus du col du ballon une assiette froide ; on voit bientôt l'eau ruisseler sur l'assiette.

100. *Distillation.* — EXPÉRIENCE. Prendre un ballon renfermant de l'eau salée bouillante (fig. 99). La vapeur est amenée par un tube dans un autre ballon ou dans un flacon qui plonge dans l'eau froide. La vapeur refroidie se condense dans le flacon, mais l'eau de condensation n'est pas salée : c'est de l'eau pure. On dit qu'on a distillé le liquide.

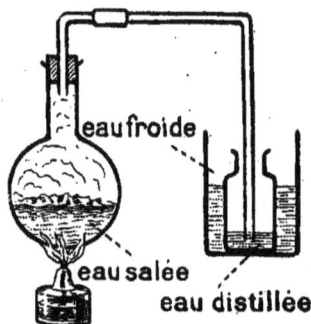

eau froide

eau salée

eau distillée

Fig 99. — Appareil simple à distillation.

On distille ainsi les liquides qui renferment en dissolution des substances non volatiles ; on obtient le liquide pur.

On distille encore des mélanges de liquides volatils. Ex. : eau et alcool. L'alcool bout à 78°, l'eau à 100°, sous la pression normale ; le mélange bout à une température intermédiaire, d'autant plus voisine de 100° que le liquide est moins riche en alcool.

A l'ébullition, il se produit un mélange de vapeur d'eau et de vapeur d'alcool, mais la proportion d'alcool est plus forte dans la vapeur que dans le liquide alcoolique. Donc, si on condense les vapeurs, on aura encore un mélange d'eau et d'alcool, mais plus riche en alcool que le mélange initial. En recommençant cette opération, on concentre l'alcool dans le mélange, d'où le nom de *distillations fractionnées* donné à cette série de distillations.

101. Chaleur de vaporisation. — Puisque la température reste constante pendant l'ébullition, bien qu'on continue à chauffer, la chaleur fournie semble disparue ; cette chaleur est utilisée à effectuer le passage de l'état liquide à l'état gazeux. *Si on considère 1 gramme d'eau à la température d'ébullition, on appelle chaleur de vaporisation de l'eau le nombre de calories nécessaires pour vaporiser cette eau sans que la température varie.*

On ne peut pas déterminer directement cette quantité de chaleur, mais on admet qu'en se condensant à 100°, 1 gramme de vapeur abandonne une quantité de chaleur égale à la chaleur de vaporisation.

Expérience. L'appareil qui sert à déterminer la chaleur de vaporisation des liquides est assez compliqué, mais l'expérience suivante va nous donner une idée de la façon de procéder et une mesure grossière de la chaleur de vaporisation de l'eau.

Dans le ballon B (fig. 100), nous portons de l'eau à l'ébullition, et nous laissons dégager la vapeur pendant quelques minutes pour échauffer le tube T. Nous avons d'autre part un vase en fer-blanc renfermant 500 grammes d'eau [1]. Il repose par 3 supports en liège dans

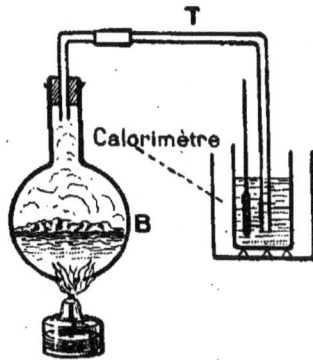

Fig. 100. — Détermination de la chaleur de vaporisation de l'eau; appareil simplifié.

un autre vase en fer-blanc pour éviter les pertes de chaleur par conductibilité et par rayonnement. Cet appareil est un *calorimètre*. La température de l'eau est de 15°. On fait arriver pendant quelques minutes la vapeur dans l'eau du calorimètre. La température de l'eau s'est élevée à 22°, je suppose. En pesant de nouveau

1. Cette masse représente la masse du liquide augmentée de l'équivalent en eau du vase intérieur du calorimètre.

le calorimètre, on trouve que son poids a augmenté de 6 grammes. Ainsi, l'eau du calorimètre s'est échauffée de 7°, gagnant

$$1 \text{ cal.} \times 500 \times 7 = 3\ 500 \text{ calories.}$$

D'autre part, 6 grammes de vapeur se sont condensés, perdant $6x$ calories (x étant la chaleur de vaporisation de l'eau), puis l'eau de condensation s'est refroidie de

100° — 22° ou de 78°, perdant encore 1 cal. $\times 6 \times 78 = 468$ calories.

On peut écrire : $6x$ cal. $+ 468$ cal. $= 3\ 500$ cal.
ou $6x = 3\ 500 — 468 = 3\ 032$ cal.

$$x = \frac{3\ 032 \text{ cal.}}{6} = 500 \text{ calories environ.}$$

Les expériences précises ont donné pour la chaleur de vaporisation de l'eau 537 calories à la température de 100°, ce qui signifie : 1 gramme d'eau étant à 100°, *pour vaporiser cette eau sans que la température varie* il faut autant de chaleur que pour échauffer de 1° 537 grammes d'eau; ou bien encore, 1 gramme de vapeur, se condensant à 100°, abandonne assez de chaleur pour porter de 0 à 100° 5^{gr},37 d'eau. Cette énorme quantité de chaleur, nécessaire pour vaporiser l'eau, fait de la vapeur d'eau un excellent *vecteur* de la chaleur, car en se condensant cette vapeur abandonnera une quantité considérable de chaleur. On applique cette propriété pour le chauffage à la vapeur.

RÉSUMÉ

1. Quand on refroidit une vapeur, elle passe à l'état liquide, elle se *condense*.

2. La *distillation* consiste à porter à l'ébullition un liquide et à condenser sa vapeur en la faisant traverser un serpentin entouré d'eau froide (réfrigérant). En distillant un liquide qui renferme en dissolution des substances solides non volatiles, on obtient ce liquide à l'état de pureté. On distille aussi des mélanges de liquides à points d'ébullition différents pour concentrer le liquide le plus volatil. (Industrie de l'alcool.)

3. On appelle *chaleur de vaporisation* d'un liquide le nombre de calories nécessaires pour vaporiser 1 gramme de ce liquide, la température restant constante. A 100°, la chaleur de vaporisation de l'eau est 537 calories.

4. En se condensant à la température de 100°, 1 gramme

d'eau abandonne 537 calories. Cette propriété est utilisée pour le chauffage à la vapeur.

EXERCICES

I. D'après le tableau n° 97, construire la courbe figurative de la ension maxima de la vapeur d'eau entre 0 et 100°. — La température 'ébullition d'un liquide sera-t-elle la même au pied et au sommet d'une montagne ? — En utilisant la courbe précédente et les résultats de l'exercice III, 13° *leçon,* indiquer quelle sera la température d'ébullition de l'eau.

   a) au sommet du Puy-de-Dôme;

   b) au sommet du Plomb du Cantal (1 858 m.);

   c) au sommet du Mont-Blanc. — Tirer de là un moyen commode d'apprécier l'altitude d'une montagne.

II. Quand on gradue le thermomètre, on marque 100° au point où le mercure s'arrête dans la vapeur d'eau bouillante, la pression extérieure étant de 76 centimètres de mercure. En utilisant la courbe précédente, quelle température devra-t-on marquer sur le thermomètre si on le gradue en un lieu où la pression est 700 millimètres ?

III. La chaleur de vaporisation de l'eau varie avec la température; elle est donnée par la formule :

$$606,5 - 0,395\ t \text{ calories.}$$

D'après cela, déterminer la quantité de chaleur nécessaire pour porter 1 gramme d'eau prise à 0° à une température *t* et pour vaporiser l'eau à cette température (chaleur totale de vaporisation).

IV. Tracer la courbe qui donne en fonction de la température la chaleur totale de vaporisation de l'eau aux températures comprises entre 100 et 200°. (On déterminera, d'après la formule obtenue à l'exercice III, la chaleur totale de vaporisation aux températures 100°, 110°, 120°, 200°, et on construira facilement la courbe.)

V. Sur la courbe n° 98 déterminer les températures pour lesquelles la force élastique de la vapeur d'eau est 2, 3, 4 kilogs par centimètre carré. — Vérifier qu'entre 100 et 200° on obtient une valeur très approchée de la force élastique de la vapeur d'eau en appliquant la formule $F = \left(\dfrac{t}{100}\right)^{4}$ (F représente des kilogs par centimètre carré et *t* la température en degrés centigrades).

Sur le graphique représentant la tension maxima de la vapeur entre 100 et 200°, construire la courbe représentant la formule $F = \left(\dfrac{t}{100}\right)^{4}$ et comparer cette seconde courbe à la première. (On prendra sur 0 *x* un centimètre pour une élévation de température de 10° et sur 0 *y* un centimètre pour une augmentation de 1 kilog.)

22e LEÇON

NOTIONS SOMMAIRES SUR LES MOTEURS A VAPEUR

MATÉRIEL : On peut se procurer dans les bazars de petites machines à vapeur de démonstration pour quelques francs. — Il sera bon de faire sur papier goudron et à la craie de couleur quelques schémas de machine à vapeur. — On conduira les élèves visiter une usine qui possède un moteur à vapeur, et on fera reconnaître sur place les différents organes de la machine.

Principe des moteurs à vapeur.

102. *Fonctionnement théorique.* — Considérons un récipient métallique, appelé *chaudière* (fig. 101), dans lequel on chauffe l'eau de façon que la pression de sa vapeur atteigne plusieurs kilogrammes :

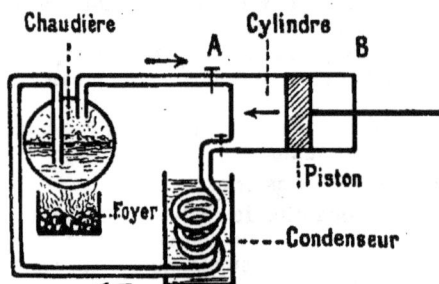

FIG. 101. — Principe de la machine à vapeur.

1o La vapeur arrive, par un tuyau, dans un *cylindre* où elle pousse un piston de A en B;

2o On ferme la communication avec la chaudière, et on met le cylindre en communication avec une enceinte froide où la pression est faible : c'est le *condenseur*. La vapeur se condense, et la pression atmosphérique, agissant sur le piston, le ramène de B en A;

3o L'eau de condensation est ramenée à la chaudière;

4o Dans la pratique, on fait arriver la vapeur alternativement sur les deux faces du piston; quand un des côtés du cylindre communique avec la chaudière, l'autre communique avec le condenseur; c'est donc la vapeur qui produit dans les deux sens le mouvement du piston;

5o Le mouvement de va-et-vient du piston est utilisé à faire tourner des roues; le mouvement rectiligne et alternatif du piston est transformé en mouvement circulaire continu.

En définitive, nous voyons que la même quantité d'eau peut servir indéfiniment à produire un travail mécanique, l'eau n'est donc qu'un intermédiaire. Ce qu'il faut fournir à la machine pour qu'elle continue à fonctionner, c'est de la cha-

leur qui sera employée à vaporiser à nouveau l'eau provenant
du condenseur. Il y a dépense de chaleur et production de travail. Nous pouvons donc dire de la machine à vapeur : *C'est un
moteur capable de transformer de la chaleur en travail mécanique par l'intermédiaire de la vapeur d'eau.*

103. Parties essentielles d'une machine à vapeur. —
D'après ce qui précède, nous voyons que toute machine à
vapeur comprend :

1° Un appareil générateur de vapeur sous pression élevée;
c'est la *chaudière;*

2° Un organe dans lequel la vapeur agit sur un piston; c'est
le *cylindre;*

3° Un *condenseur*. Quelques machines n'ont pas de condenseur, la vapeur agit sur une des faces du piston, tandis que
l'autre partie du cylindre communique librement avec l'atmosphère. C'est le cas des *locomotives;*

4° Des organes qui effectuent la transformation du mouvement du piston en mouvement circulaire continu;

5° Il faut ajouter des appareils *régulateurs* du mouvement.

Chaudières à vapeur.

104. Chaudières à bouilleurs. — Ce sont les plus anciennes.
Une chaudière à bouilleurs
comprend un cylindre A en

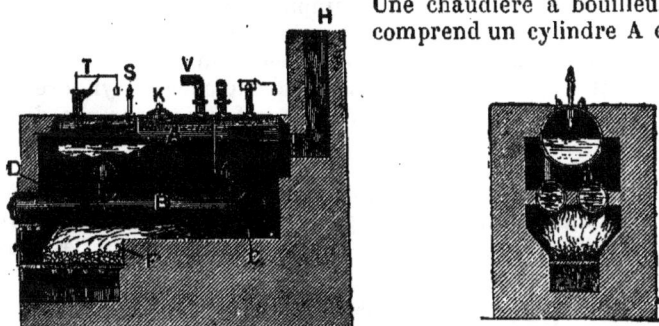

Fig. 102 et 103. -- Chaudière à bouilleurs. A, cylindre où arrive la vapeur;
B, bouilleurs; C, D, carneaux; H, cheminée; V,tube de dégagement de la
vapeur; S, sifflet d'alarme; T, soupape de sûreté; K, trou d'homme pour
le nettoyage.

tôle terminé par deux calottes sphériques (fig. 102 et 103). Ce
cylindre communique avec deux cylindres plus petits B, ou
bouilleurs. Les bouilleurs sont remplis d'eau, ils sont chauffés
directement par le foyer; la flamme, après avoir échauffé les

bouilleurs, revient sous le cylindre par les conduits ou *carneaux* C' D, puis retourne à la cheminée H. Le cylindre est à
moitié plein d'eau.

105. *Chaudière tubulaire des locomotives.* — Dans la chaudière à bouil-
leurs, la surface
en contact avec
le foyer ou *sur-
face de chauffe*
est faible. d'où
lenteur de la
vaporisation.
Dans les loco-
motives, on aug-
mente la surface
de chauffe en
faisant passer la
flamme dans des
tubes qui sont

Chaudière
tubulaire

Fig. 104. — Chaudière de locomotive. La flamme passe
dans des tubes entourés d'eau pour se rendre dans la
cheminée.

entourés d'eau (fig. 104). La surface de chauffe peut ainsi dépasser 100 mètres carrés.

106. *Chaudières tubulaires à tubes d'eau.* — Dans d'autres
chaudières les bouilleurs sont remplacés par un grand nombre
de tubes chauffés directement par le foyer (fig. 105, 106.) Certains modèles de chaudières possèdent bien encore des bouilleurs, mais ces bouilleurs communiquent avec le cylindre par
une multitude de tubes chauffés par le foyer et remplis d'eau
(fig. 107).

107. *Accessoires de la chaudière.* — Quel que soit le modèle
de chaudière considéré, le générateur de vapeur est muni
d'*appareils de sûreté* destinés à prévenir les accidents. Ces appareils sont :

1o Un *niveau d'eau*, qui permet de se rendre compte de la
hauteur de l'eau dans la chaudière ;

2o Un *flotteur d'alarme* (fig. 108). Quand le niveau d'eau
descend au-dessous de la maçonnerie dans la chaudière, le flotteur ouvre une soupape et la vapeur vient produire un siffle-
ment sur le bord d'une petite cloche ;

3o Un *manomètre*, qui indique la pression de la vapeur. On
emploie un manomètre métallique (fig. 70).

Toute chaudière a dû être contrôlée par le service des Mines. On la soumet à une pression bien supérieure à celle qu'elle

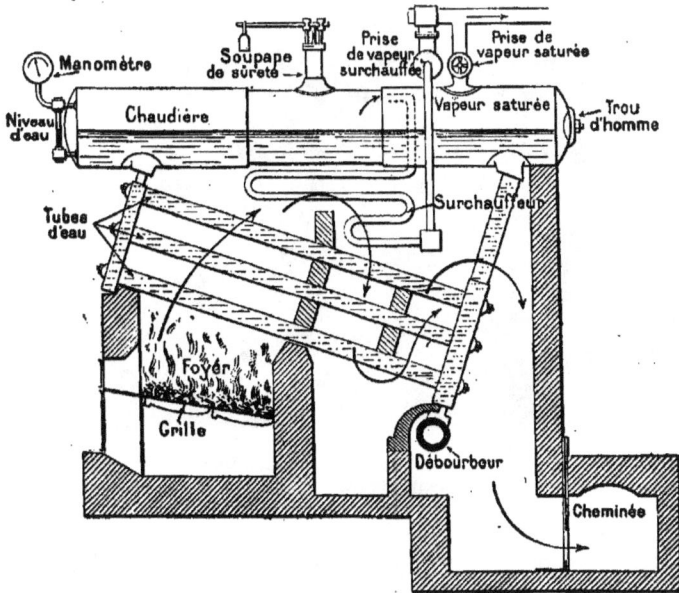

Fig. 405. — Chaudière industrielle moderne (système Babcock et Wilcox) à tubes d'eau et à surchauffeur de vapeur.

La chaudière est en tôle d'acier de 11^m_m5 d'épaisseur, elle est établie pour obtenir de la vapeur sous 12 kilogs (191°). Il y a 54 tubes en acier (on n'en a figuré que 3 pour la clarté de la figure). Ces tubes sont répartis en 9 séries de 6; ils ont 3^m_m5 d'épaisseur. La surface de chauffe est de 102 m². La quantité de vapeur produite par heure est de 14 kilogs par m² de surface de chauffe.

Le surchauffeur est formé de 23 tubes présentant une surface de chauffe de 26 mètres carrés; il peut porter la vapeur de 191° à 350°.

Avec un bon combustible dégageant 7 500 cal. par kilog, et donnant 10 % de cendres, le rendement thermique atteint 70 %. Pour 1 kilog de charbon, on obtient environ 8 kilogs de vapeur saturée à 191° et 7^{ks},25 de vapeur surchauffée à 350°.

1 kilog de vapeur saturée peut développer dans le cylindre un travail de 45.650 kilogrammètres, soit une puissance de 1 cheval pendant 610 secondes; 1 kilog. de vapeur surchauffée donne 60 000 kilogrammètres, soit une puissance de 1 cheval, pendant 800 secondes.

La surchauffe de 1 kilog. de vapeur absorbe 80 calories environ.

Les gaz de la combustion avant de s'échapper par la cheminée sont utilisés dans un appareil appelé *économiseur*. Il est formé de tubes verticaux en fonte traversés par l'eau d'alimentation de la chaudière. Ces tubes sont chauffés extérieurement par les gaz du foyer. L'eau d'alimentation est ainsi portée à 90° ou 100°. On peut augmenter ainsi d'environ 10 % la quantité de vapeur produite par kilog. de charbon.

(Les renseignements précédents nous ont été aimablement communiqués par la direction des Fonderies et Ateliers de la Courneuve, à Aubervilliers.)

doit supporter, et on rive sur la paroi antérieure une plaque

Fig. 106. — Chaudière Babcock et Wilcox avec surchauffeur.—Vue d'ensemble
de la chaudière représentée schématiquement figure 105.

de cuivre sur laquelle est inscrite la pression maxima que l'on
peut faire supporter à cette chaudière ;

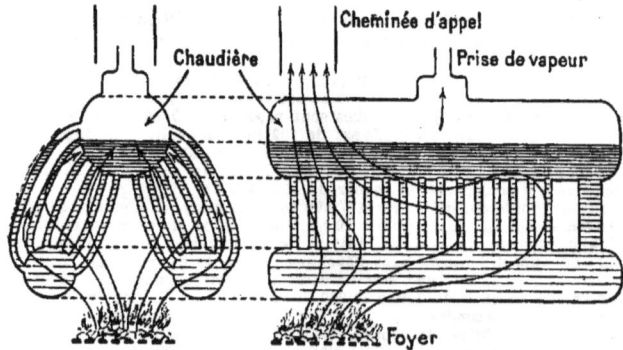

Cheminée d'appel

Chaudière

Prise de vapeur

Foyer

Fig. 107. — Autre type de chaudière tubulaire industrielle

4° *Une soupape de sûreté*. Cette soupape, maintenue par un

ressort ou par un levier chargé de poids, se soulève quand la pression devient supérieure à la pression maxima que la chaudière peut supporter.

Cylindre et tiroir.

108. *Distribution de la vapeur.* — Le fonctionnement du piston est assuré de la manière suivante : la paroi du cylindre est percée de deux conduits A et B qui amènent la vapeur alterna-

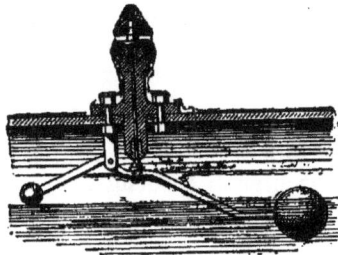

Fɪɢ 108. — Flotteur d'alarme.

tivement à chaque extrémité du cylindre. Ces conduits aboutissent d'autre part dans une boîte V ou *boîte à vapeur*, dans laquelle pénètre la vapeur. Une autre boîte, T, ou *tiroir*, animée par la machine même d'un mouvement de va-et-vient ouvre et ferme alternativement chacun des conduits A et B. L'intérieur du tiroir est constamment en communication par le tuyau C, soit avec le condenseur, soit avec l'air extérieur. Les

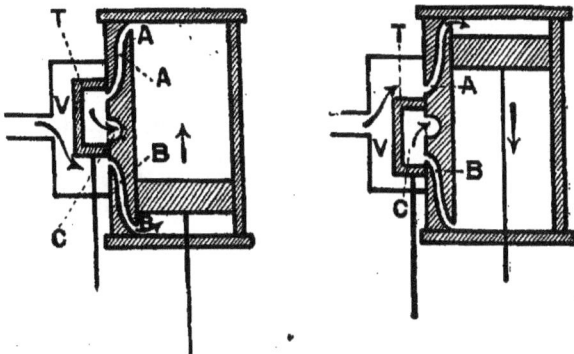

Fɪɢ 109 et 110. — Positions du tiroir quand le piston est en haut et en bas de sa course.

figures 109 et 110 montrent la position du tiroir et la façon dont s'opère la distribution de la vapeur dans le cylindre.

Organes de transmission du mouvement.

109. *Arbre de couche, bielle et manivelle.* — Le mouvement de va-et-vient du piston est transformé en mouvement circulaire au moyen de la *bielle* et de la *manivelle*. Ce mouvement circulaire est transmis à l'*arbre de couche*, pièce d'acier cylindrique et horizontale qui tourne entre des coussinets. Sur l'arbre de couche sont calés les organes (engrenages, poulies) qui transmettent le mouvement à toutes les pièces qui doivent travailler. Sur l'arbre de couche est également calé le *volant*, roue de grand diamètre dont le poids peut atteindre plusieurs tonnes. Le mouvement communiqué au volant permet à la machine de franchir les *points morts*, c'est-à-dire les deux positions pour lesquelles la bielle et la manivelle sont en ligne droite.

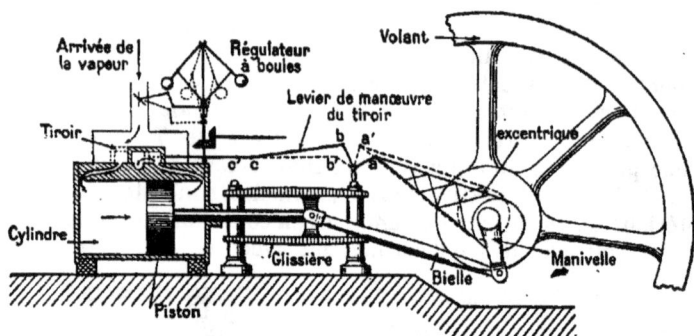

FIG. 111. — Schéma d'une machine à vapeur horizontale.

L'arbre de couche porte encore l'*excentrique*, disque fixé en dehors de son centre sur l'axe du volant. C'est l'excentrique qui actionne la tige du tiroir. La fig. 111 montre schématiquement la disposition de différents organes d'une machine à vapeur horizontale.

Condenseur.

110. Rôle du condenseur. — Supposons que la vapeur agit sur une des faces du piston et que la partie opposée du cylindre communique avec l'atmosphère. La pression atmosphérique représente environ 1 kilogramme par centimètre carré; si la vapeur est à une pression de 10 kilogrammes, la pression utile n'est que de 9 kilogrammes. Si l'autre côté du cylindre, au lieu de communiquer avec l'atmosphère, communique avec une enceinte où la pression est de $0^{kg},1$ par centimètre carré, la pression utile de la vapeur est $9^{kg},9$. On voit par là l'utilité du condenseur (fig. 112).

Les machines fixes sont munies de condenseurs par mélange ; la vapeur arrive dans un espace vide au contact d'un jet d'eau froide en pluie.

Dans les machines marines, on ne peut alimenter la chau-dière avec de l'eau salée ; aussi on s'arrange pour ramener au générateur l'eau de condensation. On utilise alors des *condenseurs par surface*. La vapeur à condenser circule dans des tubes entourés d'eau froide.

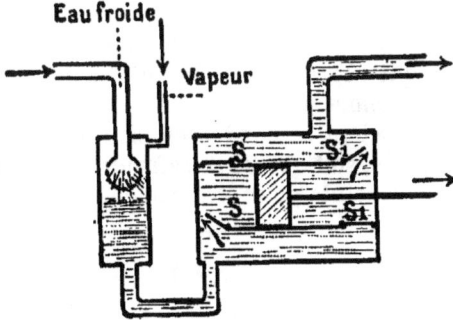

Fig 112. — Condenseur par mélange

Les locomotives n'ont pas de condenseur. La condensation exigerait une énorme quantité d'eau que la machine serait obligée de traîner avec elle, d'où un *poids mort* considérable.

RÉSUMÉ

1. La machine à vapeur est un appareil qui permet de transformer la chaleur en travail mécanique.

2. Une machine à vapeur comprend un générateur de vapeur, un cylindre dans lequel la vapeur agit sur un piston, un condenseur dans lequel se rend la vapeur qui vient d'agir sur le piston, des organes pour transformer le mouvement de va-et-vient du piston en mouvement circulaire continu, des organes régulateurs du mouvement.

3. Le générateur s'appelle encore *chaudière*. Il y a des chaudières à bouilleurs, des chaudières tubulaires dans lesquelles la flamme passe dans des tubes entourés de l'eau à vaporiser, des chaudières tubulaires dans lesquelles l'eau à vaporiser se trouve dans des tubes chauffés par le foyer. La chaudière est munie d'appareils de sûreté : niveau d'eau, sifflet d'alarme, manomètre, soupape de sûreté.

4. Le cylindre est à *double effet*, c'est-à-dire que la vapeur agit sur les deux faces du piston. La vapeur arrive dans la *boîte à vapeur* et est distribuée au moyen du *tiroir*.

5. Le piston, par l'intermédiaire d'une *bielle* et d'une

manivelle, communique à *l'arbre de couche* un mouvement circulaire.

L'arbre de couche porte le *volant*, les organes de transmission du mouvement (engrenages, poulies) et l'*excentrique*, qui règle le mouvement du tiroir.

6. Le *condenseur* est une enceinte vide d'air dans laquelle la vapeur vient se condenser, soit qu'elle se mélange à de l'eau froide, soit qu'elle se refroidisse au contact des parois de cette enceinte pour être ramenée à la chaudière.

23ᵉ LEÇON

MOTEURS A VAPEUR (*Suite.*)

Détente.

111. *Principe de la détente.* — Dans la théorie de la machine à vapeur, nous avons supposé que la vapeur est introduite pendant toute la durée de la course du piston. Dans ce cas, si la pression de la vapeur est de 9 kilogrammes, cette pression se maintient jusqu'au moment où le piston est au bout de sa course. Or, pour faire avancer le piston, il suffit que la pression de la vapeur à la fin de la course soit un peu supérieure à la pression dans le condenseur. Si on ne laisse entrer la vapeur que pendant une partie de la course du piston, pendant

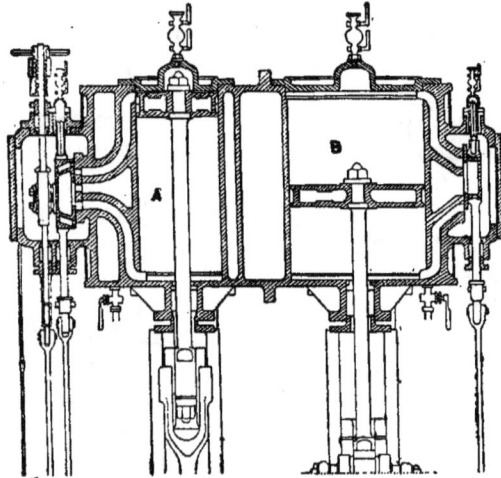

Fig. 113. — Machine Compound à double expansion. La vapeur agit à pleine pression dans le premier cylindre A et se détend dans le deuxième B.

le reste de la course cette vapeur se comportera comme un gaz comprimé, elle poussera le piston et elle produira ainsi un travail sans dépense nouvelle de vapeur. On dit que la vapeur se *détend*. La détente est obtenue par des procédés plus ou moins compliqués que nous n'étudierons pas.

Dans les machines marines, la vapeur ayant agi sur un piston dans un premier cylindre passe dans un second cylindre de plus grand volume où elle se détend. Parfois, sortant du second cylindre, elle passe dans un troisième de plus grand volume encore que le second. L'utilisation de la vapeur est alors aussi complète que possible. Les machines précédentes sont dites à *double* ou à *triple expansion*; on les appelle encore *compound* (fig. 113).

Régulateurs du mouvement.

112. Volant. — A l'arbre de couche est fixée une énorme roue de fonte dont le poids peut atteindre 10 tonnes et le diamètre 8 mètres. Cette roue est destinée à régulariser le mouvement de la machine.

Essayez de mettre en mouvement une roue lourde, vous ne pouvez augmenter sa vitesse que peu à peu; quand elle est en marche, il vous est impossible de l'arrêter brusquement; la roue semble avoir emmagasiné de l'énergie qu'elle rend lorsque vous voulez l'arrêter.

Il en est du volant comme de la roue précédente. Si les résistances que la machine doit vaincre diminuent, la vitesse tend à s'accélérer, mais à cause du volant cette augmentation de vitesse ne se fait que progressivement. Au contraire, si les résistances deviennent considérables, le mouvement tend à se ralentir, la machine pourrait même s'arrêter; le volant s'oppose à ce ralentissement brusque, il restitue l'énergie qu'il a en quelque sorte emmagasinée pendant la marche normale. Ainsi, plus les variations de résistance que doit vaincre la machine sont grandes, plus le volant doit avoir une masse considérable. Les locomotives n'ont pas de volant, la masse énorme de la machine joue ici le rôle de volant.

113. Régulateur à boules. — Sur la machine, on voit un régulateur à boules (fig. 114). La tige du régulateur est mise en mouvement par l'arbre de couche. Quand la vitesse de la machine s'accélère, les boules tendent à s'écarter davantage de l'axe de rotation; elles soulèvent le collier, et le mouvement de celui-ci, par une série de leviers, va fermer en partie une valve qui permet l'introduction de la vapeur. Dans les machines à détente, les leviers agissent en augmentant la détente, c'est-à-dire en diminuant la durée d'admission de la vapeur dans le cylindre. Le contraire a lieu évidemment quand la vitesse de la machine diminue.

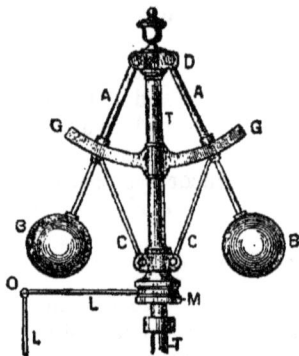

Puissance et rendement d'un moteur.

114. *Notion de travail et de puissance.* — Pour soulever un poids à une certaine hauteur, nous effectuons un travail. On mesure ce travail, en prenant pour unité *le travail effectué pour soulever un poids de un kilogramme à un mètre*. Cette unité s'appelle *kilogrammètre*. Soulever 1 kilogramme à 10 mètres de haut, 2 kilogrammes à 5 mètres; 5 kilogrammes à 2 mètres, c'est toujours effectuer le même travail.

Fig. 114. — Régulateur à boules.

Mais le même travail peut être effectué en des temps variables par différents moteurs. La valeur d'un moteur pourra donc s'apprécier en faisant connaître le travail que ce moteur effectue en une seconde. Cette grandeur est la *puissance* du moteur. L'unité adoptée est le *cheval-vapeur : c'est la puissance d'un moteur capable d'exécuter un travail de 75 kilogrammètres en une seconde.* C'est à peu près la puissance d'un attelage qui traînerait environ 1 600 kilogrammes sur une route horizontale à la vitesse de 4 kilomètres à l'heure.

115. *Rendement de la machine à vapeur.* — Pour se vaporiser, l'eau a absorbé de la chaleur. Déterminons le poids de vapeur admis dans le cylindre en 1 heure, par exemple ; cette vapeur apporte un certain nombre de calories fournies par le foyer, 35 000, je suppose. Dans le condenseur, la vapeur a abandonné dans le même temps 31 000 calories [1]. Il y a donc 4 000 calories qui ont disparu. Ces 4 000 calories ont été trans-

---

1. Nous considérons ici la calorie-kilogramme, c'est-à-dire la quantité de chaleur nécessaire pour échauffer de 1 degré 1 kilogramme d'eau. Cette quantité de chaleur vaut évidemment 1 000 calories-grammes (1re *année*, n° 30).

formées en travail mécanique. D'autre part, on a brûlé sur la grille en 1 heure 5 kilogrammes de houille qui ont fourni 40 000 calories. Ainsi, sur 40 000 calories fournies par le foyer, 4 000 seulement, soit 10 0/0 ont été utilisées par le moteur et transformées en travail. On dit que le *rendement* est de 10 0/0.

On peut déterminer le travail produit par la vapeur dans le cylindre en 1 heure. En divisant le nombre de kilogrammètres obtenus par le nombre de calories transformées en travail, on trouve le travail qui correspond à une calorie. Cette détermination faite par divers physiciens, en particulier par Hirn, a montré qu'à une calorie disparue dans le cylindre correspond toujours le même travail.

Ce travail est de 425 kilogrammètres pour une calorie ; on l'appelle *équivalent mécanique de la calorie.*

Les meilleures machines à vapeur sont les machines marines ; elles arrivent à consommer moins de 800 grammes de houille par cheval et par heure, ce qui correspond à un rendement de 10 0/0 environ. Les machines sans détente et sans condensation consomment jusqu'à 3 kilogrammes de houille par cheval-heure.

RESUMÉ

1. La *détente* consiste à n'admettre la vapeur dans le cylindre que pendant une fraction de la course du piston. Pendant le reste de la course, la vapeur se comporte comme un gaz comprimé, elle pousse le piston et sa pression diminue. A la fin de la course du piston, la pression de la vapeur est un peu supérieure à la pression dans le condenseur.

2. Le *volant* est une énorme roue calée sur l'arbre de couche et qui tourne avec celui-ci. Il est destiné à faire franchir les *points morts* à la machine et à s'opposer aux variations brusques de vitesse du moteur.

3. Le *régulateur à boules* agit sur l'admission de la vapeur. Quand la vitesse du moteur augmente, le régulateur ferme en partie l'admission de la vapeur, ou bien il diminue la durée d'admission de la vapeur à pleine pression dans le cylindre. Le contraire a lieu quand la vitesse du moteur diminue.

4. Le *kilogrammètre* est le travail effectué pour soulever 1 kilogramme à une hauteur de 1 mètre. Le *cheval-vapeur*

est la puissance d'un moteur qui peut faire un travail de 75 kilogrammètres en une seconde.

5. La machine à vapeur transforme en travail une partie de la chaleur produite dans le foyer. Le *rendement*, c'est-à-dire le rapport entre la chaleur transformée en travail et la chaleur fournie par le foyer ne dépasse pas 10 0/0.

On a constaté qu'une calorie transformée en travail mécanique donne toujours la même quantité de travail : 425 kilogrammètres. Cette quantité s'appelle encore *équivalent mécanique de la calorie*.

EXERCICES

I. Déterminer la puissance d'un moteur d'après les données suivantes : Diamètre du piston, 0m,20; course, 0m,50 ; pression de la vapeur à l'admission, 10k,2; pression dans le condenseur, 0kg,2; nombre de courses du piston en une minute (aller et retour), 50. La machine fonctionne sans détente.

II. Une machine à vapeur a une puissance de 50 chevaux; elle absorbe par heure 400 kilogrammes de vapeur saturante à 180°.

a) Quelle est la quantité de chaleur absorbée pour obtenir cette vapeur, l'eau d'alimentation de la chaudière étant à 40° (21° leçon, Exercice III).

b) On apporte au condenseur 140 litres d'eau à 15° par minute, l'eau sort à 40°. Quelle est en une heure la quantité de chaleur abandonnée au condenseur?

c) Quelle est la quantité de chaleur transformée en travail? — On brûle sur la grille 1 100 grammes de houille par cheval et par heure. Quel est le rendement de la machine?

d) D'après ces données, calculer quel serait l'équivalent mécanique de la calorie.

III. Un cuirassé a des machines dont la puissance est de 20 000 chevaux. Il consomme 0kg,800 de charbon par cheval-heure. Quel poids de charbon devra-t-il embarquer pour une traversée de 8 jours?

24e LEÇON

VAPEUR D'EAU DANS L'AIR

MATÉRIEL : Vase en fer-blanc bien poli. Thermomètre. — Mélange réfrigérant formé d'eau et d'azotate d'ammonium.

État hygrométrique.

116. *Existence de la vapeur d'eau dans l'air.* — La buée qui se dépose sur les vitres, sur un objet froid, la rosée, les brouil-

rds, les nuages, etc., montrent la présence de la vapeur d'eau
ans l'air.

Certaines substances absorbent la vapeur d'eau : chlorure
e calcium, acide sulfurique, anhydride phosphorique. Tarons
ar une balance sensible une capsule renfermant l'un de ces
orps, au bout de quelques jours le poids de la capsule a
ugmenté.

L'évaporation des eaux de la mer et des eaux continentales,
a respiration des animaux, la transpiration des plantes, la
ombustion des corps renfermant de l'hydrogène sont les
ources de cette vapeur d'eau.

117. État hygrométrique. — Soit une masse d'air saturé de
apeur à 10°. La vapeur a une force élastique (n° 97) de 12gr,5
ar centimètre carré. Portons cette masse d'air à 30°; la
ression de la vapeur n'a pas varié, mais l'air n'est plus saturé.
n effet à 30° la pression maxima de la vapeur d'eau est
e 42gr,8 sur un centimètre carré. Nous pourrons représenter
e *degré d'humidité* ou l'*état hygrométrique* de l'air par le

uotient $\frac{12,5}{42,8}$ On exprime généralement ce quotient en cen-

ièmes. Dire : *L'état hygrométrique de l'air est* **29** *signifie : L'air*

enferme de la vapeur d'eau dont la force élastique est les $\frac{29}{100}$

e la pression maxima que pourrait avoir la vapeur si l'air
tait saturé.

118. Point de rosée. — EXPÉRIENCE. Prenons un vase en fer-
lanc bien poli, renfermant de l'eau dans laquelle plonge un
hermomètre. Ajoutons peu à peu de l'azotate d'ammonium et
gitons. La température de l'eau s'abaisse. A 10°, par exemple,
ous voyons le métal se ternir par suite de la formation d'une
uée. Quand la température descend au-dessous de zéro, cette
uée se congèle et le vase se trouve couvert d'une couche de
givre. Que s'est-il passé ? L'air s'est refroidi au contact du vase;
à 10° cet air est devenu saturé de vapeur. Le refroidissement continuant, une partie de la vapeur de l'air s'est condensée sur le
métal. Au-dessous de zéro l'eau déposée sur le vase s'est transformée en glace.

Cette expérience nous donne le moyen de mesurer l'état
hygrométrique de l'air. En effet, à 10° la tension de la vapeur
d'eau est 12gr,5; c'est la tension de la vapeur dans l'air non
refroidi. Si la température de cet air est de 20°, il serait saturé
par de la vapeur dont la tension maxima atteindrait 23gr,7. Donc

l'état hygrométrique est $\frac{12,5}{23,7} = \frac{52}{100}$. Cette expérience nous donne encore l'explication des *météores* dus à la présence de la vapeur d'eau dans l'air.

Météores aqueux.

119. Rosée. Gelée blanche. — La nuit, par les temps clairs, la terre et les objets à sa surface rayonnent abondamment (1re *année*, 10e *leçon*): ils se refroidissent et refroidissent les couches d'air à leur contact. Il arrive un moment où ces couches deviennent saturées de vapeur; le refroidissement continuant, la vapeur se condense et de l'eau se dépose en fines gouttelettes sur les feuilles des plantes : c'est la *rosée*. Si la température s'abaisse au-dessous de zéro, l'eau se congèle et donne la *gelée blanche*. La gelée blanche est particulièrement dangereuse au printemps, car elle détruit alors les jeunes pousses des arbres, les fleurs, qui prennent un aspect roussâtre. Comme alors la lune brille d'un vif éclat, on lui a attribué les méfaits de la gelée blanche, et on appelle *lune rousse* la période lunaire qui commence en avril et finit en mai. Dans les régions de l'Est, on protège les plantes contre la gelée blanche en brûlant par les nuits claires des matières goudronneuses qui produisent une fumée épaisse et lourde, véritable nuage qui s'oppose au rayonnement terrestre.

120. Brouillard. Givre. — Quand les couches d'air avoisinant le sol se refroidissent au-dessous de leur point de saturation, la vapeur d'eau qu'elles renferment se condense en fines gouttelettes qui restent en suspension dans l'air et lui enlèvent sa transparence. On a alors du *brouillard*. Si ces gouttelettes arrivent au contact d'objets à une température inférieure à 0°, elles se congèlent et forment à la surface de ces objets une couche glacée appelée *givre*.

121. Nuages. — La condensation de la vapeur peut avoir lieu dans les hautes régions de l'atmosphère. Le brouillard s'appelle alors *nuage*.

La hauteur à laquelle se trouvent les nuages est très variable. Les plus voisins du sol sont des nuages gris de plomb, qui se résolvent en pluie; leur altitude ne dépasse guère 1 000 mètres. Dans les pays de montagnes, on les voit fréquemment accrochés aux flancs des monts, dont ils cachent le sommet. Ce sont les *nimbus*
Les *cumulus* (fig. 115) sont des nuages blancs à contours

arrondis et ressemblant à de gros flocons de laine; ils se trouvent à 2 ou 3 kilomètres de haut.

Fig. 115. — Cumulus.

Les nuages qui atteignent 7 ou 8 kilomètres d'altitude sont for-

Fig. 116. — Cirrus.

més de fines aiguilles de glace, en raison de la basse température des régions où ils se trouvent. Ils ont une forme fibreuse ; ce sont des *cirrus* (fig. 116).

Enfin, au coucher du soleil, on observe souvent des nuages disposés par des bandes horizontales ou *stratus*.

Les gouttelettes des nuages tombent lentement ; mais quand la partie inférieure du nuage arrive dans des couches plus chaudes, ce nuage se vaporise par la partie inférieure, et la vapeur formée remonte à la partie supérieure, où elle se condense à nouveau.

122. Pluie. Verglas. Neige. — Sous des influences mal définies, les gouttelettes d'eau qui forment un nuage peuvent se réunir et donner des gouttes plus ou moins fortes qui tombent et forment la *pluie*.

Fig. 117. — Flocons de neige.

Lorsque la pluie arrive sur un sol à une température inférieure à zéro, elle s'y congèle et le recouvre d'une couche de *verglas*.

Quand un nuage traverse des régions à une température inférieure à zéro, les gouttelettes se congèlent, s'accolent suivant des dispositions géométriques très curieuses dérivant de l'hexagone (fig. 117) et donnent des flocons de *neige*.

123. Grêle. — En été, les phénomènes atmosphériques désignés sous le nom d'*orages* sont souvent accompagnés de la chute de petites masses de glace plus ou moins sphériques appelées *grêlons*. La chute de la grêle cause toujours dans les cultures d'effroyables dégâts.

Les grêlons se montrent formés de couches concentriques de glace disposées autour d'un noyau central (fig. 118). On n'est pas encore bien fixé sur la façon dont se produit la grêle ; mais on pense que des cumulus, entraînés par un courant d'air ascendant peuvent s'élever jusque dans la région où se trouvent des cirrus. Là, autour des aiguilles de glace, des cirrus se congèlent rapidement, les gouttelettes d'eau des cumulus

Fɪɢ. 118. — Coupe de grêlons.

formant ainsi un grêlon plus ou moins volumineux.

Depuis quelques années on étudie les effets du tir du canon pour empêcher la formation de la grêle. Il semble établi que ce tir a une certaine efficacité, et des régions souvent éprouvées par la grêle (Bourgogne, Charolais) sont munies d'une artillerie spéciale (fig. 119) qu'on tire lorsqu'on voit s'approcher un orage menaçant.

Fɪɢ. 119. — Canon paragrêle et sa guérite.

RÉSUMÉ

1. Il existe toujours de la vapeur d'eau dans l'air, mais l'air est rarement saturé. On appelle *état hygrométrique* ou *degré d'humidité* le quotient de la pression de la vapeur dans l'air par la pression qu'aurait cette vapeur si l'air était saturé.

2. Quand on refroidit une masse d'air humide, l'air finit par devenir saturé de vapeur. Si le refroidissement continue, la vapeur se condense en fines gouttelettes.

3. La condensation de la vapeur d'eau sur les plantes, les objets à la surface du sol constitue la *rosée*, ou la *gelée blanche* quand la température du sol est inférieure à 0°. La rosée et la gelée blanche se produisent la nuit par un temps clair; le refroidissement du sol est causé par le rayonnement nocturne.

4. La condensation de vapeur dans les couches d'air avoisinant le sol forme les *brouillards;* le brouillard qui se dépose sur les objets au-dessous de 0° forme le *givre.*

Quand la condensation se produit à une grande hauteur dans l'atmosphère, il se forme des *nuages*.

5. Le nuage peut se résoudre en *pluie*. Il donne de la *neige* si les régions qu'il traverse se trouvent à une température inférieure à 0°.

6. En été, pendant les orages, il tombe souvent de la grêle. On cherche à prévenir sa formation par le tir de canons paragrêles au début des orages.

EXERCICES

I. Pourquoi la gelée blanche se forme-t-elle surtout au printemps et à l'automne ? — Par une nuit bien claire, mettre un thermomètre sur un abri et un autre sous l'abri. Au bout de quelques heures, constater la température indiquée par chacun. (Prendre deux thermomètres à minima si c'est possible.) — Mettre une plaque de ferblanc sur le sol par une nuit claire. Y a-t-il autant de rosée sur la plaque que sur les plantes avoisinantes ? — Y a-t-il de la rosée sous les arbres, sous les abris ? — Expliquer ces faits.

II. Prendre deux thermomètres à mercure, entourer le réservoir de l'un d'un linge mouillé avec de l'eau qui a séjourné dans la salle pendant quelque temps et qui est à la température du milieu. Constater ce qui se passe. Souffler avec un soufflet sur les réservoirs. Qu'arrive-t-il ? — Expliquer ces faits. Tirer de cette expérience un moyen de mesurer l'état hygrométrique de l'air. (Principe du psychromètre.)

III. Quand il tombe de la neige, recueillir des flocons sur une surface noire et les examiner à la loupe,

---

25e LEÇON

ÉLECTRISATION PAR FROTTEMENT. — INFLUENCE ÉLECTRIQUE

MATÉRIEL : 2 pendules électriques (fig. 121). — Bâton de verre, cire à cacheter, soufre, ébonite. — Electroscope à feuilles. On remplace les feuilles d'or par des feuilles d'aluminium, moins fragiles et donnant un appareil presque aussi sensible que les feuilles d'or. Au bout d'une tige de laiton on fait à la lime ou au marteau deux plats. On découpe dans un livret d'aluminium deux feuilles de 5 à 6 centimètres de long sur un demi-centimètre de large et on les colle sur chaque plat avec une trace de suif. La cage sera de préférence métallique ; les boîtes à biscuits conviennent très bien. On perce une ouverture à la partie supérieure et on enlève une face latérale qu'on remplace par une vitre mastiquée. Dans la age on met une soucoupe renfermant du chlorure de calcium pour dessécher l'air.

Électrisation par frottement.

124. *Le verre, la cire à cacheter frottés attirent les corps légers.* — Expérience. Frotter avec de la flanelle ou avec une peau de chat un bâton de cire à cacheter; ce bâton attire des corps légers : petits morceaux de papier de soie, barbes de plumes, fragments de papier d'étain, etc. (fig. 120). — Frotter aussi un tube de verre bien sec, un morceau de caoutchouc durci ou ébonite, un morceau de soufre, une feuille de papier bien sec. Constater le même résultat. Le frottement a donc mis les corps précédents dans un état spécial; ces corps ont acquis une propriété nouvelle : on dit qu'ils sont *élec-trisés*, et on appelle *électricité* la force que le frottement a développée sur ces corps. Ce nom vient de ce que la propriété précédente a été constatée il y a plus de 2 000 ans sur l'ambre jaune, qu'on appelle en grec « électron ». Nous ne nous occuperons pas des hypothèses faites sur la nature de cette force, nous nous contenterons d'en constater les effets et d'en étudier les applications.

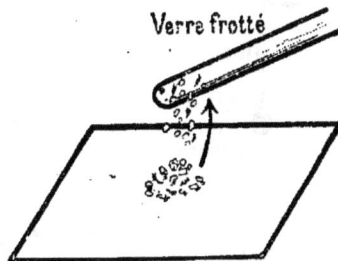

Fig. 120 — Le verre, la cire à cacheter frottés attirent les corps légers.

125. *Corps conducteurs. Isolants.* — Expérience. Frotter avec de la flanelle une tige de fer ou de cuivre que l'on tient à la main : on ne constate pas d'électrisation. Tenir le métal au moyen d'un manche en verre ou en ébonite et le frotter à nouveau : il s'électrise et attire les corps légers. Mais tandis que la cire à cacheter, le verre, n'attiraient que par la partie frottée, toute la surface du métal attire les corps légers. Dans le premier cas, l'électrisation est localisée à l'endroit frotté; dans le second, tout le métal est électrisé. On dit que le verre, la cire à cacheter, l'ébonite sont *mauvais conducteurs* de l'électricité; les métaux sont *bons conducteurs*. Le corps humain est aussi bon conducteur. Quand on veut conserver l'électrisation d'un conducteur, il faut le supporter au moyen d'un corps mauvais conducteur, il faut l'*isoler* des autres conducteurs. Le verre *bien sec*, l'ébonite, le caoutchouc sont employés dans ce but. Ces corps sont des *isolants*. Le meilleur isolant est la paraffine, ou mieux la diélectrine, mélange de soufre et de paraffine fondus ensemble.

126. *Les deux électrisations.* — EXPÉRIENCE. Prendre deux pendules électriques (fig. 121-122) et électriser par frottement un bâton de verre et un bâton de cire à cacheter. Approcher du premier le bâton de cire frottée : la balle de sureau est attirée, puis repoussée. Approcher du deuxième pendule le verre frotté : même résultat. Approcher maintenant du premier pendule le verre frotté : la balle repoussée par la cire est attirée par le verre. Approcher du second pendule la cire frottée : la balle repoussée par le verre est attirée par la cire (fig. 122).

Fig. 121. — Pendule électrique simple.

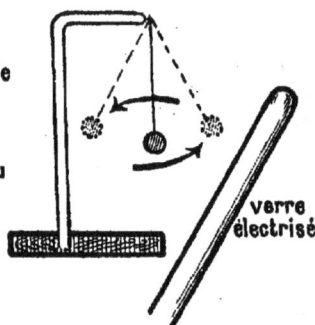

Fig. 122. — La balle de sureau, attirée par le verre électrisé, est ensuite repoussée.

Ainsi il existe *deux états électriques* différents pour la cire à cacheter et le verre frottés avec de la flanelle. L'expérience répétée sur un grand nombre de corps a montré que, lorsque ces corps s'électrisent, ils prennent tantôt l'électrisation de la cire, tantôt l'électrisation du verre : Il n'y a donc que deux états électriques. L'électrisation du verre frotté a été appelée *positive;* celle de la cire frottée, *négative.* On représente par convention ces deux électrisations par les signes (+) et (—).

Nous pouvons ainsi formuler les lois suivantes :

1º *Deux corps dont l'électrisation est de même nature se repoussent;*

2º *Deux corps dont l électrisation est de nature différente s'attirent.*

Dans l'expérience précédente, au contact de la cire électrisée ou du verre la petite balle de sureau s'est électrisée aussi, et son électrisation est la même que celle du corps touché.

127. *Électroscope à feuilles.* — EXPÉRIENCE. Une tige métallique, terminée à une extrémité par une boule, porte à l'autre extrémité deux petites feuilles d'aluminium battu (fig. 123). Toucher la boule avec le verre frotté, les feuilles divergent; la divergence cesse quand on touche la tige avec la main. Toucher la boule avec de la cire à cacheter électrisée, les feuilles divergent encore; elles se rapprochent quand on touche l'appareil avec la main.

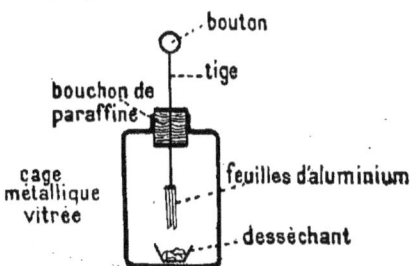

FIG. 123. — Électroscope à feuilles.

L'appareil précédent permet de reconnaître l'électrisation d'un corps; on l'appelle *électroscope à feuilles.* Comme les feuilles sont très légères et très fragiles, on enferme l'appareil dans une boîte dont une face est vitrée; la tige de métal qui porte les feuilles est isolée au moyen d'un support en paraffine.

Influence électrique.

128. *Électrisation par influence.* — EXPÉRIENCE. Prendre l'électroscope à feuilles, et approcher lentement de la boule métallique, mais *sans la toucher*, un bâton de verre électrisé : les feuilles divergent; éloigner le corps électrisé : les feuilles retombent. Approcher, puis éloigner de la cire frottée ; même résultat.

Ainsi un corps électrisé est capable d'électriser les conducteurs placés dans son voisinage. Cette action s'appelle *influence* ou *induction électrique.*

EXPÉRIENCE. Approcher de nouveau un bâton de verre électrisé, puis toucher l'appareil avec la main : les feuilles retombent. Enlever la main, puis éloigner le corps électrisé : les feuilles divergent à nouveau. Toucher l'électroscope avec la main : les feuilles retombent. — Recommencer avec la cire frottée : même résultat.

Cette expérience s'interprète facilement :

1° A l'approche d'un corps électrisé positivement, par exemple, l'électroscope s'électrise aussi. L'électricité négative se porte à la partie la plus rapprochée du corps influençant, l'électricité positive se rend à la partie la plus éloignée, c'est-à-dire dans les feuilles d'or qui divergent, parce que, chargées de la même électricité, elles se repoussent;

2º Quand on touche l'électroscope avec la main, le corps humain, le sol ne forment plus qu'un seul conducteur; l'électricité positive de l'électroscope se répand dans tout ce conducteur, et son action sur les feuilles d'or devient inappréciable;

3º En enlevant la main, on supprime la communication avec le sol; l'électricité négative developpée sur l'électroscope reste dans le voisinage du corps électrisé, mais son action est *neutralisée* par celle du corps influençant; cette électricité négative, localisée dans la boule, est donc sans action sur les feuilles d'or qui retombent. Quand on enlève ensuite le corps électrisé, l'électricité négative, localisée dans la boule, se répand dans tout l'électroscope, et les feuilles d'or électrisées de la même manière divergent à nouveau (fig. 124 à 126). Cette expérience nous permet de charger par influence l'électroscope d'une électricité contraire à celle de la source.

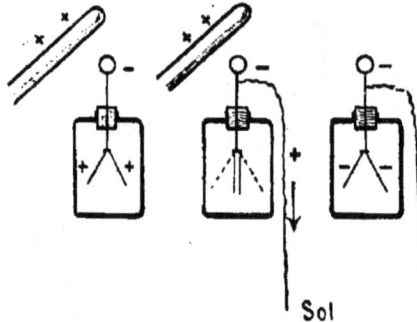

Fig. 124 à 126. — L'influence électrique démontrée au moyen de l'électroscope à feuilles.

EXPÉRIENCE. Charger l'électroscope négativement. Approcher un corps chargé d'électricité négative : la divergence des feuilles augmente, car l'électricité négative répandue sur tout l'appareil se concentre dans les feuilles d'or. — Approcher *lentement* et *de loin* un corps électrisé positivement : la divergence des feuilles diminue, devient nulle, puis augmente à nouveau si le corps est fortement électrisé. L'élève expliquera facilement ce résultat. — Charger l'électroscope positivement. Approcher un corps électrisé (+), un corps électrisé (—). Que se passe-t-il? — Approcher un corps électrisé dont on ignore l'électrisation. De quelle électricité ce corps est-il chargé?

Distribution de l'électricité.

129. *L'électricité d'un conducteur se porte à la surface.* —

xpérience. Couvrir le bouton de l'électroscope d'un petit seau étallique ou d'un capuchon en toile métallique. Approcher n corps électrisé : on ne remarque au- ne divergence des feuilles. La surface extérieure des conducteurs présente seule des phénomènes d'électrisation (fig. 127).

130. *Pouvoir des pointes.* — Expérience. Adapter au bouton de l'électroscope une ne aiguille d'acier et approcher un corps électrisé (+) à une petite distance de la pointe de l'aiguille (fig. 128). Les feuilles divergent, mais quand on retire le corps électrisé, la divergence persiste, les feuilles restent électrisées positivement. C'est que l'électrisation n'est pas uniforme sur un conducteur, elle est plus considérable au endroits saillants, et surtout aux pointes. Dans notre expérience l'électricité négative, qui s'était accumulée à la pointe de l'aiguille, s'est échappée à travers l'air et est passée sur le corps influençant. Cette propriété des pointes a son application dans les machines élec- tiques et le paratonnerre.

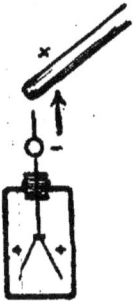

Capuchon
en toile
métallique

Fig. 127. — L'électri- sation ne se mani- feste qu'à la surface extérieure des con- ducteurs.

RÉSUMÉ

1. Le frottement met le verre, la cire à cacheter dans un état spécial qui se traduit par l'attraction de corps légers (petits bouts de papier, barbes de plumes, etc.). La cause de cet état a été appelée *électricité.*

2. Le verre, la cire à cacheter ne s'élec- trisent qu'à l'endroit frotté : ils sont *mauvais conducteurs* de l'électricité. Les métaux sont *bons conducteurs;* ils ne res- tent électrisés que s'ils sont *isolés* au moyen d'un support mauvais conducteur. Le verre bien sec, l'ébonite, la paraffine, la diélec- trine sont les isolants les plus employés.

Fig. 128. — Pou- voir des poin- tes. — L'élec- tricité s'accu- mule à la pointe et passe sur le corps influençant.

3. Il y a deux électricités : celle de la cire à cacheter, de l'ébonite frottée, et qu'on appelle *négative;* celle du verre frotté et qu'on appelle positive.

positive.

Deux corps électrisés de la même manière se repousse .
Deux corps électrisés de manière différente s'attire .

4. Au voisinage d'un corps électrisé, un *conducte r* s'électrise *par influence*. Si le corps influençant est cha é d'électricité positive, le conducteur isolé est partagé en deux régions : la plus voisine du corps électrisé est électrisée négativement; la plus éloignée est chargée d'électricité positive.

5. L'électricité ne se manifeste qu'à l'extérieur des conducteurs; elle n'est distribuée uniformément à la surface que lorsque le conducteur est sphérique. L'électrisation est plus intense aux angles saillants et surtout aux pointes. Aussi les pointes possèdent la propriété de laisser passer l'électrisation d'un conducteur sur les corps voisins. Cette propriété est appliquée dans les machines électriques et le paratonnerre.

EXERCICES

I. Frotter du soufre avec de la flanelle. Constater le signe de l'électrisation au moyen de l'électroscope à feuilles. — Même expérience avec du papier bien sec.

II. Prendre une éprouvette bien sèche et y verser du mercure également bien sec. Mettre le mercure en communication avec in électroscope par un fil de cuivre. Plonger dans le mercure une baguette de verre bien sec. Quand on retire la baguette, l'électroscope diverge. Approcher le verre de l'électroscope : le verre est électrisé, mais son électricité est contraire à celle du mercure. Plonger à nouveau le verre dans le mercure. L'électroscope ne donne plus signe d'électrisation. Tirer la conclusion de cette expérience.

26e LEÇON

MACHINES ÉLECTRIQUES. — CONDENSATEURS

MATÉRIEL : Electrophore. Une plaque d'ébonite de 20 centimètres de diamètre environ et un plateau en fer battu de 15 centimètres de diamètre permettent de faire un bon électrophore. On suspend le plateau par 3 ou 4 fils de soie, ou bien on soude en son centre un tube de fer ou de laiton dans lequel on mastique une tige de verre, un bâton de cire à cacheter ou d'ébonite. A défaut d'ébonite, couler dans un plateau en fer battu de la paraffine dure à point de fusion élevé. — Bouteille de Leyde. On peut réaliser une bouteille de Leyde en se servant d'une bouteille ordinaire avec du papier d'étain à l'intérieur et à l'extérieur (fig. 136). — Electroscope condensateur : remplacer le bouton de l'électroscope ordinaire par un plateau en fer battu.

Machines électriques.

131. *Electrophore*. — C'est la plus simple des machines électriques. Cet appareil comprend un plateau A, fait d'une substance non conductrice, et un plateau B, conducteur, qu'on tient par un manche isolant (fig. 129).

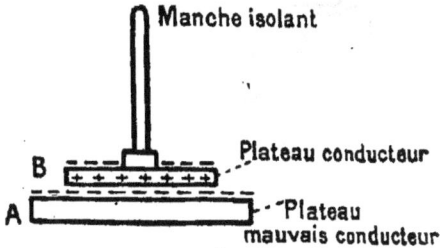

FIG. 129. — Électrophore.

EXPÉRIENCE. Frotter avec de la flanelle le plateau A ; il s'électrise (—). Approcher le plateau B, il s'électrise par influence, l'électricité (+) se porte à la partie inférieure, l'électricité (—) à la partie supérieure. Mettre le plateau B en communication avec le sol en le touchant avec le bout du doigt, l'électricité (—) disparaît ; rompre la communication avec le sol et enlever B, ce plateau reste chargé d'électricité (+).

On peut placer le plateau B directement sur A, on a toujours affaire à un phénomène d'influence et non d'électrisation par contact. En effet, le plateau B, après les opérations indiquées, reste toujours chargé d'électricité contraire à celle de la source ; si l'électrisation avait lieu par contact, l'électricité de B serait la même que celle de A. De plus, l'électrisation produite sur A suffit pour obtenir un grand nombre de fois l'électrisation de B ; il n'y a donc pas partage d'électricité entre A et B.

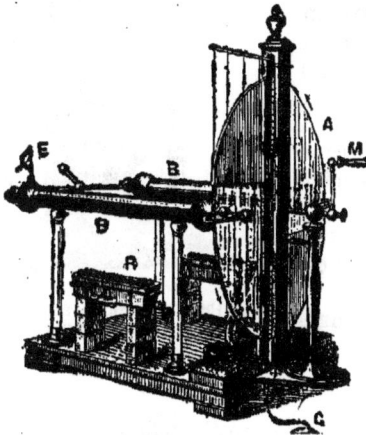

FIG. 130. — Machine de Ramsden.
(Vue d'ensemble.)

132. *Machine de Ramsden*. — Cette machine est représentée par la figure 130. Elle comprend un plateau de verre qui tourne autour d'un axe au moyen d'une *manivelle*, et frotte sur des coussinets placés aux extrémités d'un même diamètre. Sur un diamètre perpendiculaire au premier sont deux *peignes* métalliques, conducteurs garnis de pointes et entre lesquels tourne le plateau (fig. 131).

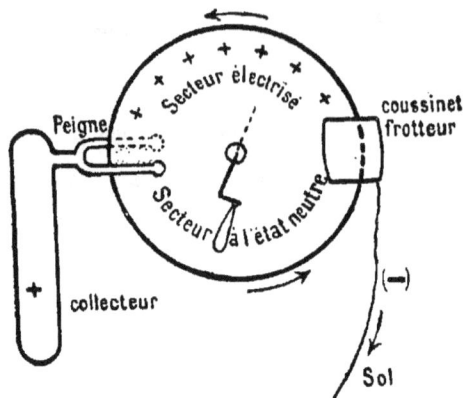

FIG. 131. — Schéma de la machine de Ramsden. (On n'a figuré qu'un seul peigne et un seul frotteur.)

Considérons un secteur du plateau qui a frotté sur un coussinet ; il s'est chargé positivement. En passant devant les peignes, il électrise ceux-ci par influence. La charge négative vient *neutraliser* par les pointes l'électricité du plateau ; l'électricité positive influencée s'accumule sur des conducteurs ou *collecteurs* BB. Les coussinets s'électrisent négativement, on les met en communication avec le sol.

La machine de Ramsden ne fonctionne bien que par un temps sec ; on voit en R (fig. 130) un réchaud allumé pour sécher les conducteurs et le plateau.

On a actuellement un grand nombre de machines électriques, les plus connues sont celles de Wimshurst, dont la figure 132 donne une vue d'ensemble, mais nous n'en ferons pas connaître le fonctionnement.

FIG. 132. — Machine électrique de Wimshurst.

Condensateurs.

133. *Principe de la condensation électrique.* — EXPÉRIENCE. On prend un électroscope dont on remplace le bouton par un plateau métallique (A) vernissé à la partie supérieure (fig. 133

à 133), on charge cet électroscope comme l'électroscope ordinaire. On prend d'autre part, un plateau métallique B qu'on tient par un manche isolant (plateau de l'électrophore, par exemple), et on approche B de A : la divergence des feuilles diminue. On touche B avec le doigt, la divergence des feuilles diminue encore. Enfin, si on a eu soin de vernir la partie inférieure de B, on peut placer ce plateau sur A et enlever le doigt ; la divergence des feuilles est alors très faible. Pour ramener la divergence des feuilles à leur valeur primitive, il faudra apporter à A une nouvelle charge d'électricité. Pour

Fig. 133 à 135. — Principe de la condensation électrique.

une même divergence des feuilles, le système des deux plateaux séparés par un isolant permet d'augmenter la charge électrique du plateau A. *Un tel système est un condensateur.* On dit que la présence de B a accru la *capacité* de A.

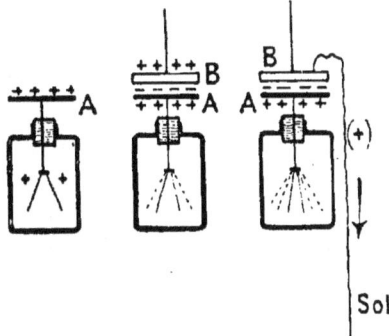

134. Bouteille de Leyde. — C'est un condensateur constitué par une bouteille à l'intérieur de laquelle ou introduit une substance conductrice : papier d'étain, par exemple, qui forme *l'armature intérieure.* Une feuille de papier d'étain collée autour de la bouteille forme *l'armature extérieure.* Une tige métallique terminée par une boule pénètre dans la bouteille et communique avec l'armature intérieure. Cette tige métallique est soigneusement isolée (fig. 136).

Fig. 136. — Bouteille de Leyde.

Charge. On met l'armature extérieure par exemple, en communication avec le sol, l'armature intérieure communiquant avec une source d'électricité. L'armature intérieure se charge de la même électricité que la source, l'armature extérieure se charge d'électricité de nom contraire.

Décharge. Pour décharger le condensateur, il suffit de relier par un conducteur l'armature intérieure et l'armature extérieure. Cette communication s'établit ordinairement à l'aide d'un appareil semblable à celui de la figure 137 et appelé *excitateur*. Il se compose de deux arcs métalliques articulés. On tient cet appareil par l'intermédiaire de deux manches isolants en verre.

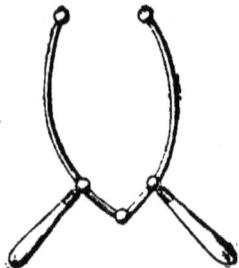

Fig. 137. — Excitateur à manches de verre.

RÉSUMÉ

1. L'*électrophore* est la plus simple des machines électriques. Il est composé d'un plateau mauvais conducteur qu'on électrise par frottement. Ce plateau sert à charger par influence un plateau métallique isolé.

2. Il existe d'autres machines électriques plus puissantes, machines de Ramsden, de Wimshurst, qui utilisent la production d'électricité soit par frottement, soit par influence.

3. On appelle *condensateur* le système constitué par deux conducteurs séparés par une lame isolante. La bouteille de Leyde est le condensateur le plus connu. Ce condensateur est constitué par une bouteille dont l'armature intérieure est formée d'une substance conductrice (feuilles d'or, papier d'étain, etc.) et l'armature extérieure d'une feuille de papier d'étain collée autour de la bouteille. Une tige métallique isolée communique avec l'armature intérieure.

On charge un condensateur en réunissant une armature avec une source d'électricité au moyen d'un conducteur, l'autre armature étant mise en communication avec le sol.

4. Pour décharger un condensateur, on réunit par un conducteur les deux armatures chargées d'électricités contraires.

EXERCICES

I. Sur le plateau de l'électroscope figure 133, poser un petit vase cylindrique en métal (fer ou laiton). Prendre une petite sphère métallique tenue par un manche isolant et l'électriser. La plonger dans le vase, sans toucher les parois, la retirer. — La plonger à nouveau et toucher avec la main la paroi extérieure du vase, enlever la main, puis la sphère électrisée. — De quelle électrisation sont chargées les feuilles d'or ? — Toucher avec la main, cesser le contact, plonger à nouveau la sphère électrisée, toucher avec cette sphère la surface interne du vase. — De quelle électricité sont chargées les feuilles ? — Conclusions à tirer de ces faits. — Dessiner chacune des phases de l'expérience.

11. Electriser des conducteurs de formes différentes. Avec la petite sphère isolée précédente, toucher un conducteur en différents points. Porter la sphère dans le vase métallique sur l'électroscope. Constater la divergence des feuilles. — Conclusion.

27ᵉ LEÇON

EFFETS DES DÉCHARGES ÉLECTRIQUES. — ÉLECTRICITÉ ATMOSPHÉRIQUE

Matériel : Les expériences de cette leçon exigent une machine électrique. On peut toutefois les réaliser avec une bobine d'induction. Le courant est fourni par une ou deux piles électriques.

Effets des décharges électriques.

135. *Effets lumineux. Étincelle électrique.* — Expérience. Prenons une machine électrique comme celle de Wimshurst, qui permet de recueillir les deux électricités. Entre les *pôles* électrisés différemment, on peut obtenir à travers l'air une étincelle accompagnée d'un bruit sec. Le même résultat s'observe quand on approche de l'une des armatures d'un condensateur un conducteur communiquant avec l'autre armature. Dans ces deux cas les conducteurs entre lesquels jaillit l'étincelle sont chargés également d'électricités contraires; après l'étincelle, ils sont *neutralisés*.

Qu'arrivera-t-il si on approche d'un conducteur fortement chargé :

a) Un conducteur isolé ;

b) Un conducteur relié au sol ?

L'étincelle a une durée très faible, quelque cent millième de seconde. Lorsque cette étincelle est courte, elle est rectiligne; quand elle a une certaine longueur, elle se présente en zigzag, elle peut même être ramifiée.

Quand le conducteur fortement chargé possède une pointe, l'électricité s'échappe par la pointe en électrisant l'air environnant : dans l'obscurité la pointe paraît alors surmontée d'une aigrette.

Enfin, dans les gaz raréfiés il se présente des phénomènes particuliers que nous étudierons plus tard.

136. *Effets mécaniques.* — Expérience. Entre les deux pôles d'une machine de Wimshurst, on interpose une carte de visite ; la carte est percée à chaque étincelle. Il en est de même avec une bouteille de Leyde ; on interpose alors la carte entre l'une des armatures et l'extrémité du conducteur relié à l'autre armature. On obtient des effets plus puissants au moyen d'une *batterie*, vaste condensateur formé de l'association de plusieurs grosses bouteilles de Leyde ; on réunit toutes les armatures intérieures ensemble, ainsi que toutes les armatures extérieures. Avec une batterie bien chargée, on peut percer des plaques de verre de plusieurs millimètres d'épaisseur.

137. *Effets calorifiques.* — Expérience. Réunir par un fil métallique court et très fin les deux pôles d'une machine de Wimshurst (ou l'une des armatures d'un condensateur et le conducteur relié à l'autre armature). Les deux électricités se neutralisent à travers le fil qui est porté au rouge. Il peut être fondu, et même, si la charge est forte, être volatilisé. On peut aussi, en faisant jaillir l'étincelle dans de l'alcool, du pétrole, de la poudre, enflammer ces corps.

138. *Effets chimiques.* — Dans l'eudiomètre (*Chimie, 1re année,* n° 51), on provoque au moyen d'une étincelle électrique la combinaison de l'hydrogène et de l'oxygène. On combine aussi l'oxygène et l'azote de l'air par une série d'étincelles électriques. Dans le voisinage d'une machine électrique en activité, on sent une odeur spéciale, due à la formation d'un corps appelé *ozone*, qui est de l'oxygène condensé sous l'influence des décharges électriques. L'ozone, désinfectant énergique, est fabriqué en grand aujourd'hui au moyen de décharges particulières, dites *effluves*.

L'étincelle électrique peut aussi produire des décompositions. Ainsi, le gaz ammoniac soumis à l'action d'une série d'étincelles se décompose en azote et hydrogène.

139. *Effets physiologiques.* — Expérience. Approcher le doigt du collecteur d'une machine électrique. — Décharger une bouteille de Leyde en tenant d'une main l'une des armatures et en touchant l'autre armature avec l'autre main.

Quand une décharge se produit à travers le corps, on éprouve une secousse plus ou moins violente. Cette secousse pourrait être dangereuse avec de grandes machines ou avec une batterie fortement chargée. La médecine utilise dans certaines maladies l'action des décharges électriques sur l'organisme.

Électricité atmosphérique.

140. *Eclair. Tonnerre. Foudre*. — Quand on connut l'électricité donnée par les machines, et surtout les effets produits par la décharge des bouteilles de Leyde et des batteries, on ne tarda pas à rapprocher ces effets de ceux qu'on observe pendant les orages. Vers 1750, Franklin, en Amérique, l'abbé Dalibard, en France montraient l'identité de la foudre et des décharges électriques. Une célèbre expérience de Franklin consista à lancer par un temps d'orage un cerf-volant maintenu par une corde de chanvre. Une pluie étant venue rendre la corde conductrice, Franklin observa à l'extrémité les phénomènes fournis par l'électricité des machines.

On a étudié l'état électrique de l'air et on a reconnu que l'électrisation de l'atmosphère est généralement positive; cette électrisation augmente à mesure qu'on s'élève. On n'a aucune notion certaine sur l'origine de l'électricité atmosphérique.

Les nuages peuvent être électrisés positivement ou négativement. On peut les assimiler à des

FIG. 138. — Eclair arborescent

conducteurs électrisés. On conçoit que des étincelles puissent jaillir entre deux nuages électrisés différemment ou entre un nuage et le sol. L'étincelle s'appelle *éclair*. Quand l'éclai. jaillit entre un nuage et le sol, on dit que la *foudre* tomber L'éclair est accompagné d'un bruit plus ou moins violent, appelé *tonnerre* qui se prolonge souvent en longs roulements.

L'éclair a quelquefois une longueur qui dépasse 10 kilomètres; il comprend le plus souvent un trait de feu plus ou moins ramifié (fig. 138). Quand l'éclair se produit à une certaine distance de l'observateur, on entend le tonnerre un peu après ; cela tient à ce que le son se propage avec une vitesse bien moindre que la lumière. Quand l'éclair jaillit près de l'observateur, le bruit produit par la décharge est court et sec ; mais si les régions traversées par l'éclair sont à des distances très différentes de l'observateur, le tonnerre consiste en un roulement prolongé. Les échos paraissent encore augmenter ce roulement.

141. Effets de la foudre. — Les effets de la foudre sont analogues à ceux des décharges électriques, mais incomparablement plus puissants. Les corps conducteurs peuvent être fondus et même volatilisés ; les corps mauvais conducteurs sont parfois brisés, les matières combustibles sont enflammées, les hommes et les animaux sont souvent tués lorsqu'ils sont frappés par la foudre.

La foudre frappe de préférence les objets élevés : clochers, arbres isolés, meules de paille, etc. Il est donc imprudent, en temps d'orage, de se placer sous les abris précédents. On peut dire que la presque totalité des accidents causés par la foudre sont dus à l'imprudence des personnes foudroyées.

142. Paratonnerre. — Le paratonnerre est un appareil qui sert à préserver les édifices de la foudre.

Il se compose d'une longue tige métallique pointue, placée à la partie la plus élevée de l'édifice. Cette tige est reliée au sol par une barre de fer qui se termine dans un puits ou dans une nappe d'eau conductrice (fig. 139).

Fig. 139. — Paratonnerre ordinaire.

Le pouvoir des pointes (n° 126) explique le rôle du paratonnerre. Si un nuage chargé positivement, par exemple, passe au-dessus de l'édifice, il agit par influence sur la terre. L'électricité négative s'échappe par la pointe et va neutraliser l'électricité du nuage. Si la foudre tombe, elle frappera de **préférence** la pointe et l'électricité s'écoulera dans le sol par la tige conductrice.

Le paratonnerre précédent a été imaginé par Franklin. Aujourd'hui, on lui préfère le paratonnerre Melsens. L'édifice à protéger est entouré d'une sorte de cage métallique formée de tiges de fer réunies entre elles et communiquant avec le sol. Au sommet du monument, on place un certain nombre de tiges pointues reliées au réseau métallique. La neutralisation du nuage électrisé se produit par les pointes ; mais si la foudre tombe, les effets de la décharge ne se feront pas sentir à l'intérieur de la cage métallique qui entoure l'édifice. (Voir n° 125.)

Ajoutons que les masses métalliques de l'intérieur de l'édifice doivent communiquer avec la tige du paratonnerre. Les lignes télégraphiques et téléphoniques doivent aussi être munies de paratonnerres spéciaux placés de distance en distance.

RESUME

1. La décharge électrique produit des effets variables suivant le milieu dans lequel elle se produit.

Les *effets lumineux* constituent l'étincelle électrique, rectiligne quand elle est courte sinueuse et ramifiée quand elle a une grande longueur.

Les *effets calorifiques* permettent de porter à l'incandescence, de fondre, de volatiliser un fil métallique fin, d'enflammer des explosifs, des liquides combustibles, etc.

Les *effets mécaniques* produisent la rupture de corps mauvais conducteurs, tels que le verre.

Les *effets chimiques* consistent en combinaisons (oxygène et hydrogène, oxygène et azote), ou en décompositions (gaz ammoniac). L'étincelle électrique transforme l'oxygène en ozone.

Les *effets physiologiques* se traduisent par des commotions plus ou moins violentes, qui peuvent même être mortelles. La médecine utilise les décharges électriques pour le traitement de certaines maladies nerveuses.

2. Les phénomènes appelés éclairs, tonnerre, foudre, que l'on remarque pendant les orages, sont dus à des décharges électriques qui se produisent soit entre deux nuages électrisés, soit entre un nuage électrisé et le sol. Le tonnerre est le bruit qui accompagne la décharge.

3. Les effets de la foudre sont analogues à ceux des décharges électriques que nous savons produire, mais incomparablement plus puissants. La foudre frappe de préférence les objets élevés, c'est pourquoi il est dangereux de chercher abri sous des arbres, des meules de foin ou de paille en temps d'orage.

4. Le *paratonnerre* protège les édifices contre la foudre. Le plus simple se compose d'une tige métallique pointue placée au sommet de l'édifice. Cette tige communique avec le sol par un conducteur métallique. Aujourd'hui, on préfère entourer l'édifice d'un réseau métallique communiquant avec le sol.

EXERCICES

I. Pourquoi la foudre, lorsqu'elle frappe une maison, pénètre-t-elle souvent par la cheminée? — Est-il prudent de sonner les cloches en temps d'orage?

II. On a compté 10 secondes entre le moment où on aperçoit l'éclair et celui où l'on entend le tonnerre. A quelle distance se trouve-t-on de l'endroit où s'est produit l'éclair?

28e LEÇON

PILES ÉLECTRIQUES. — COURANT ÉLECTRIQUE

Matériel : Lame de zinc, lame de cuivre, eau acidulée au 1/20 d'acide sulfurique. — Cadre formé de quelques tours d'un fil conducteur isolé (fil de sonnerie). Donner au cadre 15 à 20 centimètres de diamètre. — Aiguille aimantée mobile sur un pivot ou mieux, boussole carrée de 7 centimètres. On peut aussi suspendre par un fil de soie au centre du cadre une demi-aiguille à tricoter aimantée. — Fils conducteurs (fils de sonnerie). — Divers modèles de piles électriques dont on dispose. — Bichromate de potassium, acide azotique, acide sulfurique, sulfate de cuivre, bioxyde de manganèse, sel ammoniac.

Remarque. Chaque fois qu'on utilise des piles électriques, il faut avoir soin de nettoyer parfaitement les contacts à la lime ou au papier de verre.

Courant électrique.

143. *Principe de la pile électrique.* — Expérience. Prenons un vase dans lequel on met de l'eau acidulée au $\frac{1}{20}$ avec de 'acide sulfurique. Plongeons dans l'eau une lame de cuivre et une lame de zinc. Le zinc réagit sur l'acide sulfurique, et on voit des bulles de gaz qui se dégagent sur la lame de zinc. Ce gaz est de l'hydrogène. Plaçons d'autre part une aiguille aimantée mobile au centre d'un cadre formé de quelques tours de fil de cuivre entouré de coton (fig. 140). Le plan du cadre est dirigé suivant l'axe de l'aiguille aimantée. Réunissons le cuivre ou le zinc à l'une des extrémités du cadre au moyen d'un fil de cuivre, nous n'observons rien. Réunissons maintenant l'une des extrémités du cadre au cuivre et l'autre au zinc. L'aiguille aimantée dévie, et sa pointe nord se porte en avant du plan de la figure. Réunissons au cuivre l'extrémité

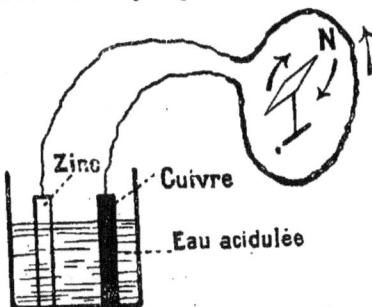

Fig. 140. — Quand on réunit par un fil métallique une lame de cuivre et une lame de zinc plongeant dans l'eau acidulée, un courant électrique circule dans le fil de jonction.

du cadre qui était jointe au zinc et réciproquement, la déviation se produit en sens inverse.

Ainsi, quand une lame de cuivre et une lame de zinc sont plongées dans l'eau acidulée, le fil métallique qui joint les deux lames à l'extérieur du liquide devient le siège d'un phénomène particulier susceptible de dévier l'aiguille aimantée. Ce phénomène est *dirigé*.

En raison de l'identité des divers effets de ce phénomène et de ceux produits par les décharges électriques, on se représente ce phénomène comme un courant d'électricité circulant dans le fil qui joint le cuivre au zinc.

On l'appelle pour cette raison *courant électrique*, et *on admet qu'il se dirige du cuivre au zinc*. L'appareil constitué par la lame de cuivre, la lame de zinc et le liquide acide est une *pile électrique* [1] ; les lames de cuivre ou de zinc, auxquelles on attache le fil de jonction sont les *pôles* de la pile. La lame de

---

1. Le terme *pile* vient de ce que Volta, qui inventa ce générateur de courant électrique, le construisait en empilant alternativement des disques de zinc et de cuivre séparés par des rondelles de drap humecté de vinaigre.

cuivre forme le pôle positif (pôle +); la lame de zinc, le pôle négatif (—).

EXPÉRIENCE. A la place de la lame de cuivre, mettons une 2e lame de zinc : les deux lames sont attaquées, et cependant, en les réunissant au cadre, on n'observe aucun effet sur l'aiguille aimantée. *Le courant électrique a donc pour origine la différence d'action exercée par certains liquides sur deux corps différents.*

EXPÉRIENCE. Remplaçons l'un des fils de jonction entre la pile et le cadre par un autre fil formé d'un métal quelconque. Le courant agit sur l'aiguille comme dans la 1re expérience. A la place d'un fil métallique, mettons un fil de soie, de coton, une tige de verre : nous n'observons aucune action sur l'aiguille. Nous traduisons ce fait en disant que les *métaux sont bons conducteurs du courant électrique;* la laine, la soie, etc... sont mauvais conducteurs. Si l'on veut conserver le courant dans un fil conducteur, il faudra entourer ce fil d'un corps mauvais conducteur, autrement dit, on *isolera* ce fil.

EXPÉRIENCE. Constatons la déviation de l'aiguille aimantée au début de la 1re expérience (no 138). Cette déviation peut nous servir à mesurer une qualité de courant que nous appellerons son *intensité* (no 143). Au bout de quelque temps, nous voyons que la déviation de l'aiguille diminue. Que s'est-il passé? Quand le zinc et le cuivre ne sont pas réunis par un conducteur extérieur, l'hydrogène se dégage sur le zinc; *mais quand zinc et cuivre sont réunis, les bulles d'hydrogène se dégagent sur le cuivre.* Il semble donc qu'un courant entraîne ces bulles du zinc au cuivre à l'intérieur du liquide. On admet l'existence d'un pareil courant à l'intérieur de la pile. L'hydrogène forme autour du cuivre une gaine gazeuse qui diminue l'intensité du courant. On dit que la pile est *polarisée.*

Piles électriques diverses.

Dans la pile, il suffit d'enlever l'hydrogène à mesure qu'il se forme pour avoir un courant constant. On obtient ce résultat en employant diverses substances appelées *dépolarisants.*

FIG. 141. — Pile au bichromate à un liquide (pile - bouteille dite de Grenet)

144. Pile au bichromate à un liquide.—Dans cette pile, on ajoute à l'eau acidulée un corps riche en oxygène, le *bichromate de potassium.* L'hydrogène enlève de l'oxygène au bichromate et il se forme de l'eau. Le cuivre, qui serait rongé par le bichromate, est remplacé par une lame de charbon des cornues à gaz.

145. *Pile à deux liquides.* — On obtient de meilleurs résultats en séparant par une cloison poreuse l'eau acidulée et le dépolarisant. Le pôle attaqué plonge dans l'eau acidulée, le pôle non attaqué plonge dans le dépolarisant.

On obtient alors les piles à deux liquides. La figure 142 représente le principe de ces piles. Généralement, le vase extérieur est cylindrique, ainsi que le

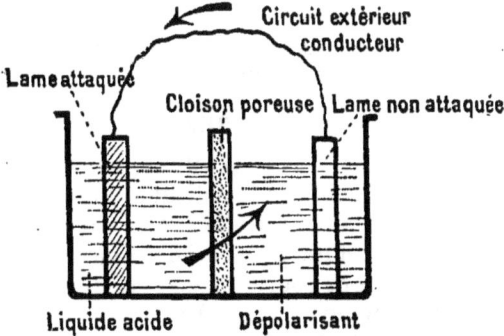

Fig. 142. — Principe d'une pile à deux liquides.

vase intérieur poreux. Ce dernier est en porcelaine dégourdie, analogue à la terre de pipe.

La lame attaquée a la forme d'un zinc circulaire entourant le vase poreux ; la lame non attaquée en cuivre ou en charbon des cornues est à l'intérieur du vase poreux. On mettrait tout

Fig. 143. — Vue générale d'une pile à deux liquides.

aussi bien la lame attaquée et le liquide acide dans le vase poreux, le dépolarisant et la lame non attaquée à l'extérieur de ce vase. L'aspect général d'une pile à deux liquides est donné par la figure 143. Dans la *pile au bichromate*, le dépolarisant est une solution de bichromate de potassium additionnée d'acide sulfurique ; la *pile Bunsen* (fig. 143) a pour dépolarisant l'acide azotique ; la *pile Daniell* a pour dépolarisant le sulfate de cuivre. Pour celle-ci, on a pu supprimer le vase poreux ; la solution de sulfate de cuivre est maintenue saturée et occupe le fond du vase, l'eau acidulée se trouve à la partie supérieure. Ainsi modifiée, la *pile Daniell* devient la *pile Callaud*, employée dans les installations télégraphiques. Dans la

Fig. 144. — Pile Leclanché.

pile Leclanché (fig. 144) le dépolarisant est du *bioxyde de manganèse*, riche en oxygène. On le place généralement à l'intérieur du vase poreux où il est mélangé à du coke. Le corps attaqué est de zinc, comme d'habitude, mais le liquide qui produit l'attaque est une solution de sel ammoniac à saturation. La pile Leclanché est la plus employée pour faire fonctionner les sonneries électriques.

Dans les piles, au lieu de zinc ordinaire, on emploie du zinc *amalgamé*, c'est-à-dire combiné à du mercure [1].

RÉSUMÉ

1. Une lame de cuivre et une lame de zinc plongeant dans de l'eau acidulée constituent un élément de *pile électrique*. Quand on réunit ces lames par un fil métallique, le fil est le siège d'un phénomène appelé *courant électrique*. On admet que ce courant se dirige du cuivre au zinc dans un conducteur extérieur ; il se dirige du zinc au cuivre à l'intérieur de la pile.

2. Le courant électrique a pour origine la différence d'action exercée par certains liquides sur deux corps de nature différente.

3. Dans la pile-zinc-cuivre-eau acidulée, le courant s'affaiblit rapidement par suite de la formation d'une gaine d'hydrogène autour de la lame non attaquée. On maintient le courant constant en enlevant l'hydrogène au moyen de substances appelées *dépolarisants*.

4. Les principales piles à dépolarisant sont : la pile au bichromate à un ou à deux liquides, la pile Bunsen, la pile Daniell, modifiée par Callaud, la pile Leclanché.

EXERCICE

Faire pour les différentes piles à deux liquides un schéma analogue à la figure 142 et indiquer les réactions qui s'effectuent dans le vase à eau acidulée et dans le dépolarisant.

---

1. Le zinc amalgamé est avantageux parce qu'il n'est pas sensiblement attaqué par le liquide acide quand la pile ne fonctionne pas.

29ᵉ LEÇON

NOTION D'INTENSITÉ ET DE FORCE ÉLECTROMOTRICE

MATÉRIEL : 3 piles au bichromate au moins. On assemblera les piles en série. — 3 voltamètres. — A défaut de voltamètres à fil de platine, on peut construire des voltamètres très simples, comme celui que représente la figure 145. On prend alors pour électrolyte une solution de potasse ou de soude caustique à 10 0/0 (10 gr. dans 100 gr. d'eau). — Fil conducteur isolé (fil de sonnerie).

Notion d'intensité.

146. *Décomposition de l'eau*. — EXPÉRIENCE. Prenons le vase représenté par la figu-re 145 et qu'on appelle *voltamètre*. Dans le vase on a mis une solution de soude caustique. Par deux fils de fer, on fait passer dans la solution le courant électrique fourni par plusieurs pi-les au bichromate. Des bulles de gaz se forment sur les extrémités des fils de fer et se dégagent à travers le liquide. Re-cueillons ces gaz dans des tubes à essais ; nous remarquons que l'un des tubes se remplit deux fois plus vite que l'autre ; c'est celui qui est relié au zinc. Le gaz qui se dégage dans ce tube est de l'hydrogène. Le tube relié au cuivre se remplit d'oxygène. *Tout se passe comme si l'eau était décomposée*. Le phénomène précé-dent s'appelle *électrolyse*, la solution dans laquelle passe le courant est un *électrolyte*, les fils qui amènent le courant sont des *électrodes*.

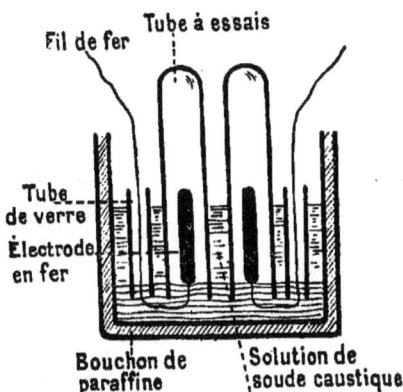

FIG. 145. — Voltamètre simple.

EXPÉRIENCE. *a*) Dans le circuit extérieur de la pile, plaçons trois voltamètres et faisons passer le courant pendant un certain temps, 5 minutes, par exemple. Nous constatons que les volu-mes de gaz dégagés dans les voltamètres sont égaux (fig. 146). En 10 minutes, le volume d'hydrogène dégagé sera double.
b) Entre les points A et B du circuit, plaçons un fil conducteur,

ou, comme on dit, une *dérivation* (fig. 147). Mettons un voltamètre V sur le circuit principal, puis les voltamètres V¹, V² sur
A C B, A C' B; laissons passer le courant 5 minutes. Nous
constatons que le volume

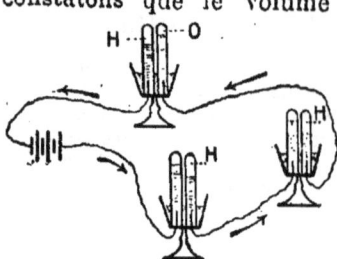

Fig. 146. — Le volume d'hydrogène dégagé dans les 3 voltamètres
est le même.

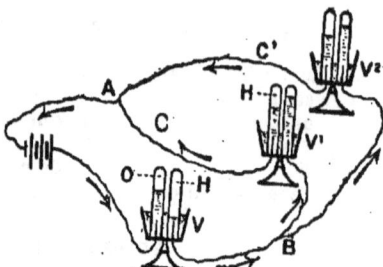

Fi. 147. — Le volume d'hydrogène dégagé dans V est la somme des volumes
dégagés dans V¹ et V².

d'hydrogène dégagé dans V est égal à la somme des volumes
dégagés dans V¹ et V². Il en est de même de l'oxygène.

Si nous considérons la pile comme débitant de l'électricité,
nous pouvons *admettre* que le volume d'hydrogène dégagé est
proportionnel à la quantité d'électricité qui traverse le circuit.
Cette quantité d'électricité nous apparaît comme une grandeur
mesurable puisque les effets qu'elle produit peuvent être combinés par voie d'addition.

147. *Coulomb. Ampère.* — Pour des raisons que nous ne
pouvons exposer, on *a choisi* pour unité la quantité d'électricité
capable de dégager $0^{cm^3},11$ d'hydrogène, soit $0^{mmg},04$ dans un
voltamètre à eau. Cette unité s'appelle *coulomb*.

On peut aussi considérer la quantité d'électricité qui traverse le circuit en 1 seconde; on obtient ainsi l'*intensité* du
courant. L'unité d'intensité est l'intensité d'un courant qui
débite un coulomb par seconde. On l'appelle *ampère*. Autrement dit, un courant de un ampère peut dégager en une
seconde $0^{cm^3},11$ ou $0^{mmg},04$ d'hydrogène.

148. *Comparaison hydraulique.* — On se représente assez
nettement les propriétés du courant électrique par analogie
avec celles d'un courant liquide. Considérons deux vases A et
B (fig. 148) situés à des niveaux différents et renfermant de
l'eau. L'eau s'écoule du vase supérieur dans le récipient inférieur à travers une canalisation. Si nous plaçons en divers
points de cette canalisation des appareils appelés *compteurs*,
nous verrons que, pendant un temps donné, la quantité d'eau

qui a passé en tous les points de la canalisation est la même. Partageons maintenant la canalisation en trois branches et plaçons des compteurs sur chaque branche (fig. 149). En un temps donné, la quantité d'eau indiquée par le compteur C est la somme des quantités indiquées par les compteurs C^1, C^2, C^3. La quantité d'eau qui passe en 1 seconde dans chaque compteur caractérise l'intensité du débit.

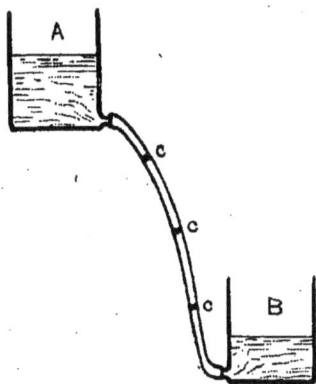

Fig. 148. — Le débit est le même en tous les points de la canalisation qui joint A et B.

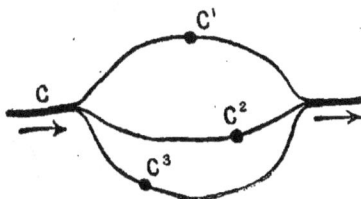

Fig. 149 — En un temps donné, le débit en C est la somme des débits dans les dérivations C^1, C^2, C^3.

Force électromotrice.

149. *Différence de potentiel. Volt.* — Dans l'exemple précédent, pour que l'eau s'écoule de A vers B, il faut que le niveau du liquide dans A soit plus élevé que dans B. Si on maintient constante cette différence de niveau, le débit ne variera pas dans la canalisation. En ce qui concerne le courant électrique, on admet que l'action différente du liquide actif sur les pôles de la pile crée entre ces pôles une différence de niveau électrique, qu'on appelle encore *différence de potentiel*. Cette grandeur est considérée comme la cause du courant électrique, aussi on lui donne encore le nom de *force électromotrice*, et on la représente abréviativement par f. e. m. L'unité s'appelle le *volt*. C'est à peu près la f. e. m. qui existe entre les deux pôles d'une pile Daniell. La pile Bunsen, la pile au bichromate ont une f. e. m. voisine de 2 volts ; la pile Leclanché a une f. e. m. de 1 v., 5 environ.

Avec des appareils de mesure spéciaux appelés *voltmètres* (n° 163), on constate que, pour une pile donnée, la f. e. m. ne dépend que de la nature des pôles et des liquides qui constituent cette pile ; la f. e. m. est *indépendante* de la forme, de la dimension, de la distance des pôles.

Puissance du courant.

150. Watt. — Si 1 kilogramme de liquide tombe d'une hauteur de 1 mètre, le travail effectué est de 1 kilogrammètre. Le travail effectué en 1 seconde mesure la *puissance* de la chute.

En électricité, on a une unité de puissance qui est le *watt*. Un moteur capable d'effectuer un travail de 1 kilogrammètre en une seconde a une puissance de près de 10 watts (exactement 9w, 81). Un courant dont l'intensité est 1 ampère et qui circule sous une f. e. m. de 1 volt a une puissance de 1 watt.

On compte par watts, hectowatts, kilowats, comme par grammes, hectogrammes, etc. Nous voyons qu'un cheval-vapeur équivaut à 9w, $81 \times 75 = 736$ watts. Nous reviendrons en 3e année sur ces unités.

RÉSUMÉ

1. Le courant électrique passant dans un voltamètre à eau y décompose l'eau en hydrogène et en oxygène. La quantité d'hydrogène dégagée peut être prise pour mesurer la quantité d'électricité qui traverse le circuit.

2. On appelle *coulomb* la quantité d'électricité qui peut mettre en liberté 0^{cm^3}, 11 ou 0^{mmg}, 01 d'hydrogène dans un voltamètre. Un courant qui débite 1 coulomb par seconde a une intensité de 1 *ampère*.

3. On constate que l'intensité d'un courant est la même en tous les points.d'un circuit unique. Quand le circuit présente des *dérivations*, l'intensité dans le circuit principal est la somme des intensités dans les dérivations.

4. Quand un courant circule dans un conducteur, il existe entre deux points de ce conducteur une différence de niveau électrique qu'on appelle encore *différence de potentiel* ou *force électromotrice* (f. e. m.). La f. e. m. s'exprime en *volts*. Le volt est sensiblement la f. e. m. qui existe entre les deux pôles de la pile Daniell.

5. Un courant de 1 ampère circulant sous une f. e. m. de 1 volt a une puissance de 1 *watt*. Le cheval-vapeur équivaut à 736 watts.

EXERCICES

I. Dans un voltamètre, un courant passant pendant 10 minutes a dégagé 300 centimètres cubes d'hydrogène. Quelle est l'intensité du courant?

II. Quelle est l'intensité du courant qui dégage dans un voltamètre 1 mètre cube d'hydrogène en 1 heure ?

III. Les lampes à incandescence de 16 bougies employées dans l'éclairage électrique absorbent 55 watts :

a) Quelle est l'intensité du courant dans ces lampes ?

b) Combien de lampes pourra-t-on actionner avec un générateur de courant dont la puissance est de 10 kilowatts ?

(La **f. e. m.** dans les lampes à incandescence est de 110 volts.)

IV. Une pile Bunsen donne un courant de 3 ampères sous une force électromotrice de 2 volts. Quelle est la puissance du courant qu'elle fournit? Combien faudrait-il de piles pour fournir un courant dont la puissance serait équivalente à 1 cheval-vapeur?

30e LEÇON

GALVANOMÈTRE. — AMPÈREMÈTRE

Matériel : Aiguille aimantée mobile sur un pivot vertical ou boussole. — Bobine formée d'un fil conducteur (diamètre 5/10$^{m}_{m}$) enroulé en spires serrées sur un verre de lampe ou sur un cylindre en carton de 5 centimètres de diamètre environ. — Bobine comme la précédente, disposée pour être rendue mobile comme dans la figure 152. — Petite boussole qu'on puisse introduire dans la bobine. — Trois piles au bichromate et fils conducteurs. — Galvanomètre formé d'une boussole placée au centre d'un cadre. Ce cadre est obtenu facilement en enroulant autour d'un cylindre en bois ou en carton une centaine de tours de fil isolé. — Galvanomètre fig. 155, ou autre. — Ampèremètre [1].

Champ magnétique produit par un courant.

151. *Règle d'Ampère.* — Expérience. Faire passer le courant de quelques piles dans un fil conducteur. Placer le fil au-dessus d'une aiguille aimantée mobile dans un plan horizontal (fig. 150). L'aiguille dévie, et le sens de la déviation est donné par la règle suivante, énoncée par Ampère : *Supposons un observateur couché dans la direction du fil et*

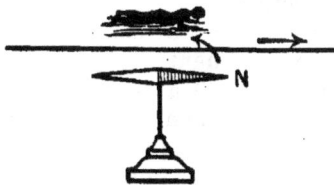

Fig. 150. — Règle d'Ampère. Le pôle nord de l'aiguille aimantée dévie à gauche du courant

---

1. Un ampèremètre pratique pour nos cours ne doit être gradué que de 0 à 2 ampères. — On trouve ces ampèremètres pour une dizaine de francs dans l'industrie de l'automobile; ils servent à vérifier les accumulateurs.

regardant *l'aiguille, le courant lui entrant par les pieds et lui sortant par la tête, cet observateur voit le pôle nord de l'aiguille se diriger à sa gauche.* —

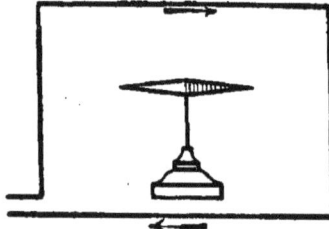

Fig. 151. — Quand une aiguille aimantée est dans un cadre parcouru par un courant, les 4 côtés du cadre agissent dans le même sens.

Changer le sens du courant, placer le fil au-dessous de l'aiguille, constater dans chaque cas que la déviation est donnée par la règle précédente.

Placer l'aiguille aimantée dans un cadre orienté suivant le méridien magnétique : on voit que les quatre côtés du cadre agissent dans le même sens pour produire la déviation de l'aiguille (fig. 151).

152. Solénoïde ou bobine. — Sur un tube de verre ou de carton, enroulons en spires serrées un fil conducteur isolé dans lequel nous faisons passer un courant. Nous avons un appareil appelé *solénoïde* ou *bobine.*

Expérience. Approchons successivement les deux extrémités de la bobine du pôle nord d'une aiguille aimantée mobile. L'une des extrémités attire le pôle nord de l'aiguille, l'autre repousse ce pôle. — Recommencer l'expérience sur le pôle sud de l'aiguille aimantée, puis prendre l'autre extrémité de la bobine et constater son action sur les deux pôles de la boussole.

La bobine se comporte donc comme un aimant. Avec un courant très intense (15 à 20 ampères), on pourrait comme avec l'aimant obtenir un spectre magnétique.

Expérience. Rendons mobile une bobine au moyen du dispositif que représente la figure 152. On ramène vers le milieu de la bobine les deux extrémités des fils; une des extrémités plonge dans un godet renfermant du mercure, ce godet est à l'intérieur d'un vase plus grand renfermant aussi du mercure. Dans ce deuxième vase plonge l'autre extrémité du fil. Le courant arrive dans le mercure

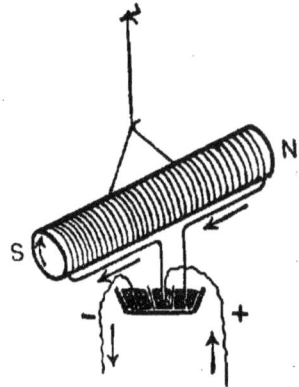

Fig. 152. — Une bobine parcourue par un courant se comporte comme un aimant.

du vase intérieur, passe de là dans la bobine et sort par le
mercure du vase extérieur. Un fil de soie suspend la bobine à
une potence. On constate ceci :

1º La bobine s'oriente de façon que son axe soit dans la
direction du méridien magnétique. L'extrémité qui se dirige
vers le nord est bien la même qui tout à l'heure repoussait le
pôle nord de l'aiguille aimantée;

2º Un barreau aimanté produit les mêmes effets d'attraction
et de épulsion sur cette
bobine que sur un ai-
mant mobile ;

3º Une autre bobine
tenue à la main et par-
courue par un courant
se comporte comme un
aimant vis-à-vis de la
bobine mobile.

Ainsi, une bobine
parcourue par un cou-
rant est assimilable à un
aimant ; le courant pro-
duit dans cette bobine
un *champ magnétique.*

Nous constatons que

Fig. 153. — Direction du champ magnétique
dans une bobine et à l'extérieur de cette
bobine.

le *pôle nord* de la bobine se trouve *du côté où l'on voit le courant
circuler en sens inverse des aiguilles d'une montre.* Pour reconnaître les pôles, nous pouvons encore donner la règle suivante,
dite du « tire-bouchon ». *Supposons qu'on fasse tourner un tire-
bouchon dans le sens du courant,
le pôle nord de la bobine sera du
côté où sort le tire-bouchon.*

Sens du champ magnétique
de l'aimant

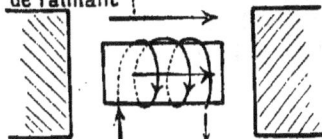

Sens du champ intérieur de
la bobine

Fig. 154 —Le champ intérieur de la
bobine est de même sens que le
champ dans lequel elle est placée.

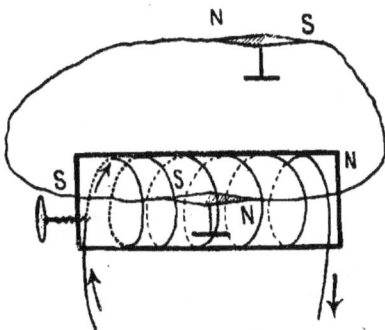

Quand le courant cesse dans
la bobine, elle perd ses propriétés magnétiques.

La direction du champ ma-
gnétique est donnée par une
petite boussole qu'on place dans
le champ de la bobine ; on voit
figure 153 que la direction du
champ est *inverse* à l'intérieur
et à l'extérieur de la bobine.

Si nous plaçons la bobine mobile entre les pôles d'un aimant
(fig. 154), elle va s'orienter de façon que le pôle nord soit dirigé

vers le pôle sud de l'aimant; en d'autres termes, d'après ce qui précède, le sens du champ à l'*intérieur* de la bobine sera le même que celui du champ magnétique *dans lequel elle est placée*. Cette remarque est à retenir : nous aurons à l'utiliser à plusieurs reprises.

Galvanomètres.

153. *Principe des galvanomètres.* — Le système constitué nº 147, par une aiguille aimantée mobile à l'intérieur d'un cadre orienté dans le plan du méridien magnétique permet :

1º De reconnaître le passage d'un courant électrique dans ce cadre ;

2º De constater le sens du courant en appliquant la règle d'Ampère ou celle du tire-bouchon ;

3º De déterminer l'intensité du courant par la déviation plus ou moins grande de l'aiguille aimantée.

Cette aiguille est soumise à deux actions :

a) Le champ magnétique terrestre tend à orienter l'aiguille dans le plan du cadre, puisque celui-ci est dans le plan du méridien magnétique ;

b) Le champ magnétique produit par le passage du courant tend à orienter l'aiguille perpendiculairement au plan du cadre.

On conçoit que plus le courant est intense, plus le champ magnétique du cadre est intense aussi, et plus grande la déviation de l'aiguille.

L'appareil précédent est un *galvanomètre à aimant mobile.* Dans les laboratoires, on trouve souvent un type dit de *Nobili,* de construction assez défectueuse. On préfère aux galvanomètres à aimant mobile ceux à *cadre mobile,* dont nous allons donner le principe.

Soit un aimant puissant en forme de fer à cheval. Entre ses pôles N et S il y a un champ magnétique intense. Entre les deux pôles de l'aimant on suspend verticalement un cadre léger au moyen de fils d'argent de très faible diamètre (1/10 de millimètre, par exemple) (fig. 155).

Quand aucun courant ne traverse le cadre, le plan de celui-ci est parallèle aux lignes de force du champ magnétique de l'aimant.

Supposons qu'un courant traverse le cadre dans le sens indiqué par les flèches ; à l'intérieur du cadre, ce courant crée un champ magnétique dirigé d'avant en arrière de la figure ; *le* cadre va se déplacer de façon que le sens du champ intérieur soit le même que celui du champ magnétique de l'aimant (n° 148), c'est-à-dire que la face d'avant tournera vers la gauche.

Le cadre mobile tournerait de 90° si la torsion des fils de suspension n'intervenait pas, mais la déviation cesse lorsque les actions électro-magnétiques sont équilibrées par la torsion du fil de suspension.

La déviation est indiquée par une aiguille qui se déplace sur un cadran, ou plus souvent encore par une méthode optique (fig. 156) dont voici le principe.

Le fil de suspension porte un petit miroir sur lequel on fait arriver un faisceau lumineux. Quand le cadre n'est pas dévié, le faisceau réfléchi arrive en un point A d'une règle graduée. Si un courant passe, le miroir tourne d'un certain angle a, le faisceau réfléchi tourne de l'angle $2a$ (1re année, p. 75, n° 14) et vient au point A' de la règle graduée (fig. 156). Connaissant O A et A A', on détermine facilement l'angle AOA' = $2a$.

A l'intérieur du cadre, on place un cylindre en fer doux F qui concentre des lignes de force du champ magnétique de façon à augmenter l'intensité de ce champ.

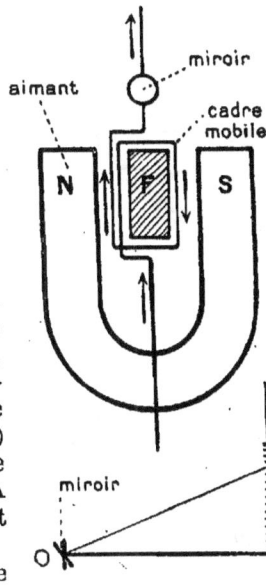

Fig. 155. — Galvanomètre à cadre mobile.
Fig. 156.— Mesure des déviations par la méthode optique.

Pour éviter les perturbations produites par les courants d'air, on enferme l'appareil sous une cloche en verre.

On construit des galvanomètres à cadre mobile capables de déceler des courants de un dix-millionième (1/10 000 000). d'ampère.

Ampèremètre.

154. *Principe de l'ampèremètre.* — L'industrie utilise des galvanomètres spéciaux qui donnent directement en ampères l'intensité du courant ; ce sont des ampèremètres.

Il y a de nombreux types d'ampèremètres ; l'un des plus répandus est le suivant :

Une bobine creuse porte une palette fixe P dirigée dans le sens d'un rayon. Une autre palette P' tourne autour d'un axe; elle est parfaitement équilibrée par le poids de l'aiguille A. Quand un courant passe dans la bobine, le plan de la palette mobile tend à se placer dans le prolongement de celui de la palette fixe. Mais un ressort spiral s'oppose au mouvement de la palette mobile; l'aiguille se déplace jusqu'à ce que l'action du champ magnétique de la bobine soit égale à la tension du ressort.

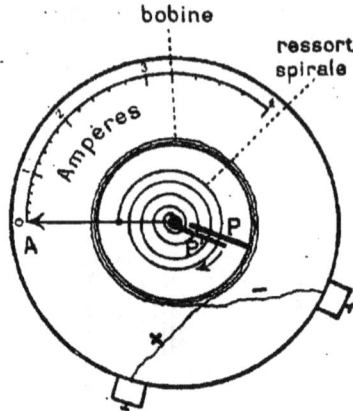

FIG. 157. — Type d'ampéremètre industriel courant.

RÉSUMÉ

1. Un fil traversé par un courant dévie l'aiguille aimantée. Un observateur couché dans la direction du fil et regardant l'aiguille, le courant lui entrant par les pieds, voit le pôle nord se diriger à sa gauche.

2. Une bobine traversée par un courant se comporte comme un aimant : elle a un pôle nord du côté où l'on voit le courant circuler en sens inverse des aiguilles d'une montre.

Le pôle nord se trouve encore du côté où sortirait un tire-bouchon qu'on ferait tourner dans le même sens que le courant.

3. A l'intérieur d'une bobine, le champ magnétique est dirigé du sud au nord; il est inverse du champ extérieur.

Une bobine parcourue par un courant et placée dans un champ magnétique se dirige de façon que le sens du champ à l'*intérieur* de la bobine soit le même que le sens du champ magnétique dans lequel elle est placée.

4. Un *galvanomètre* est un instrument qui sert :

a) A reconnaître le passage d'un courant;

b) A déterminer le sens de ce courant;

c) A mesurer son intensité.

5. Les *galvanomètres à aimant mobile* sont constitués essentiellement par un cadre orienté dans le plan du méridien magnétique; sur le cadre est enroulé un fil conducteur formant un nombre de tours plus ou moins considérable.

A l'intérieur du cadre se trouve une aiguille aimantée mobile dont on observe les déviations quand un courant passe dans le cadre.

6. Les *galvanomètres à cadre mobile* sont formés d'un cadre placé entre les pôles d'un aimant. Quand un courant passe dans le cadre, celui-ci s'oriente de façon que le champ intérieur ait le même sens que le champ de l'aimant.

7. Les ampèremètres sont des galvanomètres industriels qui donnent par simple lecture l'intensité du courant qui les traverse.

EXERCICE

On considère un cadre traversé par un courant et un système de deux aiguilles aimantées, mais dirigées en sens inverse. L'une des aiguilles est à l'intérieur du cadre, l'autre à l'extérieur; le cadre est situé

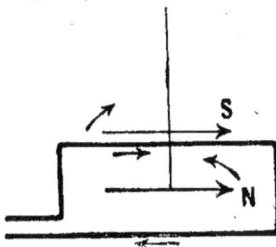

Fig. 158. — Système *astatique*.

dans le plan du méridien magnétique. Le sens du courant étant indiqué par les flèches, quelle sera l'action du cadre sur le système précédent? — Se reporter à la figure 153.

(Principe du système d'aiguilles dit *astatique* dans les galvanomètres à aimant mobile.)

31e LEÇON

ÉLECTROLYSE. — GALVANOPLASTIE

MATÉRIEL : 4 ou 5 piles au bichromate montées en série. — 3 voltamètres dont un à électrodes formées de charbon des cornues. On remplace l'électrode en fer par un petit crayon de charbon des cornues de 6 millimètres de diamètre environ. — Solution d'acide chlorhydrique, d'acide sulfurique à 10 0/0. — Solution de potasse ou de soude caustique à 10 0/0. — Solution concentrée de sulfate de potassium. — Tube en U. — Tournesol bleu et tournesol rougi. — Moule d'une médaille ou d'une pièce de monnaie en plâtre ou en gutta-percha. Quand le moule est en plâtre, on le plonge quelques minutes dans la paraffine fondue. — Solution saturée de sulfate de cuivre, additionnée de 1/10 d'acide sulfurique. — Plombagine. — Objet à cuivrer bien décapé, clé, par exemple.

Electrolyse.

155. *Définition.* — Expérience. Mettre dans un voltamètre de l'eau ordinaire, réunir les électrodes aux pôles d'une pile : le courant ne passe pas. Remplacer l'eau par de l'alcool, de la benzine : même résultat. Au contraire, nous avons vu (n° 142) que le courant passe dans l'eau additionnée de potasse ou de soude caustique, mais finalement l'eau est décomposée. Il en serait de même avec de l'eau additionnée d'acide chlorhydrique, sulfurique, avec une solution d'un sel métallique quelconque. Ainsi les solutions d'acides minéraux, de sels métalliques sont conductrices du courant électrique, mais le passage du courant donne lieu à un phénomène appelé *électrolyse*, que nous allons étudier.

156. *Electrolyse de l'acide chlorhydrique.* — Expérience. Dans un voltamètre à électrodes de charbon, mettre une solution à 10 0/0 d'acide chlorhydrique. Faire passer un courant électrique. Dans l'un des tubes qui surmontent les électrodes on recueille du chlore, dans l'autre on a de l'hydrogène. L'hydrogène se dégage sur l'électrode négative.

Ainsi l'acide chlorhydrique a été décomposé en chlore et hydrogène. Les produits de la décomposition sont des *ions.* L'électrode d'entrée du courant, reliée au pôle positif du générateur s'appelle *anode;* l'électrode de sortie, reliée au pôle négatif, porte le nom de *cathode. Les ions ne se dégagent que sur les électrodes.*

Du chlorure de sodium ou de potassium fondu serait de même électrolysé par le courant; le métal se rendrait à la cathode, le chlore à l'anode.

157. *Réactions secondaires.* — **Electrolyse d'une solution de sulfate de cuivre.** Expérience. Dans un voltamètre à électrodes de charbon, électrolysons du sulfate de cuivre. A l'anode, on voit se dégager un gaz qui est de l'oxygène, à la cathode une couche de cuivre se dépose sur le charbon. Ici encore le sulfate de cuivre a été décomposé. L'ion cuivre s'est rendu à la cathode, l'ion qui s'est rendu à l'anode est SO^4. Au contact de l'eau, il y a formation d'acide sulfurique et dégagement d'oxygène.

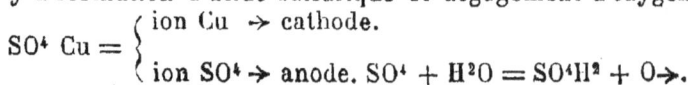

$$SO^4 \, Cu = \begin{cases} \text{ion Cu} \rightarrow \text{cathode.} \\ \text{ion } SO^4 \rightarrow \text{anode. } SO^4 + H^2O = SO^4H^2 + O\rightarrow. \end{cases}$$

Remarque. — Si l'anode est en cuivre ou en fer, il ne s'y produit pas de dégagement gazeux : l'ion SO^4 se combine au métal pour former du sulfate de fer ou du sulfate de cuivre. L'anode est rongée peu à peu (anode soluble).

Electrolyse d'acide sulfurique étendu. Expérience. Dans un voltamètre à électrodes de charbon, mettre de l'acide sulfurique à 10 0/0 et faire passer le courant. Il se dégage de l'hydrogène à la cathode, de l'oxygène à l'anode. L'explication est la même que plus haut.

Electrolyse de la potasse ou de la soude caustique. Expérience. La potasse caustique a pour formule KOH. Par électrolyse, K se rend à la cathode, OH à l'anode. A la cathode, K se combine à l'eau et régénère la potasse :

$$K + H^2O = KOH + H \rightarrow;$$

de l'hydrogène se dégage. A l'anode, l'ion OH reforme de l'eau avec dégagement d'oxygène (fig. 159) :

$$2OH = H^2O + O \rightarrow$$

Le résultat est le même que si l'eau était décomposée.

Fig. 159. — Schéma de l'électrolyse de la solution de potasse caustique.

Electrolyse du sulfate de potassium. Expérience. Mettre dans un tube en U une solution de sulfate de potassium (SO^4K^2). Colorer le liquide en rouge à la cathode par du tournesol rougi, en bleu à l'anode par du tournesol bleu. Electrolyser la solution au moyen d'électrodes en charbon. Au bout de quelque temps les colorations sont interverties. — D'après ce qui précède, on expliquera facilement ce résultat. — Que se dégage-t-il à la cathode, à l'anode ?

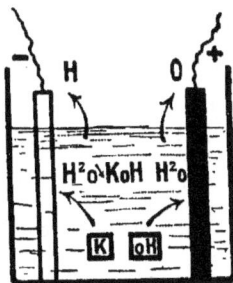

Applications de l'électrolyse.

158. *Galvanoplastie.* — La galvanoplastie a pour but d'obtenir sur un moule un dépôt *non adhérent* d'un métal qui reproduise les détails de ce moule. Le métal est généralement du cuivre.

Expérience. Soit à reproduire une médaille. On fait un moule de cette médaille soit au moyen du plâtre, soit au moyen de la gutta-percha. Le moule est ensuite enduit de plombagine d'une façon bien uniforme pour rendre sa surface conductrice ; il est entouré d'un fil de cuivre conducteur. On

plonge le moule dans une solution de sulfate de cuivre et on
le fait communiquer avec le pôle négatif de la pile (fig. 160). A
l'anode, on place une lame de cuivre (anode soluble). Le courant
électrolyse le sulfate de cuivre ; le métal se dépose sur la ca-
thode, c'est-à-dire sur le moule ; l'ion SO⁴ reforme du sulfate de cuivre à l'a-node en rongeant celle-ci. *Tout se passe donc comme si le cuivre était transporté de l'anode à la cathode.* Quand le dé-pôt a une

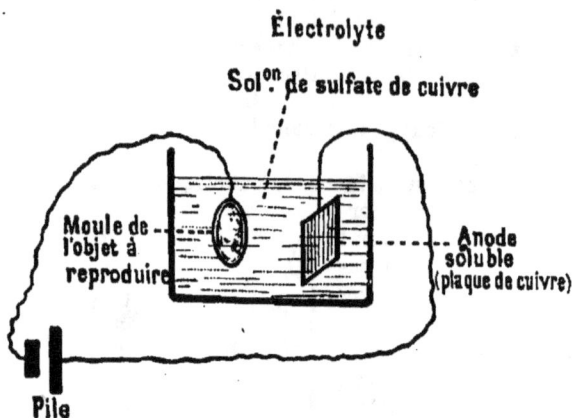

Électrolyte
Sol.ᵒⁿ de sulfate de cuivre

Moule de l'objet à reproduire

Anode soluble (plaque de cuivre)

Pile

FIG. 160. — Cuve de galvanoplastie.

épaisseur suffisante, on le détache du moule.

**159. *Cuivrage, argenture, dorure, nickelage galvaniques.* —
EXPÉRIENCE.** Soit une clé à recouvrir d'une couche *adhérente*
de cuivre. On commence par nettoyer la surface du métal,
c'est-à-dire enlever les corps gras, les oxydes qui peuvent le
recouvrir. Pour cela, on fait d'abord bouillir la clé dans une
solution de potasse caustique pendant un quart d'heure; on
peut aussi se contenter de porter la clé au rouge (dégraissage).
On passe ensuite la clé dans un mélange d'acide sulfurique et
d'eau (déroche), ou dans un bain d'acide azotique étendu
(décapage). On nettoie enfin la surface de l'objet au sable, à
la ponce pilée ou au tripoli, on rince à grande eau et on
plonge cet objet dans le bain électrolytique en l'attachant à la
cathode par un fil conducteur.

Au lieu d'une couche de cuivre, on peut recouvrir un objet
métallique d'une couche d'argent, d'or, de nickel. On procède
comme pour le cuivrage; on remplace le sulfate de cuivre
par un bain renfermant un sel d'argent, d'or, de nickel.
L'anode est une plaque du métal que l'on veut déposer.

160. *Electrométallurgie.* — Nous reviendrons en 3ᵉ année
sur les applications du courant électrique; parmi ces applica-

tions, nous ne ferons qu'indiquer aujourd'hui la purification du cuivre.

Supposons qu'à la cathode d'un électrolyte de sulfate de cuivre on place une lame mince de cuivre pur et à l'anode une plaque de cuivre impur. Quand le courant traversera l'électrolyte tout se passera comme s'il y avait transport du métal de l'anode à la cathode, l'anode sera rongée, la cathode deviendra une épaisse plaque de cuivre pur. Ce cuivre est employé pour fabriquer les fils conducteurs du courant électrique. Les impuretés restent dans l'électrolyte.

RÉSUMÉ

1. Les sels métalliques fondus ou dissous sont conducteurs du courant électrique, mais le passage du courant décompose ces sels. Ce phénomène s'appelle _électrolyse_, le liquide décomposé est un _électrolyte_, les fils qui amènent le courant dans l'électrolyte sont les _électrodes ;_ l'électrode d'entrée est l'_anode_, l'électrode de sortie est la _cathode_.

2. Un sel métallique électrolysé se sépare en deux parties appelées _ions_. Le métal se rend à la cathode, l'autre ion se rend à l'anode. Les ions ne se dégagent que sur les électrodes.

3. Le phénomène d'électrolyse est souvent compliqué par les réactions qui se produisent entre les ions et le liquide de l'électrolyte, ou entre les ions et les électrodes.

Exemples. Electrolyse du sulfate de cuivre; de l'eau acidulée, de la solution de potasse ou de soude ; etc.

4. L'électrolyse est appliquée dans la _galvanoplastie_. Cette opération consiste à obtenir sur un moule un dépôt _non adhérent_ de cuivre qui en reproduit les détails.

5. Par électrolyse on recouvre un métal d'une couche _adhérente_ de cuivre, d'or, d'argent, de nickel, qui protège ce métal de l'oxydation et lui donne un aspect plus agréable : cuivrage, dorure, argenture, nickelage galvaniques.

6. Le courant électrique a de nombreuses applications en métallurgie, par exemple pour la purification ou _affinage_ des métaux. L'affinage du cuivre par électrolyse est le type de ces opérations.

EXERCICES

Dans un électrolyte à azotate d'argent, un courant de 10 ampères a déposé en 1 heure 40 gr. 248 d'argent. Quel poids d'argent déposerait en 1 seconde un courant de 1 ampère ? — Déduire de cette expérience un moyen de mesurer l'intensité d'un courant électrique.

32ᵉ LEÇON

RÉSISTANCE ÉLECTRIQUE

MATÉRIEL : Cadre formé de quelques tours de fil de sonnerie enroulé sur un cerceau en bois (on remplace les clous en fer du cerceau par des clous en laiton). Le cadre est orienté dans le plan du méridien magnétique. Au centre, placer une petite boussole de 6 à 7 centimètres de diamètre avec cadran divisé en degrés.—Fils de ferro-nickel de 2/10, 4/10, 6/10, 8/10, 10/10 de millimètre de diamètre ; fil de cuivre et de fer de 2/10 de millimètre de diamètre. — Pour la vérification des lois d'ohm, il faut posséder un ampèremètre. On peut y suppléer jusqu'à un certain point au moyen du cadre précédent en remarquant que l'intensité du courant qui parcourt le cadre est proportionnelle à la tangente trigonométrique des déviations. — Accumulateurs. — Piles au bichromate.

Résistance électrique.

161. *Notion de résistance.* — EXPÉRIENCE. 1º Placer une boussole au centre d'un cadre formé de deux ou trois tours de fil conducteur isolé (fil de sonnerie), faire passer le courant d'une pile dans ce cadre et noter la déviation de l'aiguille aimantée. 30º, par exemple ; 2º Dans le circuit, introduire quelques mètres de fil très fin (2/10 de millimètre de diamètre) de cuivre, de fer, de ferro-nickel. La déviation diminue. Ainsi en allongeant le circuit, on a diminué l'intensité du courant. On exprime ce fait en disant que le fer, le cuivre introduits dans le circuit opposent une *résistance* au passage du courant.

162. *Comparaison des résistances.* — EXPÉRIENCE. Dans le circuit, placer 10 centimètres de fil de ferro-nickel de 2/10 de millimètre de diamètre, noter la déviation. Remplacer ce fil par un autre de même métal et de 4/10 de millimètre de diamètre. La section de ce second fil est 4 fois celle du premier. Pour que l'aiguille revienne à la position précédente, il faut employer 40 centimètres de fil, soit une longueur 4 fois plus considérable que tout à l'heure. On dit que les deux fils présentent la même résistance. Ainsi, quand la section du fil devient 4 fois plus grande, pour obtenir une résistance déterminée il faut une longueur de fil 4 fois plus considérable. Recommencer l'expérience avec du fil de 6/10, 8/10 de millimètre, 1 millimètre de diamètre. Pour obtenir la même résistance qu'avec 10 centimètres de fil de 2/10 de millimètre de diamètre, il faut respectivement 90, 160, 250 centimètres de ces derniers, ce qui vérifie le résultat obtenu.

Ce résultat peut s'énoncer : *Quand des fils de même métal présentent la même résistance, leurs longueurs sont proportionnelles à leurs sections.*

On peut encore dire :

Pour des fils de même section, la résistance est proportionnelle à la longueur.

Pour des fils de même longueur, la résistance est inversement proportionnelle à la section.

EXPÉRIENCE. Remplaçons le fil de ferro-nickel par un fil de cuivre de 2/10 de millimètre de diamètre. Il faut une longueur de 5 mètres de ce fil pour présenter la même résistance que les 10 centimètres de ferro-nickel. Pour obtenir la même résistance, il faudrait 55 centimètres de fil de fer de 2/10 de millimètre de diamètre.

Ainsi, des fils de même longueur et de même section de métaux différents ne présentent pas la même résistance électrique ; on voit en effet que la résistance du cuivre est environ 50 fois moindre que celle du ferro-nickel, 9 fois moindre que celle de fer.

163. Unité de résistance. Ohm. — L'unité de résistance est représentée dans la pratique par la résistance d'une colonne de mercure à 0° de 1 millimètre carré de section et de 106 centimètres de longueur. Cette unité s'appelle *ohm.*

On peut réaliser très approximativement l'ohm en prenant 1 mètre de ferro-nickel de 1 millimètre de diamètre.

Un fil de cuivre de 1 millimètre de diamètre a une résistance de 20 ohms au kilomètre. Le fil de fer de 4 millimètres de diamètre employé dans les lignes télégraphiques a une résistance de 10 ohms au kilomètre environ.

Loi d'Ohm.

164. Vérification expérimentale. — On peut obtenir une relation entre la force électromotrice, la résistance du circuit et l'intensité du courant. C'est cette relation qui porte le nom de *loi d'Ohm*, du nom du physicien allemand qui l'a formulée. Un accumulateur et un ampèremètre permettent d'en faire la vérification approchée.

EXPÉRIENCE. Placer une résistance de 1 ohm dans le circuit d'un accumulateur; ce circuit comprend un ampèremètre. Le courant obtenu est de 2 ampères. Mettre successivement dans le circuit 2, 4, 5, 10 ohms; le courant prend les intensités respectives 1, $\frac{1}{2}$, $\frac{4}{10}$, $\frac{2}{10}$ d'ampère.

Nous voyons que le produit de l'intensité du courant en ampères par la résistance de circuit en ohms est un nombre constant, 2, dans le cas présent. Ce nombre est la différence de potentiel aux bornes, ou force électromotrice de l'accumulateur; il exprime des volts. La loi d'Ohm peut donc s'écrire :

$$V \text{ (volts)} = I \text{ (ampères)} \times R \text{ (ohms)}.$$

Si nous faisons I = 1 ampère, R = 1 ohm, on a : V = 1 volt. Ainsi, *le volt est la différence de potentiel qui est capable de produire un courant de 1 ampère dans une résistance de 1 ohm.*

165. *Résistance intérieure des piles.* — Nous avons vu (n° 139) que le courant circule à l'intérieur de la pile. Celle-ci, considérée comme un conducteur, doit donc présenter une résistance au passage du courant. C'est ce que l'expérience vérifie. La pile Bunsen, la pile au bichromate ont une faible résistance intérieure, la pile Daniell, la pile Leclanché présentent une résistance qui peut dépasser 10 ohms. Nous pouvons avoir une idée de la résistance intérieure d'une pile par l'expérience suivante :

EXPÉRIENCE. Fermer le circuit d'une pile au bichromate avec un ampèremètre. Le courant a une intensité de 2 ampères. Introduire dans le circuit un fil de ferro-nickel formant résistance, de façon que le courant soit ramené à 1 ampère. Puisque l'intensité est devenue moitié moindre, c'est que la résistance a doublé; la résistance introduite est donc égale à la résistance de la pile, augmentée de celle de l'ampèremètre et du circuit extérieur. Connaissant ces résistances, il est facile de déterminer celle de la pile.

EXEMPLE. Dans l'expérience précédente, nous avons dans le circuit extérieur un ampèremètre dont la résistance est 0 ohm, 3, et un conducteur de résistance 0 ohm, 2. Le courant est de 2 ampères. Pour ramener le courant à 1 ampère, nous devons ajouter une résistance de 1 ohm, 1. Cette résistance est égale à la résistance de la pile augmentée de celle du circuit extérieur dans la première partie de l'expérience.

D'où : Résistance de la pile = 1 ohm, 1 — 0 ohm, 5 = 0 ohm, 6.

Si la f. e. m. d'une pile ne dépend que des substances chimiques qui la constituent, sa résistance varie avec la forme, la dimension, la distance des pôles et avec la concentration du liquide.

L'intensité du courant fourni par la pile dépend de la résistance totale du circuit.

Si r est la résistance intérieure d'une pile, R sa résistance extérieure, V sa force électromotrice, l'intensité du courant fourni par cette pile est $I = \dfrac{V}{R + r}$.

La résistance intérieure des accumulateurs est très faible, on peut donc obtenir des courants intenses avec ces appareils ; il faut cependant éviter ces courants intenses qui détériorent l'accumulateur.

Quand on utilise des piles, il faut veiller à ce que toutes les surfaces métalliques, formant contact dans le circuit, soient parfaitement nettoyées. La moindre trace d'oxyde entre deux pièces métalliques augmente considérablement la résistance.

Quand deux points d'un conducteur dont la résistance est assez grande se trouvent réunis par une résistance faible, on dit que ces deux points sont en *court-circuit*. Presque tout le courant passe par la communication ainsi établie.

RÉSUMÉ

1. Quand on augmente la longueur d'un conducteur traversé par un courant, l'intensité du courant diminue. On dit que le conducteur oppose *une résistance* au passage du courant.

2. Pour les fils de même métal, la résistance est proportionnelle à la longueur et inversement proportionnelle à la section.

Des fils de même longueur et de même section mais de métaux différents n'ont pas la même résistance. Le cuivre a une résistance 9 fois moindre que le fer.

3. L'unité de résistance est l'*ohm*. C'est la résistance d'une colonne de mercure à 0° de 1 millimètre carré de section et de 106 centimètres de longueur.

4. La force électromotrice d'un générateur est exprimée

en volts par le produit de l'intensité du courant que ce générateur fait passer dans un circuit et de la résistance de ce circuit.

$$V \text{ (volts)} = I \text{ (ampères)} \times R \text{ (ohms)}.$$

Le *volt* est la force électromotrice qui fait passer un courant de 1 ampère dans une résistance de 1 ohm.

5. Les piles présentent une certaine résistance intérieure. Le courant qu'elles peuvent produire dans un circuit extérieur a une intensité dont la valeur est le quotient de la force électromotrice de la pile et de la résistance totale du circuit.

EXERCICES

I. Quelle longueur de fil de ferro-nickel de 2/10, 4/10, 6/10, 8/10 de millimètre de diamètre faudra-t-il prendre pour obtenir une résistance de 10 ohms ? — Même question pour des fils de fer et de cuivre ayant les diamètres précédents. (Données au n° 159.)

II. Une pile Daniell entretient un courant de 0amp,1 dans un circuit extérieur dont la résistance est 1 ohm. Quelle est la résistance intérieure de la pile ? (F. e. m. = 1 v.)

III. Dans le circuit d'une pile au bichromate, introduire des résistances de 1, 2, 3, 10 ohms. Noter l'intensité du courant dans chaque cas. Construire la courbe représentant la valeur de l'intensité en fonction de la résistance extérieure (A défaut d'ampèremètre on utilisera le cadre avec boussole intérieure'. Au lieu de prendre des longueurs proportionnelles aux intensités, on prendra des longueurs proportionnelles aux tangentes des déviations constatées. Il faut alors que le diamètre du cadre soit environ 6 fois plus grand que la longueur de l'aiguille.)

IV. Les piles électriques sont généralement montées *en série*, c'est-à-dire que le pôle (+) de l'une est réuni au pôle (—) de la suivante. Les pôles extrêmes sont joints par le conducteur extérieur. Dans ces conditions, les f. e. m. des piles s'ajoutent, ainsi que leurs résistances intérieures. D'après cela, quelle sera l'intensité du courant donné par une série de 6 piles au bichromate, fermée sur un circuit dont la résistance est 2 ohms ?

(F. e. m. = 2 volts; résistance intérieure de chaque pile = 0 ohm, 5).

33e LEÇON

DÉRIVATION. — VOLTMÈTRE. — PRINCIPE DE L'ÉCLAIRAGE ÉLECTRIQUE

Matériel : 3 ou 4 piles au bichromate assemblées en série. — Fil de ferro-nickel de 2/10 de millimètre de diamètre. Petite lampe à incandescence de 4 volts. — Lime ou râpe plate.

Dérivation.

166. *Intensité du courant dans les dérivations*. — Entre
deux points A et B d'un conducteur traversé par un courant
(fig. 161), plaçons un autre conducteur, nous avons établi une
dérivation. Nous savons déjà que le courant se partage entre
les deux conducteurs et que
l'intensité dans le circuit unique est la somme des intensités dans les deux branches
(n° 142). La loi d'Ohm va
nous montrer comment se
fait ce partage.

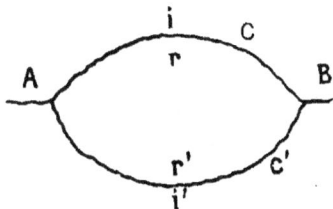

Entre les deux extrémités
de la dérivation, il y a une
même différence de potentiel,
V volts, par exemple. Si *r* est
la résistance de l'une des branches, *r′* la résistance de l'autre
branche, on a :

F₁ɢ. 161. — Dans les dérivations, l'intensité de courant est inversement
proportionnelle à la résistance.

Intensité du courant dans A C B : $i = \dfrac{V}{r}$

Intensité du courant dans A C′ B : $i' = \dfrac{V}{r'}$

d'où $\quad \dfrac{i}{i'} = \dfrac{r}{r'} \quad$ ou $ir = ir''$.

Ainsi, *dans les deux branches d'une dérivation, l'intensité du
courant est inversement proportionnelle à la résistance.*

Prenons la résistance d'une des branches 9 fois plus grande
que la résistance de l'autre, il passera dans la première un courant dont l'intensité sera 1/9 de l'intensité du courant qui traverse la deuxième, soit 1/10 de l'intensité totale.

167. *Voltmètre*. — Considérons un ampèremètre (fig. 162)
dont la bobine sera à fil très long et très résistant, formant par
conséquent un nombre considérable de tours, et mettons cet
appareil en dérivation entre A et B. Il ne passe dans la bobine
qu'un courant extrêmement faible, mais le champ magnétique
de cette bobine pourra néanmoins avoir une valeur appréciable
en raison du grand nombre de tours de fil. Il y aura donc déviation de l'aiguille.

Si la force électromotrice est de 2 volts, par exemple, et la
résistance de l'ampèremètre 2 000 ohms, le courant qui passera
dans la bobine ne sera que de 1/1 000 d'ampère; mais avec

10 000 tours de fil on aura le même champ magnétique qu'avec 10 tours et un courant de 1 ampère. Si la f. e. m. entre A et B devient double, l'intensité du courant qui traverse la bobine devient double. Ainsi, l'intensité du courant qui traverse la dérivation est proportionnelle à la f. e. m. entre A et B. On peut donc graduer l'appareil de façon à lui faire indiquer des différences de potentiel. L'ampèremètre précédent devient alors un voltmètre.

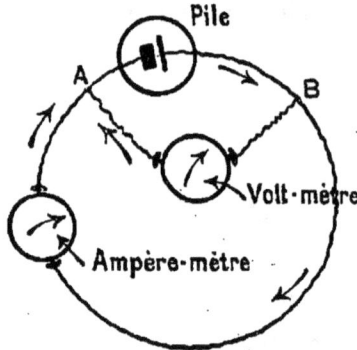

Fig. 162. — L'ampèremètre se met dans le circuit, le voltmètre se met en dérivation.

Il importe de remarquer entre l'ampèremètre et le voltmètre les différences suivantes :

L'ampèremètre se met en circuit, il est à fil gros et court pour ne pas modifier sensiblement l'intensité du courant à mesurer; la résistance de la bobine doit être faible vis-à-vis de la résistance du circuit.

Le *voltmètre se place en dérivation*, il est à fil fin et très long et sa résistance est considérable vis-à-vis de la résistance du circuit. (Ne pas confondre *voltmètre* et *voltamètre*.)

Effets calorifiques produits par le courant.

168. *Echauffement des conducteurs*. — EXPÉRIENCE. Faire passer dans un fil de ferro-nickel de 2/10 de millimètre de diamètre et de quelques centimètres de longueur, le courant de 3 ou 4 éléments au bichromate. Le fil s'échauffe, devient brûlant et peut même être porté à l'incandescence.

Des expériences précises ont permis de constater que la quantité de chaleur produite par le passage d'un courant dans un circuit est proportionnelle :

1° à la résistance du circuit;

2° au *carré* de l'intensité du courant;

3° au temps.

Elle est exprimée par la formule suivante :

$$Q = 0 \text{ cal}, 24 \times R \times I^2 \times t.$$

R représente des ohms; I est l'intensité en ampères; t est le temps en secondes. (Voir *Exercice III*.)

es essais ont été tentés pour réaliser le chauffage domestique t même le chauffage industriel en faisant passer un courant lectrique intense dans des conducteurs très résistants. Ces pplications seront étudiées en 3e année.

169. Éclairage par lampes à incandescence. — En faisant asser un courant élecrique dans un filament de charbon exrêmement fin, donc rès résistant, on porte e filament à l'incandescence. Comme le llament brûlerait rapidement dans l'air, on l'enferme dans une ampoule en verre et on réalise dans cette ampoule un vide aussi parfait que possible. Tel est le principe des lampes à incandescence, dues à l'Américain Edison. La figure 163 représente une de ces lampes.

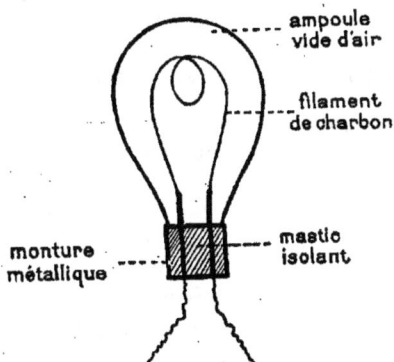

FIG. 163. — Schéma d'une lampe à incandescence.

170. Arc électrique. — EXPÉRIENCE. Enrouler autour d'une lime un fil conducteur relié à l'un des pôles d'une pile. Frotter la surface de la lime avec un fil relié à l'autre pôle. On voit des étincelles jaillir chaque fois que le fil rencontre une aspérité.

L'expérience précédente nous donne en petit l'idée de l'arc électrique. Si l'on fait passer un courant assez intense dans deux charbons des cornues à gaz terminés en pointe, en écartant légèrement les charbons, on voit jaillir entre les pointes une lumière éblouissante, en forme d'arc, quand les charbons sont horizontaux, et qu'on appelle pour cette raison *arc électrique*. Le charbon positif se creuse en forme de cratère, l'extrémité du charbon négatif reste pointue. Il y a transport de particules incandescentes du charbon positif au charbon négatif, et l'espace compris entre les charbons contient du carbone volatilisé. L'arc électrique constitue la source lumineuse artificielle la plus puissante que nous possédions

171. Four électrique. — Quand l'arc électrique jaillit dans un creuset en chaux, on a un *four électrique* (1re *année*, no 67). D'après les déterminations les plus récentes, la température du four électrique atteindrait 3 500°. Tous les corps sont fondus dans cet appareil; le carbone s'y volatilise. Enfin, à cette température, les équilibres chimiques ne sont pas les mêmes qu'aux températures ordinaires; par exemple, le carbone y réduit la chaux et donne du carbure de calcium, utilisé pour la production de l'acétylène. Les alliages du fer et de l'acier avec d'autres métaux, alliages difficiles à réaliser avec les fours ordinaires, s'obtiennent facilement dans le four électrique.

Notions sommaires sur l'énergie électrique.

172. Nous avons pu nous rendre compte de certains effets du courant électrique en comparant ce phénomène à un courant liquide. Pour maintenir constant le débit dans une canalisation, il suffit de maintenir constante la différence de niveau entre les réservoirs que réunit cette canalisation. On peut, par exemple, au moyen d'une pompe, remonter le liquide du réservoir inférieur au réservoir supérieur (fig. 164). Dans les piles, ce qui maintient constante la f. e. m. entre les pôles, c'est l'action chimique. Somme toute, on brûle du zinc pour obtenir un courant électrique.

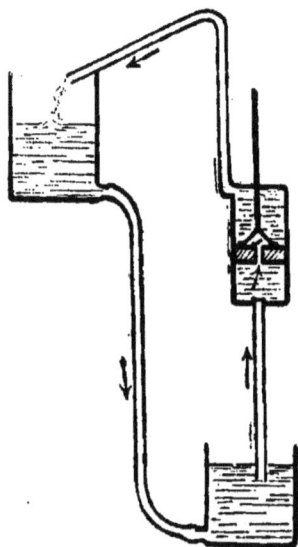

Fig. 164 — La pompe maintient constante la différence de niveau hydraulique; en électricité, l'action chimique maintient constante la différence de niveau électrique.

C'est là un nouvel exemple de transformation de l'énergie. Dans les machines électrostatiques, soit à frottement, soit à influence, on dépense de l'énergie mécanique pour produire de l'énergie électrique.

L'électricité des machines est d'ailleurs identique à l'énergie électrique produite par les piles, mais tandis que les piles sont des générateurs d'énergie électrique à faible potentiel et à grand débit, les machines électrostatiques sont au contraire à très faible débit et à haut potentiel. Les petites machines Wimshurst des cabinets de physique donnent des étincelles de 5 centimètres environ, ce qui correspond à une différence de potentiel de 75 000 volts entre les pôles. S'il y a quelque différence entre les effets de l'énergie électrique des piles et celle des machines, cette différence s'explique facilement : nous pouvons la comparer à la différence entre les effets produits par un fil métallique fin porté au rouge, c'est-à-dire à une température très élevée, et par une grosse masse de métal dont on n'aurait fait varier la température que de quelques degrés.

Il existe d'autres machines génératrices de courant électrique (machines d'induction) qui produisent la transformation d'énergie mécanique en énergie électrique.

RÉSUMÉ

1. Quand un circuit se divise en plusieurs branches, l'intensité du courant qui traverse le circuit unique est la somme des intensités dans les dérivations et les intensités des courants dérivés sont inversement proportionnelles aux résistances des dérivations.

2. Un ampèremètre à fil très fin et très long, mis en dérivation dans un circuit, constitue un *voltmètre ;* l'intensité du courant qui le traverse est proportionnelle à la force électromotrice entre les deux extrémités de la dérivation.

3. Quand un courant traverse un conducteur très résistant, ce conducteur s'échauffe, peut même être porté à l'incandescence ou fondu. Cette propriété est utilisée dans les lampes à incandescence. Ces lampes, imaginées par Edison, comprennent un filament de charbon extrêmement fin, porté à l'incandescence par un courant électrique. Le filament est placé dans une ampoule vide d'air.

4. L'*arc électrique* est une lumière éblouissante qui se produit entre deux charbons reliés aux pôles d'un générateur de courant électrique. L'arc électrique est la source lumineuse la plus puissante que nous sachions produire. Quand l'arc jaillit dans un creuset en chaux, on a le *four électrique,* où tous les corps sont fondus. La température du four électrique atteint 3 500° ; on peut produire dans ce four des combinaisons impossibles à réaliser avec les fours ordinaires.

EXERCICES

I. Un circuit AB a une résistance de 2 ohms. Quelle devra être la résistance d'une dérivation placée entre A et B, dans laquelle on voudra faire passer 1/100 du courant?

II, Un voltmètre d'une résistance de 100 ohms est placé en dérivation entre les points A et B d'un circuit ACB dont la résistance est 5 ohms. La f. é. m. aux extrémités de la dérivation est 10 volts. Quelle est l'intensité du courant qui traverse le voltmètre? L'appareil donnerait-il la même indication si on le mettait en circuit?

III. Un courant passe dans un fil métallique dont la résistance est 2 ohms. Ce fil plonge dans un calorimètre renfermant 100 gr. d'eau. Au bout de 5 minutes, la température de l'eau s'est élevée de 9 degrés. Quelle est l'intensité du courant?

34e LEÇON.

AIMANTATION PAR LES COURANTS. — TÉLÉGRAPHE ÉLECTRIQUE.

MATÉRIEL : Electro-aimant en fer à cheval. — Sonnerie électrique et bouton d'appel. — Fil conducteur. — Appareil fig. 167. Autour d'un clou, enrouler une dizaine de mètres de fil de sonnerie isolé, planter le clou dans une planchette. A un bout de ressort d'acier (ressort de réveille-matin) coller une petite plaque de fer doux. L'autre extrémité du ressort est fixée sur un support en bois. La lame d'acier formera ressort et relèvera la plaque de fer doux quand le courant ne passera pas.

Aimantation par les courants.

173. *Electro-aimant.* — EXPÉRIENCE. Enrouler sur un clou une dizaine de mètres de fil de sonnerie et faire passer un courant dans le fil; le clou présente toutes les propriétés d'un aimant. Faire cesser le courant, l'aimantation du clou cesse aussitôt. On a ainsi un moyen facile d'obtenir à volonté l'aimantation d'un morceau de fer. L'appareil constitué par une pièce de fer placée dans une bobine est un *électro-aimant*. La pièce de fer est le *noyau* de l'électro.

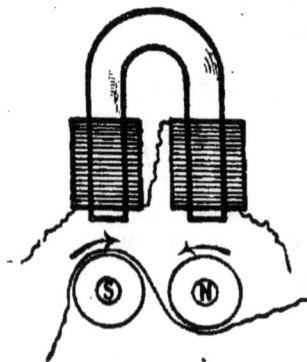

Fig. 165. — Electro-aimant en fer à cheval.

Enroulons de même plusieurs couches de fil de sonnerie sur une aiguille à tricoter en acier, et faisons passer le courant. L'acier s'aimante, mais reste aimanté quand le courant

a cessé. C'est là le moyen actuellement employé pour obtenir
des aimants puissants.

On donne généralement aux électro-aimants la forme d'un
fer à cheval, chacune des extrémités du fer est entourée d'une
bobiné; les enroulements sont faits en sens inverse sur les
deux bobines, de façon à avoir les deux pôles différents
d'un aimant quand le courant passera dans les bobines
(fig. 165).

Les applications des électro-aimants sont nombreuses; nous
étudierons cette année la sonnerie électrique et le télégraphe.

174. *Sonnerie électrique.* — La sonnerie électrique (fig. 166)
se compose d'un électro-aimant en
fer à cheval E. Devant ses pôles une
petite plaque de fer doux est fixée à
une lame flexible et porte à son autre extrémité un marteau qui vient
frapper sur un timbre quand la lame
est attirée par l'électro. A l'état de
repos, la plaque de fer doux repose
sur un petit ressort *r*. La borne B
est reliée à l'une des extrémités du
fil de l'électro; l'autre extrémité de
ce fil aboutit en C, au bout de la
lame élastique. Les pôles de la pile
communiquent l'un avec la borne B,
l'autre avec l'extrémité du ressort *r*.

Quand le courant passe, il suit
le trajet indiqué par les flèches, le
noyau des électros s'aimante et attire la lame de fer, celle-ci ne touche plus le ressort *r*, le courant
cesse de passer, l'aimantation disparaît dans les électros et la lame

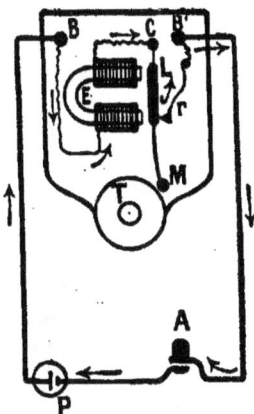

Fig. 166. — Schéma d'une sonnerie électrique. P, pile;
A, bouton d'appel; B, B', bornes; E électro; M, marteau;
T, timbre; *r*, ressort; L, plaque de fer doux

retombe sur *r*. Le courant passe à nouveau, et la série des
phénomènes précédents se répète tant que passe le courant.
Chaque fois que la lame L est attirée, le marteau frappe sur
le timbre. On a donc autant de chocs que d'interruptions du
courant.

Pour lancer le courant dans la sonnerie, on place sur le
circuit un *bouton d'appel*, formé de deux petits ressorts communiquant avec les pôles de la pile. On voit qu'en pressant sur
le bouton on ferme le circuit et le courant passe.

Télégraphe électrique.

175. *Principe de la télégraphie électrique.* — Expérience.
Le courant de la pile P (fig. 167) passe dans l'électro-aimant E ;

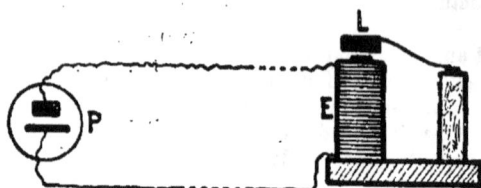

Fig. 167 — Principe du télégraphe électrique

le noyau de fer doux de la bobine s'aimante et attire la plaque de fer **L**, fixée à une lame élastique. Quand on fait cesser le courant, la plaque de fer se détache de l'électro, car la lame élastique formant ressort la relève. Chaque fois que le courant passe, la plaque est attirée. Supposons qu'à cette plaque on ait fixé un crayon ou un appareil à tracer quelconque qui vienne toucher une feuille de papier à chaque attraction. La feuille, par un procédé quelconque, se déplace devant la pointe à tracer. Si le courant dure peu, la pointe tracera un point sur la feuille ; s'il dure plus longtemps, la pointe tracera un trait. En combinant conventionnellement les traits et le point, on peut obtenir des signaux qui correspondent aux différents signes d'écriture. C'est là le principe du télégraphe Morse.

176. *Parties essentielles d'une installation télégraphique* — Une installation télégraphique comprend donc nécessairement :

1º Un générateur de courant électrique ;

2º Un fil de ligne reliant les postes en communication ;

3º Un appareil pour interrompre à volonté le courant à l'un des postes : *manipulateur;*

4º Un *récepteur*, placé au poste d'arrivée et qui reçoit les signaux transmis par le premier poste.

Générateur de courant. Dans les bureaux peu importants, on utilise des groupes de piles Leclanché ; dans les bureaux plus grands, on emploie des piles Daniell ou Callaud. Aujourd'hui on tend de plus en plus à remplacer les piles par des accumulateurs quand on est à proximité d'une usine électrique.

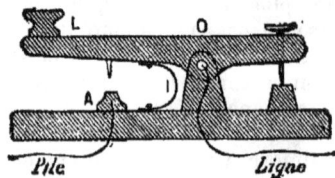

Fig. 168. — Transmetteur ou manipulateur du télégraphe Morse.

Manipulateur. Il est représenté par la figure 168. En pressant sur le bouton de gauche, on fait passer le courant de la pile dans le fil de ligne à travers le levier métallique articulé en O. Quand on cesse de presser, un ressort soulève le levier et fait cesser le contact.

Fil de ligne. Les lignes continentales sont généralement aériennes; elles sont constituées par un fil de fer galvanisé de 4 millimètres de diamètre, et dont la résistance est d'environ 10 ohms au kilomètre. Suivant la longueur de la ligne, on peut donc calculer le nombre de piles nécessaires pour obtenir un courant suffisant. On a constaté que le fil de retour est inutile : au poste d'envoi, il n'y a qu'à relier à la terre l'un des pôles de la pile, et à l'autre poste, à amener au sol l'extrémité du fil de l'électro.

Fig. 169. — Poteau avec isolateur.

Le fil de ligne est supporté de distance en distance par des isolateurs en porcelaine fixés sur des poteaux en bois (fig. 169). Pour les lignes sous-marines, on emploie des *câbles*.

Récepteur. La figure 170 représente schématiquement un récepteur Morse. La bande de papier D E F G se déroule, entraînée par un mouvement d'horlogerie. Quand le courant passe dans l'électro A, la pièce de fer B est attirée, et tournant autour de O, son extrémité C vient appuyer la bande de papier sur un rouleau encré I. Si le courant dure peu, on a un point sur la bande; si le courant dure plus longtemps, on obtient un trait.

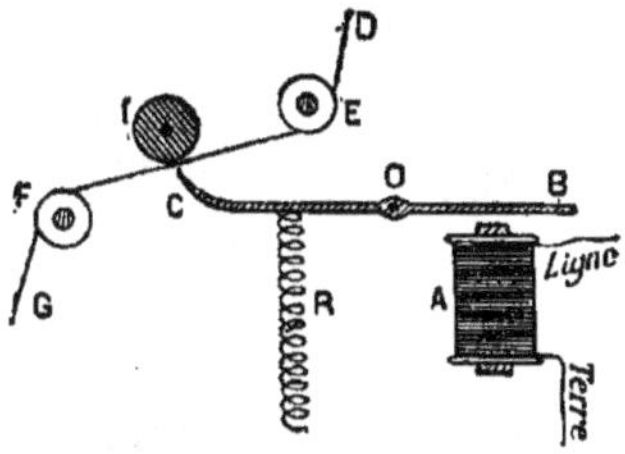

Fig. 170. — Schéma du récepteur du télégraphe Morse.

Signaux. Voici quelques-uns des signaux utilisés dans l'alphabet Morse.

a b c d e f g

Poste double. Chaque poste télégraphique doit pouvoir transmettre et recevoir, il doit donc avoir à la fois manipulateur et récepteur. La figure 171 montre le dispositif des appareils dans les deux postes.

Accessoires. Un poste télégraphique comprend plusieurs appareils accessoires : une sonnerie pour prévenir l'employé quand on veut lui transmettre une dépêche ; un galvanomètre ou boussole, qui permet de constater que le courant passe dans la ligne ; un parafoudre, destiné à protéger les employés en temps

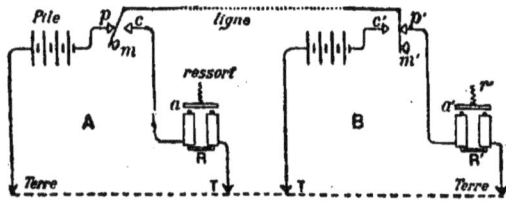

Fig. 171. — Disposition schématique d'un poste double télégraphique.

d'orage contre les décharges qui pourraient se produire dans le fil de ligne.

Autres télégraphes. On a actuellement des télégraphes qui impriment directement les dépêches : systèmes Hughes. Un perfectionnement du Hughes permet de faire passer dans le même fil les signaux provenant de plusieurs transmetteurs différents.

Télégraphie sans fil. Depuis quelques années, on a pu communiquer à de grandes distances en supprimant tout fil de ligne.

RÉSUMÉ

1. Une pièce de fer placée au centre d'une bobine s'aimante quand le courant passe dans la bobine ; l'aimantation cesse quand le courant est interrompu. Un tel appareil est un *électro-aimant*.

2. Dans la *sonnerie électrique*, quand le courant passe, un électro-aimant attire une lame de fer ; la lame porte un marteau qui vient frapper sur un timbre. Le courant est interrompu et rétabli automatiquement d'une façon assez rapide. Le courant est envoyé dans la ligne en pressant sur un bouton d'appel.

3. Le *télégraphe électrique* a pour but de faire parvenir un poste éloigné des signaux envoyés par une autre tation.

Une installation télégraphique comprend :

a) Un *générateur* de courant (piles ou accumulateurs);

b) Un *transmetteur*, qui permet d'envoyer les signaux;

c) Un *fil de ligne*, qui joint les deux postes;

d) Un *récepteur*, qui reçoit les signaux.

Dans le télégraphe Morse, le récepteur comprend un électro qui attire une lame de fer doux quand le courant passe. La lame de fer appuie alors sur un rouleau chargé d'encre une bande de papier qui se déroule d'une façon régulière. Si le courant dure peu, on a un point sur la feuille de papier; si le courant dure plus longtemps, on a un trait. Une succession conventionnelle de traits et de points représente tous les signes de l'écriture.

EXERCICES

I. Quelle est la résistance d'une ligne télégraphique de 100 kilomètres? Quelle différence de potentiel faudra-t-il réaliser aux pôles de la pile pour que la ligne soit parcourue par un courant de 0 amp. 2?

II. Examiner ce qui se passe quand on abaisse le manipulateur au poste télégraphique A (fig. 171). — Montrer comment circule le courant dans la ligne et au poste B. — Que se passe-t-il quand on abaisse le manipulateur du poste B ?

II. CHIMIE

LOIS DES COMBINAISONS. — MOLÉCULES ET ATOMES

Lois des combinaisons en poids.

1. *Loi ou loi de Lavoisier.* — EXEMPLES. 1 gramme d'hydrogène s'unit à 8 grammes d'oxygène pour donner 9 grammes d'eau; 16 grammes d'oxygène se combinent à 12 grammes de carbone pour donner 28 grammes d'oxyde de carbone; 32 grammes d'oxygène et 12 grammes de carbone donnent 44 grammes de gaz carbonique.

CONCLUSION. *Le poids d'un composé est la somme des poids des composants.*

Cette loi fut énoncée par le chimiste français Lavoisier; elle s'appelle encore *loi de la conservation de la matière*, et on peut la formuler : Dans la nature, rien ne se perd, rien ne se crée, tout se transforme.

2. *Loi ou loi des proportions définies* (loi de Proust). — EXEMPLES. Pour former de l'eau, 1 gramme d'hydrogène s'unit toujours à 8 grammes d'oxygène; pour former de l'oxyde de carbone, 12 grammes de carbone se combinent toujours à 16 grammes d'oxygène; 12 grammes de carbone s'unissent à 32 grammes d'oxygène pour donner du gaz carbonique.

CONCLUSION. *Quand deux corps se combinent pour former un composé bien défini, les poids des composants sont dans un rapport invariable.*

3. *Loi ou loi des propositions multiples* (loi de Dalton). — EXEMPLES. *a)* En considérant l'oxyde de carbone et le gaz carbonique, nous voyons que 12 grammes de carbone s'unissent à 16 grammes d'oxygène dans l'oxyde de carbone, et à

32 grammes ou à 16 grammes $\times$ 2 d'oxygène pour former le gaz carbonique.

b) L'azote forme avec l'oxygène 6 composés qui pour 28 grammes d'azote renferment respectivement : 16 grammes, 16 grammes $\times$ 2, 16 grammes $\times$ 3, 16 grammes $\times$ 4, 16 grammes $\times$ 5, 16 grammes $\times$ 6 d'oxygène.

CONCLUSION. *Quand deux corps s'unissent pour former plusieurs composés bien définis, les poids de l'un d'eux qui s'unissent à un même poids de l'autre sont dans un rapport simple.*

Molécules et atomes.

4. Définitions. — On interprète facilement les lois des combinaisons en poids au moyen de l'hypothèse suivante :

La matière n'est pas divisible à l'infini; les corps simples sont constitués par l'association de particules appelées *atomes.* Ces particules extrêmement petites échappent à nos moyens d'observation et de mesure; elles sont indivisibles. *Pour un corps donné, l'atome a un poids invariable.* Les atomes des différents corps simples s'unissent entre eux pour former des groupements plus complexes appelés *molécules.*

Ainsi, d'après cette hypothèse, l'atome est la plus petite particule d'un corps simple ; la molécule est la plus petite particule d'un corps composé.

5. Interprétation des lois des combinaisons en poids. — L'atome d'un corps simple étant supposé de poids invariable, les lois des combinaisons en poids s'interprètent facilement.

a) La loi de Lavoisier signifie simplement : Le poids d'un composé est la somme des poids des atomes qui le constituent.

b). Si 1 atome d'un corps a un poids p, et s'il s'unit à 2 atomes de poids p' d'un second corps, dans le composé obtenu le rapport des poids des composants sera évidemment $\frac{p}{2\,p'}$. Nous retrouvons la loi des proportions définies.

c). Si 2 atomes de poids p d'un certain corps s'unissent à 1, 2, 3, etc., atomes de poids p' d'un deuxième corps pour former divers composés, nous voyons qu'au poids $2\,p$ du premier se combinent les poids p', $2\,p'$, $3\,p'$....etc., du second, ou, en d'autres termes, les poids du deuxième qui s'unissent à un *même poids* du premier sont entre eux comme les nombres simples 1, 2, 3, etc. Nous reconnaissons la loi des proportions multiples.

Lois des combinaisons en volume.

6. Outre les lois des poids, on a pu établir des lois relatives aux combinaisons en volume, quand les composants et le composé sont gazeux. Il est bien entendu que les composants et le composé sont considérés dans les *mêmes conditions* de température et de pression.

EXEMPLES. 1º Nous verrons prochainement que le gaz chlorhydrique est formé de chlore et d'hydrogène.

1 vol. de chlore + 1 vol. d'hydrogène = 2 vol. de gaz chlorhydrique.

2º L'eau est formée d'hydrogène et d'oxygène. Nous avons vu (1re *année*, nº 51) que 2 vol. d'hydrogène et 1 vol. d'oxygène donnent 2 vol. de vapeur d'eau.

2 vol. d'hydrogène + 1 vol. d'oxygène = 2 vol. de vapeur d'eau.

3º Pour former 2 vol. de gaz carbonique, nous avons constaté que 2 vol. d'oxyde de carbone se combinent à 1 vol. d'oxygène.

2 vol. d'oxyde de carbone + 1 vol. d'oxygène = 2 vol. d'anhydride carbonique.

4º Le gaz ammoniac est formé d'azote et d'hydrogène. On trouve 1 vol. d'azote pour 3 vol. d'hydrogène, et l'expérience montre que :

1 vol. d'azote + 3 vol. d'hydrogène = 2 vol. de gaz ammoniac.

7. CONCLUSIONS. 1º *Quand deux gaz se combinent, leurs volumes sont dans un rapport simple et invariable.*

2º *Quand le composé est gazeux, son volume est dans un rapport simple avec celui de chacun des composants.*

Si les composants se combinent à volumes égaux, le volume du composé est la somme des volumes des composants.

Si les composants s'unissent à volumes inégaux, il y a ordinairement contraction ; en représentant par 1 le vol. le plus faible des corps composants, le volume du composé est généralement représenté par 2.

REMARQUE. — Ces lois persistent encore quand l'un des composants seulement est gazeux, le composé étant gazeux ; elles s'appliquent aussi quand l'un des composants gazeux n'est pas lui-même un corps simple.

Ainsi, pour former le gaz carbonique, un volume d'oxygène égal à 2 s'unit à du carbone pour donner 2 volumes d'anhydride carbonique.

2 volumes d'oxyde de carbone se combinent à 1 volume d'oxygène et forment 2 volumes d'anhydride carbonique.

RÉSUMÉ

1. Les lois des combinaisons en poids sont les suivantes :

1º Le poids d'un composé est la somme des poids des composants (Loi de Lavoisier);

2º Quand deux corps se combinent pour former un *composé défini*, leurs poids sont toujours dans un rapport invariable (Loi des proportions définies);

3º Quand deux corps s'unissent pour former plusieurs composés bien définis, les poids de l'un d'eux qui s'unissent à un *même poids* de l'autre sont dans un rapport simple. (Loi des proportions multiples.)

2. On interprète facilement les lois précédentes en *admettant* l'existence des *molécules* et des *atomes*.

Un *atome* est la plus petite particule d'un corps simple. Pour chaque corps son poids est *invariable*.

Une *molécule* est l'assemblage d'un certain nombre d'atomes identiques ou différents.

3. Quand les composants et le composé sont gazeux :

a) Les volumes des composants sont dans un rapport *simple* et *invariable*;

b) Le volume du composé est dans un rapport simple avec celui des composants;

c) Le volume le plus faible des composants gazeux étant représenté par 1, le volume du composé est représenté par 2.

(Les gaz sont pris dans les mêmes conditions de température et de pression.)

EXERCICES.

I. Le fer forme avec l'oxygène plusieurs composés :
le premier renferme 16 gr. d'oxygène pour 56 gr. de fer.
le deuxième   —   48 gr.   —   — 112 gr. de fer.
le troisième   —   64 gr.   —   — 168 gr. de fer.
Calculer : *a)* Le *rapport* des poids de fer qui s'unissent à un *même* poids d'oxygène.

b) Le *rapport* des poids d'oxygène qui s'unissent à un *même* poids de fer.

II. L'azote et l'oxygène forment un composé dans lequel on trouve 2 volumes d'azote pour 1 volume d'oxygène. Quel est le volume du composé par rapport au volume d'azote? Quelle est la contraction par rapport à la somme des volumes des composants?

2ᵉ LEÇON

POIDS MOLÉCULAIRES ET POIDS ATOMIQUES

Si le poids absolu de l'atome d'un corps simple nous échappe, nous pouvons déterminer le rapport entre les poids des atomes des différents corps; cette recherche est une des plus délicates de la chimie. Nous allons, par quelques exemples simples, donner une idée de la façon de procéder.

8. 1ᵉʳ Exemple. *L'acide chlorhydrique* est formé de chlore et d'hydrogène et rien que de ces deux gaz.

a) On peut séparer le chlore et l'hydrogène, par exemple au moyen du courant électrique (électrolyse); la séparation est *intégrale*, on obtient d'un côté tout l'hydrogène, de l'autre tout le chlore;

b) Certains corps, le zinc, le fer, réagissent sur le gaz chlorhydrique et enlèvent le chlore. Chaque fois qn'une pareille réaction se produit, *tout* le chlore est enlevé et *tout* l'hydrogène est mis en liberté.

Pour interpréter ces faits, il *suffit d'admettre* que la molécule de gaz chlorhydrique renferme 1 atome de chlore uni à un atome d'hydrogène: il n'y a pas nécessité d'imaginer une molécule plus complexe.

Représentons par H l'atome d'hydrogène, par Cl celui de chlore, la molécule de gaz chlorhydrique sera représentée par ClH.

D'autre part, *le rapport des poids de l'hydrogène et du chlore dans une molécule est le même que dans une masse quelconque du corps, puisque toutes les molécules sont identiques.* Or, l'analyse en poids nous montre que dans l'acide chlorhydrique on trouve 1 gramme d'hydrogène combiné à 35ᵍʳ,5 de chlore.

Si nous convenons de représenter par 1 le poids de l'atome d'hydrogène, le poids de l'atome de chlore sera donc 35,5, et par rapport au poids de l'atome d'hydrogène le poids de la molécule d'acide chlorhydrique sera 36,5.

35,5 est le *poids atomique* du chlore.

36,5 est le *poids moléculaire* du gaz chlorhydrique.

9. 2ᵉ Exemple. L'*eau* est formée d'hydrogène et d'oxygène et rien que de ces deux gaz. (1ʳᵉ *année*, nº 50.)

a) Un grand nombre de corps réagissent sur l'eau et enlèvent tout son oxygène, l'hydrogène se dégage. Nous avons, par exemple, étudié en 1re année l'action du fer au rouge;

b) Certains métaux tels que le potassium, le sodium, réagissent sur l'eau, mais alors la *moitié seulement de l'hydrogène se dégage*, l'autre moitié reste unie à l'oxygène et au métal.

Pour interpréter ces réactions, *on admet* que dans la molécule d'eau 2 atomes d'hydrogène sont unis à 1 atome d'oxygène. Si nous représentons symboliquement l'atome d'oxygène par O, la molécule d'eau sera représentée par H^2O.

Or, nous savons que dans l'eau 1 gramme l'hydrogène se combine à 8 grammes d'oxygène, donc si 1 est le poids de l'atome d'hydrogène, le poids des 2 atomes de ce gaz dans la molécule d'eau sera 2, et le poids de l'atome d'oxygène sera 16, puisqu'un poids 16 d'oxygène est uni dans l'eau à un poids 2 d'hydrogène.

Ainsi, le poids atomique de l'oxygène est 16
le poids moléculaire de l'eau est 18.

10. 3e Exemple. *Oxyde de carbone et gaz carbonique.* — Le charbon, brûlant dans l'air ou dans l'oxygène, donne de l'anhydride carbonique. Certains corps, le carbone en particulier, réagissent sur ce gaz et lui enlèvent *moitié* de son oxygène : le gaz carbonique est transformé en oxyde de carbone.

Nous sommes amenés comme plus haut à *admettre* que, dans le gaz carbonique, 1 atome de carbone est uni à 2 atomes d'oxygène ; C représentant l'atome de carbone, la molécule de gaz carbonique est CO^2.

D'autre part, la molécule d'oxyde de carbone sera CO.

L'analyse en poids nous montre que le poids 32 d'oxygène poids de 2 atomes) est uni à un poids 12 de carbone dans le gaz carbonique, et par conséquent

le poids atomique du carbone est 12,
le poids moléculaire de l'anhydride carbonique est 44,
— — l'oxyde de carbone est 28.

11. Conclusions. Nous nous bornerons à ces exemples simples; ils nous montrent que :

1o Ce qu'on appelle *molécule d'un corps composé n'est autre chose qu'un symbole traduisant un certain nombre de réactions auxquelles ce corps donne lieu.* C'est un mode de représentation commode, mais il faut se garder de considérer ce symbole comme exprimant la véritable structure du composé. Celle-ci nous est inconnue;

2° *Le poids atomique d'un corps simple est le rapport entre le poids de l'atome de ce corps et le poids de l'atome d'hydrogène;*

3° *Le poids moléculaire d'un composé est la somme des poids de tous les atomes qui constituent la molécule;* on voit encore que le poids moléculaire exprime le rapport entre le poids de la molécule d'un composé et le poids de l'atome d'hydrogène.

12. Relations entre le poids moléculaire et la densité d'un composé gazeux.

PROBLÈME. Sachant qu'un litre de gaz chlorhydrique pèse $1^g,635$, 1 litre de gaz carbonique $1^g,977$, 1 litre d'oxyde de carbone $1^g,254$, trouver le volume occupé par un poids de ces corps égal à leur poids moléculaire exprimé en grammes. — (A faire par les élèves.)

Par des méthodes analogues à celles que nous avons indiquées plus haut, on peut déterminer le poids moléculaire d'un grand nombre de composés gazeux. Pour chacun de ces composés, calculons le volume occupé par la molécule exprimée en grammes (molécule-gramme). Ces volumes sont tous sensiblement égaux et voisins de $22^l,30[1]$.

Or, c'est là précisément, le volume occupé par **2** grammes d'hydrogène. On peut donc écrire :

$$\frac{\text{Poids de } 22^l,3 \text{ de gaz}}{\text{Poids de } 22^l,3 \text{ d'hydrogène}} = \frac{\text{Poids moléculaire du gaz.}}{2} \quad (1)$$

Le premier membre de cette égalité est la *densité du gaz par rapport à l'hydrogène.*

Ainsi, le poids moléculaire d'un composé gazeux est égal à 2 fois la densité de ce composé par rapport à l'hydrogène.

L'air pèse 14,4 fois plus que l'hydrogène sous le même volume et dans les mêmes conditions de température et de pression. Ainsi, $22^l,3$ d'air pèsent 2 grammes $\times$ 14,4, et on peut écrire :

$$\frac{\text{Poids de } 22^l,3 \text{ de gaz}}{\text{Poids de } 22^l,3 \text{ d'air}} = \frac{\text{Poids moléculaire.}}{2 \times 14,4} \quad (2)$$

Le premier membre de (2) représente la *densité du composé gazeux par rapport à l'air.* On peut donc dire :

Le poids moléculaire d'un composé gazeux s'obtient en multipliant par 28,8 la densité par rapport à l'air.

Les résultats précédents s'appliquent à tous les composés

---

1. Dans la pratique, on obtient une approximation suffisante en prenant 22 litres au lieu de $22^l,30$ pour le volume occupé par la molécule-gramme.

gazeux ; il est dès lors facile de déterminer le poids moléculaire
de ceux-ci. Quand le composé n'est pas volatil, on obtient le
poids moléculaire par des méthodes que nous ne pouvons
indiquer ici.

13. Poids atomiques. — Considérons maintenant toutes
les molécules connues dans lesquelles entre un corps dont le
poids atomique est inconnu, l'azote, par exemple. Nous pouvons
établir un tableau comme le suivant :

Noms des corps	Poids moléculaire.	Poids d'azote dans la molécule.
Gaz ammoniac.........	17	14
Oxyde azoteux.........	44	28
Oxyde azotique,.......	30	14
Anhydride azotique....	108	28

Puisque dans chaque molécule nous avons un nombre entier
d'atomes d'azote, nous sommes amenés à prendre pour poids
atomique de l'azote un diviseur commun aux nombres de la
3e colonne. Or, on cherche à représenter la molécule par le
symbole le plus simple possible, et on prendra 14 pour poids
atomique de l'azote. (Si on prenait 7, il faudrait doubler le
nombre d'atomes d'azote qu'on admet exister dans chaque
molécule.) Ainsi, d'une façon générale,

Le poids atomique d'un corps simple est le plus petit poids
de ce corps existant dans les molécules qui le renferment.

Nous donnons n° 28 le poids atomique des différents corps
simples.

14. REMARQUES. 1o On étend quelquefois la notion de
molécule aux gaz simples, par application des règles n° 12,
mais, cette extension n'ayant aucune utilité pratique, nous ne
nous en occuperons pas.

2o Bien que les poids moléculaires et les poids atomiques
soient des rapports (n° 11), on a l'habitude d'exprimer leur
valeur en grammes.

1 gramme d'hydrogène occupe un volume de 11^l,15 (à 0o et
sous 76 centimètres) ; quand on exprime en grammes le poids
atomique des autres gaz simples, on trouve que le volume
occupé par ce poids est 11^l,15.

3o Quand on connaît le poids moléculaire d'un composé
gazeux, le poids du litre, la densité par rapport à l'air et par
rapport à l'hydrogène, s'obtiennent facilement en utilisant les
relations n° 12. (Voir *Exercices*.) Le poids atomique d'un gaz
simple nous permet de déterminer les mêmes quantités.

RÉSUMÉ

1. La *molécule* d'un corps composé est un symbole traduisant un certain nombre de réactions auxquelles ce corps donne lieu.

2. Le *poids atomique* d'un corps simple est le rapport entre le poids d'un atome de ce corps et le poids d'un atome d'hydrogène.

3. Le *poids moléculaire* d'un composé est le rapport entre le poids d'une molécule de ce composé et le poids d'un atome d'hydrogène; c'est encore la somme des poids de tous les atomes qui constituent la molécule de ce composé.

4. Le poids moléculaire d'un composé *gazeux* s'obtient:

a) En multipliant par 22,3 le poids du litre (à 0° et sous 760$\frac{m}{m}$);

b) En multipliant par 2 la densité par rapport à l'hydrogène;

c) En multipliant par 28,8 la densité par rapport à l'air.

5. Quand on a déterminé les poids moléculaires des divers composés qui renferment un même corps simple, le poids atomique de celui-ci s'obtient en prenant le plus petit poids de ce corps contenu dans toutes les molécules.

6. Quand on exprime en grammes le *poids moléculaire* d'un composé gazeux, le volume correspondant est de 22^l,30. De même, le *poids atomique* d'un corps simple gazeux exprimé en grammes occupe un volume de 11^l,15. (On peut prendre approximativement 22 litres et 11 litres.)

EXERCICES

I. Le poids moléculaire du gaz sulfureux étant 64, déterminer :
1° Le poids du litre de ce gaz (à 0° et sous 760$\frac{m}{m}$.) ;
2° La densité par rapport à l'hydrogène ;
3° La densité par rapport à l'air.

II. Même question pour le chlore, dont le *poids atomique* est 35,5.

III. On connaît un composé de carbone et d'hydrogène sur lequel le chlore réagit en se substituant à l'hydrogène par quarts, c'est-à-dire que un quart, moitié, trois quarts... etc., de l'hydrogène se trouvent remplacés par du chlore. De cette propriété, tirer le symbole de la molécule de ce composé.

Quel est d'après cela le poids atomique du carbone, et le poids

moléculaire de ce composé, sachant que 1 gramme d'hydrogène y
est combiné à 3 grammes de carbone?

IV. La vapeur d'eau sous la pression de 760% existe à la température de 100°. Déterminer à cette température le volume occupé
par la molécule gramme, la densité de la vapeur d'eau par rapport à l'air étant 0,622. Montrer que ce volume est encore celui
qu'occuperaient 2 grammes d'hydrogène sous 760% et à la température de 100°. (On rappelle que le coefficient de dilatation des gaz
est $\frac{1}{273}$.)

3ᵉ LEÇON

NOMENCLATURE ET NOTATION CHIMIQUES. — FORMULES CHIMIQUES

OBSERVATION. Revoir *Cours de 1ʳᵉ année, 3ᵉ et 4ᵉ leçons.*

Nomenclature et notation des corps simples.

15. *Objet de la nomenclature et de la notation chimiques.* —
Le nombre des corps simples est assez restreint; on en connaît
aujourd'hui environ 80. Le nombre des corps composés obtenus par combinaison de deux ou plusieurs corps simples est
considérable.

On a cherché à désigner les corps composés de façon que
leur nom rappelle leur constitution. On a cherché de plus à
représenter les corps simples ou composés par une notation
courte, qui frappe l'esprit et qui traduise en même temps que
la composition du corps quelques-unes de ses propriétés essentielles. Nous retrouvons dans la nomenclature et la notation
chimiques une grande analogie avec la numération en arithmé-
tique.

16. *Nomenclature et notation des corps simples.* — Le nom
des corps simples est arbitraire, il est donné au corps par
l'auteur de la découverte de ce corps. Quelquefois, le nom rappelle quelque propriété du corps. Ainsi le *chlore* doit son nom à
sa couleur verdâtre; l'*iode*, à sa vapeur violette; *hydrogène*
signifie : qui forme de l'eau, etc.

On est convenu de représenter chaque corps simple par un
symbole. Ce symbole est généralement la première lettre du
nom. Aussi l'hydrogène a pour symbole H, l'oxygène O, le carbone C, le soufre S, le phosphore P.

Quand plusieurs corps simples ont des noms qui commencent par la même lettre, on associe la première lettre à une autre lettre du nom. Ainsi, le calcium a pour symbole Ca, le chrome Cr, le cobalt Co, le chlore Cl, le cuivre Cu, etc.

Le symbole est une lettre majuscule lorsque cette lettre est unique. Quand le symbole est formé de deux lettres, la première seule est une majuscule.

EXCEPTIONS. — Un certain nombre de symboles viennent du nom latin du corps ou de son nom ancien. Le symbole du sodium est Na, de *natro*, nom ancien de la soude; celui du potassium est K, de *kalium*, dérivé de l'arabe : al kali, la potasse; celui du mercure est Hg, de *hydrargyrum*, vif argent; celui de l'étain est Sn, de *stannum;* celui de l'antimoine Sb, de *stibium;* celui de l'or Au, de *aurum*.

Au symbole d'un corps simple est attachée une valeur *quantitative*. Ce symbole représente un poids proportionnel au poids atomique du corps considéré. Ainsi, quand j'écris S, cela signifie non seulement du soufre, mais encore un poids de soufre proportionnel à 32.

Composés binaires non oxygénés.

17. Nous avons indiqué en 1ʳᵉ *année*, nᵒ 17, la distinction entre les métalloïdes et les métaux. Examinons les composés formés par la combinaison d'un métal et d'un métalloïde autre que l'oxygène, ou par la combinaison de deux métalloïdes.

1ᵉʳ EXEMPLE : Chlor-*ure* de zinc = $ZnCl^2$.

Ce corps est formé de chlore et de zinc. On obtient son nom en faisant suivre de la terminaison *ure* le radical du nom du métalloïde et en ajoutant le nom du métal.

Le symbole indique le nombre d'atomes de chacun des corps qui entrent dans la molécule du composé. Le symbole $ZnCl^2$ nous indique que, dans le chlorure de zinc, un atome de zinc de poids 65 est uni à 2 atomes de chlore de poids 35,5. En définitive, le chlorure de zinc est formé de 65 grammes de zinc pour 71 grammes de chlore.

2ᵉ EXEMPLE :

$$chlor\text{-}ure \text{ } mercur\text{-}eux = Hg^2Cl^2$$
$$chlor\text{-}ure \text{ } mercur\text{-}ique = HgCl^2.$$

Quand le métalloïde et le métal forment plusieurs composés, on fait suivre le radical du nom du métal de la terminaison *eux* ou *ique*. La terminaison *eux* s'applique à celui des composés qui

pour un *même poids de métal renferme le moindre poids de*
métalloïde.

On dit encore :

$$proto\text{-chlor-}ure \text{ de mercure} = Hg^2Cl^2$$
$$bi\text{-chlor-}ure \text{ de mercure} = HgCl^2.$$

Pour un *même poids de métal, le bichlorure renferme 2 fois*
autant de métalloïde que le protochlorure.

Les symboles des composés précédents rendent suffisamment
compte des désignations adoptées.

3e Exemple : Sulf-*ure* de carbone = CS^2.

Les métalloïdes autres que l'oxygène et dont nous aurons à
parler sont le chlore, le soufre, l'azote, le carbone, le phosphore, l'hydrogène. Quand deux de ces métalloïdes s'unissent, on donne la terminaison *ure* à celui qui se trouve le
premier dans la liste précédente et on ajoute le nom de l'autre.

Il faut toutefois mettre à part les composés formés par
l'union de l'hydrogène avec le soufre et le chlore, composés que
nous retrouverons bientôt dans l'étude des *acides.* Les composés de carbone et d'hydrogène sont des carb-*ures* d'hydrogène, le composé d'azote et d'hydrogène est un gaz connu sous
le nom de *gaz ammoniac* et non de azoture hydrogène.

Composés binaires oxygénés.

18. *Oxydes métalliques.*— 1er Exemple. *Oxyde* de zinc = ZnO.
Les combinaisons de l'oxygène et d'un métal portent le nom
d'*oxydes.* Quand il n'y a qu'un seul oxyde, il est facile de le
nommer.

2e Exemple :

$$oxyde \text{ ferr-}eux = FeO$$
$$oxyde \text{ ferr-}ique = Fe^2O^3.$$

Quand il y a deux oxydes, on fait comme au n° 17, on donne
la terminaison *eux* à *celui qui pour le même poids de métal ren-*
ferme le moins d'oxygène. C'est ce qui résulte de l'examen des
symboles.

On dit encore :

$$prot\text{(o)-}oxyde \text{ de fer} = FeO$$
$$Sesqui\text{-}oxyde \text{ de fer} = Fe^2O^3.$$

Le terme *sesqui* signifie : corps qui renferme une fois et
demie $\left(\dfrac{3}{2}\right)$ autant d'oxygène que le protoxyde. En effet, doublons
le symbole de l'oxyde ferreux, nous avons Fe^2O^2 ; pour 2 atomes

de fer, 2 atomes d'oxygène. Dans l'oxyde ferrique, pour 2 atomes
de fer, nous avons 3 atomes d'oxygène, soit une fois et demie
autant que dans le protoxyde.

Nous parlerons du *bioxyde de manganèse* = MnO^2; c'est un
corps qui pour un certain poids de manganèse renferme 2 fois
autant d'oxygène que le protoxyde.

19. Hydrates métalliques. — Les oxydes métalliques peuvent se trouver combinés aux éléments de l'eau et donner les
hydrates métalliques, qui jouent en général le rôle de bases.

Ainsi, l'oxyde de potassium = K^2O, obtenu en faisant brûler
le potassium dans l'air sec, donne avec l'eau la potasse caustique ou hydrate d'oxyde de potassium KOH; l'oxyde de calcium = CaO ou chaux vive donne de même l'hydrate de calcium $Ca(OH)^2$ ou chaux éteinte, etc.

EXCEPTIONS. Un certain nombre d'oxydes ou d'hydrates ont
conservé leurs noms anciens. Citons la potasse, la soude, la
chaux, la magnésie, l'alumine, la baryte, etc.

20. Anhydrides. — La combustion des métalloïdes dans
l'oxygène ou dans l'air sec donne en général des *anhydrides*.

1ᵉʳ EXEMPLE :

$$\text{anhydride carbon-ique} = CO^2.$$

Quand il n'y a qu'un seul anhydride, on fait suivre de la
terminaison *ique* le nom du métalloïde autre que l'oxygène.

2ᵉ EXEMPLE :

$$\text{anhydride sulfur-eux} = SO^2$$
$$\text{anhydride sulfur-ique} = SO^3.$$

S'il y a deux anhydrides, on donne la terminaison *eux* à
celui qui *pour le même poids de métalloïde renferme le moins
d'oxygène*.

REMARQUE. — Le carbone s'unit à l'oxygène pour donner
l'*oxyde de carbone* = CO, corps neutre au tournesol. On connaît
aussi les oxydes *azoteux* = Az^2O et *azotique* = AzO, appelés
encore *protoxyde, bioxyde* d'azote. Le nom de ces oxydes se
forme comme celui des oxydes métalliques.

21. Acides oxygénés. — Les anhydrides se combinent à
l'eau pour donner des *acides*. Les principaux acides dont nous
aurons à nous occuper sont : l'*acide azotique* ou *nitrique*
= AzO^3H, l'*acide sulfurique* = SO^4H^2, l'*acide phosphorique*
= PO^4H^3. On admet aussi que la dissolution d'anhydride carbonique (CO^2) contient un acide non isolé, l'*acide carbonique*

CO^3H^2, et que la dissolution d'*anhydride sulfureux* (SO^3) renferme l'*acide sulfureux* SO^3H^2, non isolé.

Le nom des acides oxygénés ou *oxacides* s'obtient en remplaçant le mot *anhydride* par le mot *acide*.

22. *Hydracides.* — Certaines combinaisons de l'hydrogène et d'un autre métalloïde jouent le rôle d'acides. Nous étudierons : l'acide chlor-*hydrique* = HCl, formé de chlore et d'hydrogène, l'acide sulf-*hydrique* = H^2S, formé de soufre et d'hydrogène.

RÉSUMÉ

1. Le nom des corps simples est arbitraire. Le nom des corps composés doit faire connaître les éléments dont ils sont formés.

2. Le *symbole* d'un corps simple est généralement la première lettre de son nom. Quand plusieurs éléments commencent par la même lettre, on associe à cette lettre une autre lettre du nom.

ExEMPLES :

S = soufre, H = hydrogène, O = oxygène, C = carbone, etc. Cu = cuivre, Cl = chlore, Co = cobalt, Cr = chrome, etc.

ExCEPTIONS :

Potassium = K, sodium = Na, mercure = Hg, Or = Au, etc.

Le symbole représente encore un poids du corps proportionnel à son poids atomique.

ExEMPLE. S signifie non seulement du soufre, mais un poids de soufre proportionnel à 32.

3. Le symbole d'un composé s'obtient en juxtaposant les symboles des corps simples qui le constituent. Chaque symbole est affecté d'un chiffre placé en *exposant* et qui indique le nombre d'atomes du corps simple qu'on admet exister dans la molécule du composé considéré.

4. La nomenclature et la notation des corps composés sont résumées par les exemples suivants :

a) Chlor-*ure* de zinc = $ZnCl^2$.

b)
$\begin{cases} \text{Chlor-}ure \text{ mercur-}eux \text{ ou } proto\text{-chlorure de mer-} \\ \quad \text{cure} = Hg^2Cl^2. \\ \text{Chlor-}ure \text{ mercur-}ique \text{ ou } bi\text{-chlorure de mer-} \\ \quad \text{cure} = HgCl^2. \end{cases}$

c) *Oxyde* de zinc = ZnO.

d) { *Oxyde* ferr-*eux* ou *proto*-xyde de fer = FeO.
{ *Oxyde* ferr-*ique* ou *sesqui*-oxyde de fer = Fe^2O^3.

e) *Anhydride* carbon-*ique* = CO^2.

f) { *Anhydride* sulfur-*eux* = SO^2.
{ *Anhydride* sulfuri-*ique* = SO^3.

g) *Acide* carbon-*ique* = CO^3H^2 (?)

h) { *Acide* sulfur-*eux* = SO^3H^2 (?)
{ *Acide* sulfur-*ique* = SO^4H^2.

i) *Acide* chlor-*hydrique* = ClH.

EXERCICES

I. Les métalloïdes appelés *fluor, brome, iode*, se combinent à l'hydrogène pour donner des acides analogues à l'acide chlorhydrique. Nommer ces acides et indiquer leurs symboles.

II. Le fer se combine au chlore pour donner les chlorures $FeCl^2$ et Fe^2Cl^6. Nommer ces deux chlorures.

III. Le chlorure [*stanneux* ou *proto*chlorure d'étain a pour formuler $SnCl^2$. Comment nommera-t-on le chlorure $SnCl^4$?

4° LEÇON

VALENCE DES ÉLÉMENTS. — NOMENCLATURE ET NOTATION DES SELS MÉTALLIQUES. — ÉQUATIONS CHIMIQUES.

23. *Valence des éléments*. — 1° Le chlore et l'hydrogène se combinent et donnent l'acide chlorhydrique HCl, corps dans lequel *un* atome de chlore est uni à *un* atome d'hydrogène. On dit que le chlore est *monovalent*;

2° Le soufre, l'oxygène donnent avec l'hydrogène les composés : H^2S, acide sulfhydrique ; H^2O, eau qui renferment *deux* atomes d'hydrogène unis à *un* atome de soufre ou d'oxygène. L'oxygène, le soufre sont *divalents*;

3° On connaît les composés AzH^3, gaz ammoniac; PH^3, hydrogène phosphoré, qui renferment *trois* atomes d'hydrogène combinés à *un* atome d'azote et de phosphore. L'azote, le phosphore sont *trivalents*;

4° Le gaz des marais, ou formène, ou méthane a pour formule CH^4; il renferme *quatre* atomes d'hydrogène pour *un* atome de carbone. Le carbone est *tétravalent*;

5º Il existe peu d'exemples de combinaisons des métaux avec l'hydrogène, mais les combinaisons chlorées sont nettement définies. Or le chlore et l'hydrogène peuvent se remplacer atome pour atome dans un grand nombre de molécules ; nous en verrons de fréquents exemples en chimie organique. Il est donc naturel de définir la valence des métaux par leurs combinaisons chlorées, et nous dirons par analogie avec ce qui précède :

a) Le potassium, le sodium, l'argent, dont les chlorures sont de la forme KCl, $NaCl$, $AgCl$, sont *monovalents*, car à *un* atome de métal se combine *un* atome de chlore ;

b) La plupart des métaux usuels, le fer, le zinc, le cuivre, le plomb, le calcium sont *divalents* ; leurs chlorures sont de la forme MCl^2 (M remplaçant le symbole du métal) ;

c) L'or est *trivalent ;* son chlorure a pour symbole $AuCl^3$;

d) Le platine et l'étain sont *tétravalents ;* on connaît les chlorures $PtCl^4$, $SnCl^4$.

Conclusion. *On dit qu'un corps est* **monovalent, divalent, trivalent, etc., quand un atome de ce corps se combine à un, à deux, à trois, etc., atomes d'hydrogène ou de chlore.**

24. Remarques. 1º Si un atome du corps considéré forme avec l'hydrogène ou avec le chlore plusieurs composés, il y a incertitude sur la valence, on se base alors sur l'ensemble des combinaisons de ce corps pour déterminer la valence qu'on devra adopter.

Ainsi, le phosphore forme avec le chlore les deux composés PCl^3, PCl^5 ; le phosphore est trivalent dans le premier, pentavalent dans le deuxième.

L'étain forme deux chlorures, $SnCl^2$, $SnCl^4$; ce métal est divalent dans le premier, tétravalent dans le second.

La connaissance de la valence *la plus habituelle* d'un corps peut rendre de grands services dans l'écriture des symboles des composés, mais c'est surtout en chimie organique que la notion de valence est précieuse ;

2º Un élément monovalent qui se combine atome pour atome au chlore ou à l'hydrogène se substituera de même à ces deux corps ; un élément divalent se substituera à deux atomes d'hydrogène, à deux atomes de chlore ou d'un autre élément monovalent ; il se combinera ou se substituera à *un* atome d'oxygène, de soufre ou d'un élément divalent. Nous allons voir l'application de cette dernière remarque.

Nomenclature et notation des sels métalliques.

25. Rappelons qu'un *acide* renferme de l'hydrogène remplaçable par un métal; le résultat de cette substitution est un *sel* :

1o Considérons l'acide azot-*ique* ou nitr-*ique;* ses sels sont appelés azot-*ates* ou nitr-*ates.*

Le symbole de l'acide azotique est AzO^3H ; la molécule renferme un atome d'hydrogène remplaçable par un métal. Si nous substituons un métal *monovalent*, la substitution a lieu atome pour atome, d'où les azotates :

AzO^3K, azotate de potassium ;
AzO^3Na, azotate de sodium;
AzO^3Ag, azotate d'argent.

Substituons un métal *divalent*; un atome de ce métal remplace deux atomes d'hydrogène, il faudra donc prendre 2 molécules d'acide azotique pour obtenir une molécule de sel, d'où les symboles :

$(AzO^3)^2Ca$, azotate de calcium ;
$(AzO^3)^2Pb$, azotate de plomb, etc. ;

2o L'acide sulfur-*ique* a pour molécule SO^4H^2 ; il y a deux atomes d'hydrogène remplaçables dans la molécule. Avec un métal monovalent, la substitution pourra porter sur les deux atomes d'hydrogène ou sur un seul ; les sels obtenus sont des sulf-*ates*. Si la substitution porte sur les deux atomes on a le sulfate de potassium SO^4K^2.

Ce sulfate est dit *neutre ;* il est sans action sur le tournesol.

Si la substitution ne porte que sur un atome, il reste encore un atome d'hydrogène non remplacé; on a alors le sulfate *acide* ou *bi* sulfate de potassium SO^4HK.

Ce sel se comporte vis-à-vis du tournesol bleu comme un acide ; il peut encore se combiner à une molécule de potasse pour donner le sulfate neutre.

Le terme *bi* sulfate signifie : *corps qui pour un même poids de métal renferme deux fois plus de soufre que le sulfate neutre.* Cette proposition est évidente à l'examen des formules.

3o La solution d'anhydride sulfur-*eux* se comporte comme un acide ; elle donne avec les bases des sels bien définis appelés sulf-*ites*. Il existe deux sulfites de sodium par exemple : le sulfite neutre SO^3Na^2 et le sulfite acide ou bisulfite SO^3HNa.

Quoique l'acide sulfureux n'ait pas été isolé, on admet qu'il existe dans la dissolution de l'anhydride ; on donne à cet acide la formule SO_3H_2.

De même, on admet l'existence de l'*acide carbonique* CO_3H_2, correspondant à l'anhydride CO_2. Les sels de l'acide carbonique sont des carbonates. On connaît un *carbonate neutre* de sodium CO_3Na_2 et un *bicarbonate* CO_3HNa appelé encore *sel de Vichy* (Voir *Carbonate de calcium*) ;

4° Les exemples précédents suffisent à montrer les règles suivies pour la nomenclature des sels et pour leur notation. Remarquons ceci :

Quand le nom de l'acide se termine par *ique*, le sel se nomme en supprimant le mot « acide, » en changeant *ique* en *ate* dans le nom de l'acide et en faisant suivre le terme ainsi obtenu du nom du métal. — Quand le nom de l'acide se termine en *eux*, on change *eux* en *ite* ;

5° Considérons un *hydracide*, l'acide chlorhydrique, par exemple ; nous voyons qu'il y a dans la molécule HCl un atome d'hydrogène remplaçable. Les sels de potassium, de sodium s'écrivent KCl, NaCl ; les sels de métaux divalents s'écrivent MCl_2. ($ZnCl_2$, $CaCl_2$, etc.).

Autrefois on appelait ces sels *chlorhydrates*, on dit encore : le chlorhydrate d'ammoniaque. Mais les sels précédents sont identiques aux composés *binaires* (n° 17) résultant de l'action du chlore sur les métaux, de sorte que les sels de l'acide chlorhydrique sont des *chlorures*.

De même, les sels de l'acide sulfhydrique H_2S sont des *sulfures*, identiques à ceux qu'on obtiendrait par action du soufre sur le métal.

REMARQUE. Les notions précédentes sur la nomenclature et la notation suffisent pour l'étude des composés que nous rencontrerons dans le cours ; nous compléterons cette étude au fur et à mesure des besoins.

Equations chimiques.

26. Reprenons une réaction étudiée en *première année* : la préparation de l'hydrogène au moyen du zinc et de l'acide chlorhydrique. Le tableau

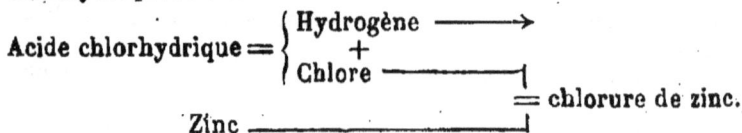

$$\text{Acide chlorhydrique} = \begin{cases} \text{Hydrogène} \longrightarrow \\ + \\ \text{Chlore} \end{cases}$$

$$= \text{chlorure de zinc.}$$

$$\text{Zinc} \underline{\hspace{6cm}}$$

rend compte de cette réaction. Mais nous pouvons interpréter cette réaction en utilisant les notions qui précèdent. Avant la réaction, nous avons de l'acide chlorhydrique et du zinc; après, nous obtenons de l'hydrogène et du chlorure de zinc. Nous pouvons dire que le poids de matière avant est le même qu'après la réaction et mettre cette réaction sous forme d'une égalité ou *équation*. Dans le premier membre, nous écrirons les symboles des corps soumis à l'expérience ; dans le second, nous écrirons les symboles des corps résultant de la réaction. Par le raisonnement, nous chercherons à déterminer le mécanisme de la réaction et le nombre de molécules ou d'atomes de chaque corps qu'il sera nécessaire d'employer.

Ainsi, dans la réaction précédente, un atome de zinc se substitue à deux atomes d'hydrogène, il est donc nécessaire de prendre deux molécules d'acide chlorhydrique pour un atome de zinc, et nous écrirons :

$$2\,HCl \quad + \quad Zn \quad = \quad ZnCl^2 \quad + \quad 2H.$$

acide chlorhydrique	zinc	chlorure de zinc	hydrogène.
$2 \times 36,5$	$+ \quad 65$	$= \quad 136$	$+ \quad 2$

On vérifie pratiquement que l'on a bien le même poids de matière dans les deux membres de l'égalité en comptant le nombre d'atomes de chaque corps de part et d'autre.

Il importe de remarquer que les chiffres placés en *exposants* ne s'appliquent qu'aux symboles qui les précèdent immédiatement. Ainsi, dans $ZnCl^2$, le chiffre 2 ne s'applique qu'au symbole Cl. Au contraire, les chiffres placés en *coefficient* s'appliquent à toute la molécule qui suit ce chiffre. Quand j'écris 2 HCl, cela veut dire 2 molécules d'acide chlorhydrique.

Une équation chimique telle que la précédente permet de résoudre des questions intéressantes soit dans les laboratoires, soit dans l'industrie. En voici des exemples :

PROBLÈME. — On veut remplir d'hydrogène un récipient contenant 100 litres. L'hydrogène est préparé au moyen du zinc et de l'acide chlorhydrique. Quel poids de chacun de ces corps devra-t-on employer ?

Solution : L'équation de la réaction (voir plus haut) nous montre que pour obtenir 2 grammes d'hydrogène, il faut prendre 71 grammes d'acide chlorhydriqpe et 65 grammes de zinc.

Or, 2 grammes d'hydrogène occupent un volume de $22^l,30$. Donc le poids d'acide chlorhydrique nécessaire est $\dfrac{71^g \times 100}{22,3} = 318^g,4$ et le poids de zinc est $\dfrac{65^g. \times 100}{22,3} = 291^g,5$

(On admet, bien entendu, que l'hydrogène est considéré sous ses constantes normales, c'est-à-dire à la température de 0° et sous la pression de 76 centimètres).

PROBLÈME. — Quel volume d'oxygène (mesuré à 0° et sous 76 centimètres) obtiendra-t-on par la décomposition de 100 g. de chlorate de potassium sous l'action de la chaleur ? On admet que la décomposition est complète.

Solution : La réaction se traduit par l'équation suivante :

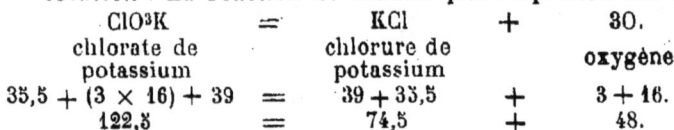

$$ClO^3K \quad = \quad KCl \quad + \quad 3O.$$

chlorate de potassium	chlorure de potassium	oxygène

$$35,5 + (3 \times 16) + 39 = 39 + 35,5 + 3 + 16.$$
$$122,5 = 74,5 + 48.$$

On voit que 122^g,5 de chlorate donnent 48 grammes d'oxygène. Or l'atome d'oxygène, de poids 16, occupe le même volume que l'atome d'hydrogène, c'est-à-dire que 16 grammes d'oxygène ont un volume de 11^l,15. Donc 48 grammes d'oxygène occupent un volume de 11^l,15 $\times$ 3 = 33^l,45.

Ainsi, 122^g,5 de chlorate donnent 33^l,45 d'oxygène

et 100 g. — donneront $\dfrac{33^l,45 \times 100}{122,5} = 27^l.3$

27. *Réactions étudiées en première année.* — Nous allons écrire les équations traduisant les principales expériences réalisées en première année. Nous n'écrirons que les symboles, les élèves nommeront eux-mêmes les corps correspondants.

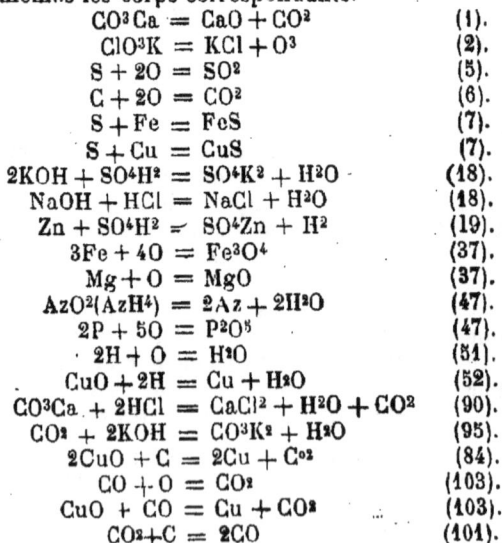

$$CO^3Ca = CaO + CO^2 \qquad (1).$$
$$ClO^3K = KCl + O^3 \qquad (2).$$
$$S + 2O = SO^2 \qquad (5).$$
$$C + 2O = CO^2 \qquad (6).$$
$$S + Fe = FeS \qquad (7).$$
$$S + Cu = CuS \qquad (7).$$
$$2KOH + SO^4H^2 = SO^4K^2 + H^2O \qquad (18).$$
$$NaOH + HCl = NaCl + H^2O \qquad (18).$$
$$Zn + SO^4H^2 = SO^4Zn + H^2 \qquad (19).$$
$$3Fe + 4O = Fe^3O^4 \qquad (37).$$
$$Mg + O = MgO \qquad (37).$$
$$AzO^2(AzH^4) = 2Az + 2H^2O \qquad (47).$$
$$2P + 5O = P^2O^5 \qquad (47).$$
$$2H + O = H^2O \qquad (51).$$
$$CuO + 2H = Cu + H^2O \qquad (52).$$
$$CO^3Ca + 2HCl = CaCl^2 + H^2O + CO^2 \qquad (90).$$
$$CO^2 + 2KOH = CO^3K^2 + H^2O \qquad (95).$$
$$2CuO + C = 2Cu + C^{o2} \qquad (84).$$
$$CO + O = CO^2 \qquad (103).$$
$$CuO + CO = Cu + CO^2 \qquad (103).$$
$$CO^2 + C = 2CO \qquad (101).$$

28. *Tableau des éléments, de leurs valences, de leurs symboles et de leurs poids atomiques.*

Corps monovalents.

Hydrogène..... $H = 1.$
Chlore......... $Cl = 35,5.$
Potassium...... $K = 39.$
Sodium........ $Na = 23.$
Argent........ $Ag = 108.$

Corps divalents.

Oxygène....... $O = 16.$
Soufre......... $S = 32.$
Calcium...... $Ca = 40.$
Magnésium .... $Mg = 24.$
Fer .... $Fe = 56.$
Zinc.......... $Zn = 65.$
Cuivre........ $Cu = 63.$
Plomb........ $Pb = 207.$
Mercure....... $Hg = 200.$

Corps trivalents.

Azote......... $Az = 14.$
Phosphore..... $P = 31.$
Or........... $Au = 196.$

Corps tétravalents.

Carbone....... $C = 12.$
Silicium....... $Si = 28.$
Platine........ $Pt = 193.$
Etain......... $Sn = 118.$
Aluminium .... $Al = 27.$

Autres corps.

Fluor $= Fl$, brome $= Br$, iode $= I$, sélénium $= Se$, tellure $= Te$, bore $= Bo$, arsenic $= As$, antimoine $= Sb$, bismuth $= Bi$, manganèse $= Mn$, chrome $= Cr$, nickel $= Ni$, cobalt $= Co$, baryum $= Ba$, strontium $= Sr$, lithium $= Li$.

On pourrait encore ajouter une douzaine de corps récemment découverts, mais ne présentant que peu d'intérêt pratique.

RÉSUMÉ

1. Un corps est dit *monovalent, divalent, trivalent*, etc., quand un atome de ce corps se combine à un, deux, trois, etc. atomes d'hydrogène ou de chlore. Le chlore est monovalent, le soufre divalent, l'azote trivalent, le carbone tétravalent, etc.

2. Quand un corps forme avec l'hydrogène ou le chlore plusieurs composés, on détermine sa *valence habituelle* d'après l'ensemble de ses combinaisons.

Un corps monovalent se substitue à 1 atome d'un autre corps monovalent, un corps divalent se substitue à deux atomes monovalents, ou à un atome divalent, etc.

3. On obtient le symbole d'un sel en substituant un métal à l'hydrogène *remplaçable* d'un acide, et en observant la règle relative aux valences.

Exemples : AzO^3K, $(AzO^3)^2Ca$, SO^4HK, SO^4K^2, SO^4Ca, etc.

4. Pour former le nom d'un sel, on change dans le nom de l'acide *eux* en *ite* et *ique* en *ate*, on supprime le mot acide et on ajoute le nom du métal.

Exemples : sulf-*ite* de sodium ;
azot-*ate* de potassium.

5. Les sels de l'*acide chlorhydrique* sont des *chlorures*, ceux de l'*acide sulfhydrique*, des *sulfures*.

6. Les réactions chimiques se traduisent par des égalités ou *équations chimiques*. Dans le premier membre, on écrit les symboles des corps soumis à l'expérience ; dans le second membre, on écrit les symboles des corps qui résultent de la réaction. On doit avoir dans les deux membres le même nombre d'atomes de chacun des corps.

EXERCICES

I. Se reporter aux paragraphes indiqués du *Cours de 1re année* et nommer les corps qui figurent dans les équations n° 27.

II. Nommer les acides qui correspondent aux sels suivants : hyposulfite de sodium. persulfate de potassium, hypochlorite de calcium, hypophosphite de sodium, manganite de calcium, permanganate de potassium, acétate de plomb, citrate d'argent, azotite de potassium.

III. Donner la formule des sels de potassium et des sels de calcium correspondant aux acides BrH ; IH, FlH, donner les noms de ces acides et ceux de leurs sels.

IV. On veut obtenir 120 litres de gaz carbonique en faisant réagir l'acide chlorhydrique sur le calcaire. Ce calcaire renferme 10 0/0 d'impuretés. Quel poids de calcaire et quel poids d'acide devra-t-on employer ?

5e LEÇON

CHLORURES NATURELS

MATÉRIEL : Chlorure de sodium ; chercher dans le gros sel de cuisine des trémies bien caractérisées. — Sel gemme. — Chlorure de potassium. — Chlorure de magnésium. — Carnallite.

Notions générales.

29. *Origine du chlore, des sels de sodium et de potassium.* — Composition de l'eau de mer. Si on fait évaporer 1 mètre

cube d'eau de mer, on trouve 34 à 35 kilogs de matières solides qui étaient dissoutes dans cette eau.

L'eau des diverses mers n'a pas, d'ailleurs, une composition uniforme. Considérons, par exemple, l'eau de la Méditerranée. Sur les 35 kilogs de matières solides contenues dans un mètre cube, nous trouvons en moyenne :

Chlorure de sodium.....	26 kilogs environ.	
— de potassium..	$0^{kg},84$.	
— de magnésium.	3 kilogs.	
Sulfate de calcium	$0^{kg},93$.	
— de magnésium ..	3 kilogs.	
Bromures.............	$0^{kg},170$.	

Au cours des périodes géologiques que la terre a traversées, des lagunes se sont trouvées séparées de la mer, des mers elles-mêmes ont pu être isolées de la masse des océans. Ces lagunes, ces mers intérieures en se desséchant ont produit des dépôts de gypse, de sel gemme, de sels de potassium que nous exploitons aujourd'hui.

En définitive, on peut dire que le plâtre, le chlore et ses dérivés, la plus grande partie des sels de potassium et de sodium utilisés par l'industrie, ont pour origine les substances en dissolution dans l'eau de la mer.

Chlorure de sodium (ClNa).

30. *État naturel et extraction.* — On évalue à 1 million de tonnes la consommation annuelle du chlorure de sodium en France. Plus de 400 000 tonnes sont utilisées à la fabrication de la soude. Le sel marin ou chlorure de sodium a plusieurs origines :

1º **Évaporation des eaux de la mer.** Cette évaporation se fait dans des bassins appelés *marais salants* (fig. 1). On en trouve en France sur le littoral de l'Atlantique et sur celui de la Méditerranée.

On fait arriver l'eau de la mer dans un premier bassin ou *vasière* où elle se clarifie. Elle passe ensuite dans une série de bassins où elle se concentre et laisse déposer les substances les moins solubles, notamment du sulfate de calcium. Elle est alors amenée dans les *tables salantes*, bassins peu profonds où la couche d'eau n'a que 5 à 6 centimètres. Par concentration, le sel se dépose. Lorsque la couche de sel atteint 5 centimètres, on fait couler l'eau, on met le sel en tas sur le bord des tables

salantes. Ce sel brut est exposé à l'air ; il renferme du chlorure
de magnésium, corps très soluble qui absorbe la vapeur d'eau
de l'atmosphère et s'écoule. Le sel qui reste ne renferme guère
que 2 0/0 d'impuretés.

Les eaux qui ont laissé déposer le sel marin s'appellent les
eaux mères. On peut les rejeter à la mer. Dans les marais
salants méditerranéens. on les traite pour en retirer le chlo-

Fig 1. — Marais salant. — L'eau de la mer est amenée dans des bassins
larges et peu profonds où elle se concentre ; le sel se dépose.
On le recueille et on le met en tas sur les digues qui séparent les
bassins

rure de potassium, le sulfate de sodium, le chlorure de magnésium et le brome (extrait des bromures).

1 000 litres d'eau de mer donnent environ 110 litres de saumure
à 25° B, concentration à partir de laquelle commence le dépôt de
sel. A 32° B, quand on cesse de recueillir le sel, le volume des
eaux mères est réduit à 25 litres.

2° **Mines de sel gemme**. Quelquefois le sel marin se trouve
dans le sol à l'état de roche assez pure pour être exploitée
directement. C'est ce qui a lieu à Wielicza, en Pologne ; à
Stassfurt, en Saxe ; à Cardona, en Espagne. Le sel ainsi obtenu
est le sel gemme. Nous avons indiqué son origine. Il se trouve
à des profondeurs plus ou moins considérables ; la base du
gisement de Stassfurt est à plus de 1 000 mètres de profondeur ;
à Cardona, l'exploitation a lieu à ciel ouvert.

Quand la roche est impure, on fore un trou jusqu'à la couche
de sel, on fait descendre un tube dans le trou et on verse de

l'eau. L'eau dissout le sel, on remonte l'eau salée et on la concentre. C'est ainsi qu'on procède pour extraire le sel dans l'est de la France. On trouve, en effet, dans les environs de Nancy des gisements assez importants de sel gemme impur. Dans la Lorraine annexée, à Vic, à Dieuze, les gisements sont plus importants encore.

3o **Sources salées.** Peu de sources salées sont assez concentrées pour qu'on puisse les traiter économiquement. On préfère aujourd'hui rechercher le gisement de sel traversé par les eaux et traiter ce gisement comme plus haut.

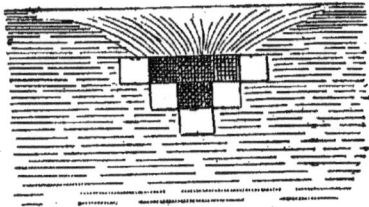

Fig 2. — Trémie de sel en voie de formation.

31. Propriétés. —
Corps blanc, cristallisant en cubes qui se groupent en *trémies* (fig. 2 et 3). Il n'entre pas d'eau dans la composition des cristaux, mais entre les cubes il y a souvent de l'eau interposée; c'est pourquoi le sel *décrépite* quand on le jette sur un brasier, l'eau d'interposition se vaporise alors brusquement et fait éclater les cristaux.

Le sel fond à 800° environ sans se décomposer.

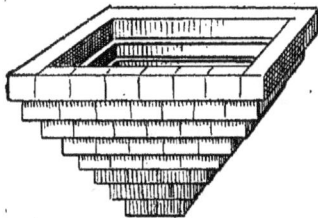

Fig. 3. — Une trémie formée définitivement.

Il est soluble dans l'eau, mais sa solubilité varie peu avec la température. 100 grammes d'eau dissolvent 36 grammes de sel à la température ordinaire, 40 grammes à l'ébullition.

L'acide sulfurique réagit sur le sel marin en donnant deux composés importants : le sulfate de sodium et l'acide chlorhydrique.

Le courant électrique décompose le chlorure de sodium, soit fondu, soit dissous; nous aurons à étudier les résultats de cette *électrolyse*.

32. Usages. — Indépendamment de son emploi dans l'alimentation de l'homme et des animaux, le sel marin est la matière première la plus importante des industries du chlore, de la soude et de leurs dérivés. Le tableau figure 15 résume les usages industriels du chlorure de sodium.

Chlorure de potassium (ClK).

33. *Etat naturel et extraction.* — 1º La concentration des eaux mères des marais salants laisse déposer un chlorure double de potassium et de magnésium. On traite le précipité par une petite quantité d'eau. Le chlorure de magnésium, très soluble, se dissout et il reste le chlorure de potassium.

2º Dans les mines de Stassfurt, au-dessus du gisement de sel gemme, on trouve un banc de *carnallite*, chlorure double de potassium et de magnésium, mélangé d'impuretés. Ce banc a de 25 à 42 mètres d'épaisseur. On peut en retirer, comme précédemment, le chlorure de potassium.

3º On extrait encore une petite quantité de chlorure de potassium par le lessivage des cendres de varechs.

34. *Propriétés et usages.* — Les propriétés physiques du chlorure de potassium sont à peu près les mêmes que celles du chlorure de sodium, ainsi que ses propriétés chimiques. (Les rappeler.)

Il y a en outre à signaler l'action du chlorure de potassium sur le nitrate de soude, utilisée dans la préparation artificielle du salpêtre (nº 89).

Le chlorure de potassium est une matière première de grande importance industrielle, il joue vis-à-vis des composés du potassium un rôle analogue au chlorure de sodium.

Mais le chlorure de potassium est encore employé en agriculture, soit sous forme de *carnallite*, soit purifié, de façon à correspondre à une teneur en potasse variant de 44 à 57 0/0, le chlorure de potassium est un engrais potassique recherché. La carnallite brute correspond à 10 0/0 environ de potasse.

Chlorure de magnésium (Cl²Mg.)

35. *Extraction, propriétés, usages.* — On a vu que le chlorure de magnésium est un résidu du traitement de la carnallite, ou des eaux mères des marais salants.

On l'utilise à la préparation du chlore et du *magnésium*. Sa solution concentrée est employée comme véhicule du froid. Les appareils frigorifiques refroidissent une solution de chlorure de magnésium qu'on fait ensuite circuler dans des tuyaux traversant les locaux que l'on veut refroidir.

RÉSUMÉ

1. Les *chlorures* naturels ont pour origine les eaux de la mer; les plus importants sont : le *chlorure de sodium*, le *chlorure de potassium* et le *chlorure de magnésium*.

2. Le chlorure de sodium s'extrait :

a) De l'eau de la mer, par concentration dans les marais salants;

b) Des gisements de *sel gemme*, provenant du dessèchement d'anciennes mers à diverses époques géologiques. Selon son état de pureté, on le débite comme une roche, ou bien on le retire par dissolution et cristallisation.

3. Le chlorure de sodium cristallise en cubes *anhydres*, associés en trémies; il est soluble dans l'eau. Avec l'acide sulfurique, il donne du *sulfate de sodium* et de l'*acide chlorhydrique;* par électrolyse il permet de préparer le chlore et la soude.

4. Le sel marin sert à l'alimentation de l'homme et des animaux; c'est la matière première indispensable aux industries du chlore et de la soude.

5. Le *chlorure de potassium* a la même origine que le chlorure de sodium; il a aussi des propriétés analogues. La *carnallite*, extraite des mines de Stassfurt, est un chlorure double de potassium et de magnésium.

6. Le chlorure de potassium est l'origine de la plupart des composés du potassium; l'agriculture l'emploie comme engrais; il fournit la potasse aux végétaux.

7. Le *chlorure de magnésium* est un résidu du traitement des eaux mères des marais salants et de la préparation du chlorure de potassium. C'est une source de chlore et de *magnésium*; il est utilisé comme véhicule du froid dans la réfrigération artificielle.

EXERCICES

I. Le chlorure de sodium a pour formule ClNa, le carbonate de sodium cristallisé $CO^3Na^2 + 10 H^2O$. Quel poids de carbonate de sodium obtiendra-t-on en traitant 1 tonne de sel? (On ne tiendra pas compte des déchets.)

II. Dans les salines du Midi, on recueille 85 % environ du sel contenu dans la mer. Quel volume d'eau de mer devra-t-on utiliser pour obtenir une tonne de sel.

6ᵉ LEÇON

ACIDE CHLORHYDRIQUE ET SULFATE DE SODIUM

MATÉRIEL : Sulfate de sodium. — Acide chlorhydrique. — Sel marin (fondu). — Acide sulfurique. — Tournesol bleu. — Solution de soude. — Calcaire. — Zinc. — Appareils figure 5 et figure 6. — 6 tubes à essais bien secs.

Préparation industrielle de ces deux corps.

36. L'action de l'acide sulfurique sur le chlorure de sodium donne lieu à la production simultanée d'acide chlorhydrique et de sulfate neutre de sodium, d'après la réaction :

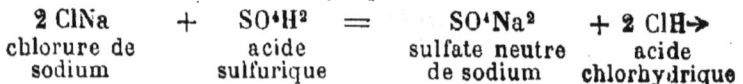

$$2\ ClNa \quad + \quad SO^4H^2 \quad = \quad SO^4Na^2 \quad + 2\ ClH \rightarrow$$

chlorure de sodium	acide sulfurique	sulfate neutre de sodium	acide chlorhydrique

L'opération s'effectue dans des fours mécaniques comme celui que représente la figure 4.

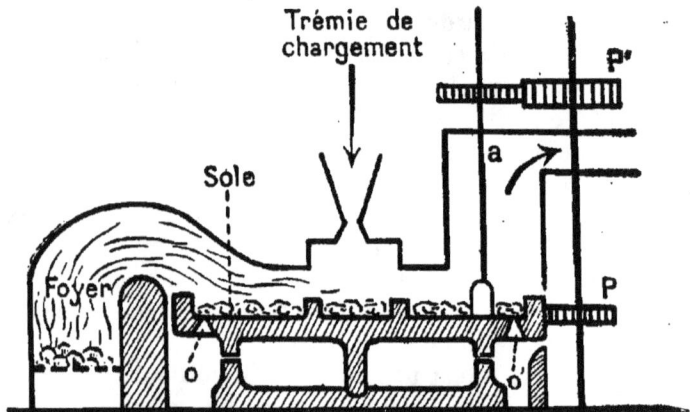

Fɪɢ. 4 — Schéma de four mécanique pour la préparation du sulfate de sodium et de l'acide chlorhydrique. — Les matières premières sont introduites par la trémie de chargement sur la sole du four. Cette sole tourne sous l'action du pignon P. La masse, chauffée par la flamme du foyer, est brassée par les agitateurs rotatifs *a*, actionnés par le pignon P′. L'acide chlorhydrique se dégage, le sulfate de sodium tombe par les orifices *o*, *o′*.

On peut même se passer de la production préalable d'acide sulfurique. Dans le procédé Hargreaves, on fait réagir dans des cylindres de fonte du gaz sulfureux, de l'oxygène (provenant de l'air) et de la vapeur d'eau sur le sel marin chauffé :

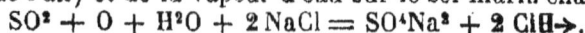

$$SO^2 + O + H^2O + 2\,NaCl = SO^4Na^2 + 2\,ClH \rightarrow.$$

Sulfate de sodium (SO⁴Na²).

37. *Propriétés et usages.* — Le sulfate de sodium existe dans l'eau de la mer (nᵒ 29) et des sources salées. Il cristallise en prismes volumineux, ce qui lui a valu le nom de « sel admirable ». On l'appelle encore « sel de Glauber ». En médecine, il est utilisé comme purgatif.

Son grand usage industriel est la préparation de la soude du commerce par le procédé Leblanc. On l'utilise encore dans la fabrication des verres ordinaires (29ᵉ leçon).

Acide chlorhydrique (ClH).

38. *Préparation dans les laboratoires.* — Ii suffit de chauffer dans un ballon (fig. 5) un mélange de sel marin et d'acide sul-

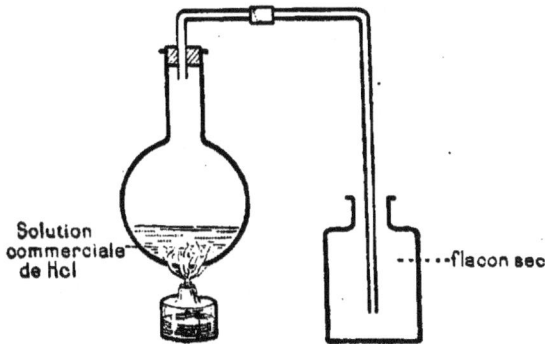

Solution commerciale de HCl

flacon sec

Fɪɢ 5. — Moyen simple d'obtenir le gaz chlorhydrique dans les laboratoires.

furique pour obtenir un dégagement d'acide chlorhydrique. (On emploie de préférence du sel fondu, le sel ordinaire produisant une mousse abondante.) Comme la température à laquelle on opère n'est pas aussi élevée que dans les fours industriels, on obtient du *sulfate acide* ou *bisulfate* de sodium d'après la réaction :

$$ClNa + SO^4H^2 = SO^4HNa + ClH \rightarrow.$$

On peut aussi se contenter de chauffer dans un ballon la solution du commerce (acide chlorhydrique ordinaire). On recueille le gaz par déplacement d'air (fig. 5) dans des vases bien secs.

39. *Propriétés*. — L'acide chlorhydrique est un gaz incolore, à odeur vive et piquante. Son poids moléculaire est représenté par 36,5 et sa molécule a pour symbole ClH.

Nous savons que la molécule-gramme occupe 22 litres environ ; nous pouvons donc dire :

a) Un litre de gaz chlorhydrique, dans les conditions normales, pèse $\dfrac{36^g,5}{22} = 1^g,65$.

b) La densité du gaz chlorhydrique *par rapport à l'hydrogène* est $\dfrac{36,5}{2} = 18,25$.

c) La densité du gaz chlorhydrique *par rapport à l'air* est $\dfrac{36,5}{2 \times 14,4} = 1,27$[1].

40. *Solubilité*. — Expérience. 1º Remplir de gaz chlorhydrique un tube à essais bien sec, le fermer avec le doigt,

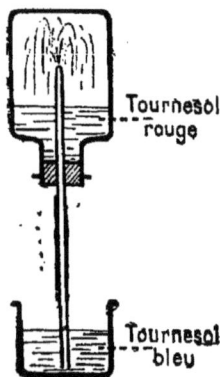

plonger l'orifice sous l'eau, soulever le doigt pour laisser rentrer un peu d'eau, refermer et agiter. Le tube adhère fortement au doigt. Ouvrir à nouveau l'orifice sous l'eau, le liquide remplit presque complètement le tube. — Expliquer ce qui s'est passé.

2º La grande solubilité du gaz chlorhydrique peut encore être mise en évidence par l'expérience représentée par la figure 6. Décrire l'appareil et expliquer ce qui se passe.

Fig. 6. — Solubilité du gaz chlorhydrique.

Dans la pratique, ce qu'on appelle acide chlorhydrique est une dissolution concentrée du gaz chlorhydrique dans l'eau. La solution est incolore quand elle est pure ; mais l'acide du commerce est généralement coloré en jaune par des impuretés.

1 litre d'eau peut dissoudre environ 500 litres de gaz chlorhydrique.

41. *Fonction acide*. — *Sels de l'acide chlorhydrique*. — Expérience. Dans un tube à essais renfermant du tournesol

---

1. Nous donnons ces indications une fois pour toutes. A l'avenir, quand nous parlerons d'un composé gazeux, les élèves feront eux-mêmes ces raisonnements.

bleu, verser une goutte d'acide chlorhydrique. Le tournesol vire au *rouge pelure d'oignon.*

EXPÉRIENCE. Dans un tube à essais renfermant de la craie, verser de l'acide chlorhydrique étendu. Il se produit une effervescence et il se dégage du gaz carbonique.

EXPÉRIENCE. Dans un tube à essais renfermant une solution de soude ou d'ammoniaque, verser avec précaution (au moyen d'un tube effilé ou d'une pipette) de l'acide chlorhydrique. Il se produit une combinaison avec grand dégagement de chaleur. Le tube devient brûlant.

EXPÉRIENCE. Dans un tube à essais renfermant de la grenaille de zinc, verser de l'acide chlorhydrique étendu ; il se produit une effervescence et il se dégage de l'hydrogène.

CONCLUSION. Ces diverses expériences mettent nettement en évidence la fonction acide de la solution de gaz chlorhydrique. Par son action sur les bases, sur les carbonates, sur les métaux, l'acide chlorhydrique donne des *chlorures.* L'argent, le mercure ne sont attaqués qu'à chaud, l'or et le platine ne sont pas attaqués. Le chlorure de calcium Cl^2Ca est obtenu par l'action de l'acide chlorhydrique sur le carbonate de calcium ; le chlorure de baryum résulte de l'action de l'acide sur le sulfure du métal ; le chlorure de zinc Cl^2Zn, le chlorure ferreux Cl^2Fe le chlorure stanneux Cl^2Sn (protochlorure d'étain) sont obtenus par action de l'acide sur le métal.

42. Action sur le bioxyde de manganèse. — Chauffée en présence du bioxyde de manganèse, la solution d'acide chlorhydrique donne un dégagement de chlore gazeux. (Voir 7e leçon.)

43. Usages. — Le principal usage de l'acide chlorhydrique consiste dans la préparation du chlore. On utilise cet acide à la préparation de quelques chlorures métalliques. On s'en sert aussi pour *décaper* les métaux, c'est-à-dire pour enlever la couche d'oxyde qui se forme à leur surface sous l'action de l'air humide.

Dans les laboratoires, il sert à obtenir le gaz carbonique et l'hydrogène.

RÉSUMÉ

1. L'action de l'acide sulfurique sur le sel marin donne lieu à la production simultanée de **sulfate** de sodium et d'acide chlorhydrique.

2. Le sulfate de sodium est utilisé dans la **verrerie** et pour la préparation de la soude artificielle par le procédé Leblanc.

3. L'acide chlorhydrique est un gaz incolore, à odeur vive et piquante. Ce gaz est très soluble dans l'eau, aussi l'acide du commerce est-il une dissolution concentrée de gaz chlorhydrique.

4. L'acide chlorhydrique est un acide très énergique, ses sels sont des *chlorures* ; il agit sur les carbonates, sur les oxydes, et sur la plupart des métaux ; l'or et le platine seuls ne sont pas attaqués.

5. L'acide chlorhydrique avec le bioxyde de manganèse donne un dégagement de *chlore*.

6. L'acide chlorhydrique sert à préparer le chlore, ainsi qu'un certain nombre de chlorures métalliques. On l'emploie au décapage des métaux, et dans les laboratoires à la préparation du gaz carbonique, de l'hydrogène.

EXERCICES

I. Sachant que la densité du gaz chlorhydrique est 1,27, trouver le poids du litre de ce gaz dans les conditions normales. On prendra 1^g,3 pour poids du litre d'air à 0° et sous 76 centimètres.

II. Ecrire les équations qui traduisent l'action de l'acide chlorhydrique :

a) Sur la chaux $Ca(OH)^2$;

b) Sur la soude NaOH;

c) Sur le fer.

III. Quels poids d'acide sulfurique et de sel marin faudra-t-il faire réagir pour obtenir 1 tonne de sulfate de sodium? Quel poids d'acide chlorhydrique aura-t-on ?

7e LEÇON

CHLORE

MATÉRIEL : Appareil figure 7. — Remplir par déplacement d'air 6 flacons de 250 grammes à large goulot et couvrir les flacons avec une soucoupe. — Appareil à dégagement de H^2S (fig. 35). — Tube 1 mètre de long environ et de 2 centimètres de diamètre fermé à un bout. — Ammoniaque du commerce. — Eau de chlore. — Tournure de cuivre. — Paquet de fil de fer. — Tournesol. — Encre noire.

REMARQUES. — Eviter de respirer le chlore gazeux. — Si on fait

l'expérience avec l'hydrogène (n° 48), le mélange sera préparé dans
l'obscurité et enveloppé dans une étoffe noire. Cette expérience est
dangereuse et exige une extrême prudence.

Chlore. Cl = 35,5.

**44. *Préparation*. — 1° Par le bioxyde de manganèse et l'a-
cide chlorhydrique.**
— EXPÉRIENCE. Dans
le ballon (fig. 7) on
chauffe avec précau-
tion un mélange de
bioxyde de manga-
nèse et d'acide chlor-
hydrique. Il se dé-
gage un gaz de cou-
leur jaune verdâtre
qu'on recueille par
déplacement d'air
dans un flacon. C'est
du *chlore*.

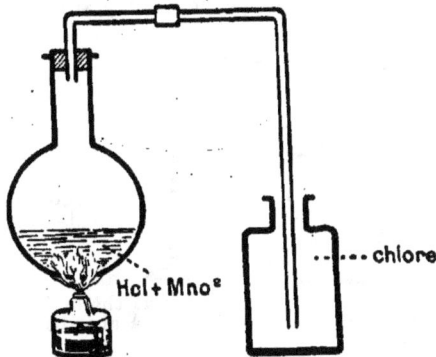

Dans l'industrie,
c'est le procédé de
préparation le plus ancien ; il est encore utilisé dans quelques
usines. La réaction est traduite par l'équation suivante :

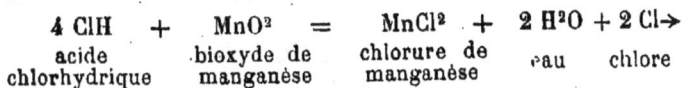

$$4\ ClH\ +\ MnO^2\ =\ MnCl^2\ +\ 2\ H^2O + 2\ Cl \rightarrow$$

acide   bioxyde de   chlorure de   eau   chlore
chlorhydrique manganèse   manganèse

Fig. 7. — Préparation du chlore dans les laboratoires

On voit que la moitié seulement du chlore se dégage ; de
plus, on a un résidu de chlorure manganeux. On a pu en traitant
convenablement le chlorure de manganèse obtenir un corps qui
peut remplacer dans la préparation du chlore le bioxyde de
manganèse, produit coûteux.

2° Électrolyse des chlorures. La décomposition ou électrolyse des chlorures métalliques fondus ou dissous donne un
dégagement de chlore à l'anode. C'est le chlorure de sodium
en solution qui est la source la plus importante de chlore préparé par électrolyse. On obtient en outre de la soude caustique. Une usine établie récemment en Italie dans les environs
de Brescia peut produire journellement plus de 20 tonnes
de chlore.

**45. *Propriétés*. — La couleur jaune verdâtre du chlore lui

a valu son nom. C'est un un gaz à odeur suffocante, dangereux
à respirer, car il détruit les tissus pulmonaires; il provoque la
toux et les crachements de sang. Son poids atomique 35,5 est
aussi sa densité par rapport à l'hydrogène; ce nombre indique
encore que 11 litres pèsent 35g5; d'où facilement le poids
du litre et la densité par rapport à l'air.

46. *Liquéfaction*. — A 10°, le chlore gazeux se liquéfie sous
une pression de 5 kilogs par centimètre carré. C'est donc un
gaz facile à liquéfier. On utilise pour la liquéfaction une pompe
dont le piston est recouvert d'acide sulfurique, liquide qui dis-

sout fort peu
le chlore. Le
chlore liquéfié
est livré dans
des siphons en
acier, ce métal
n'étant pas at-
taqué à froid
par le chlore.

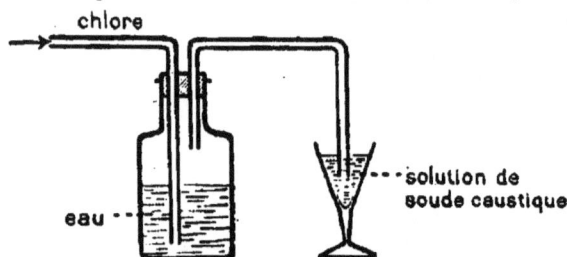

Fig. 8. — Appareil à préparer l'eau de chlore. La solution de soude caustique est destinée à absorber le gaz
non dissous.

**47. *Dissolu-
tion*.** — Expé-
rience. Verser
dans un flacon rempli de chlore 1/3 d'eau environ, agiter
en bouchant l'orifice avec la paume de la main. Le flacon
adhère fortement à la main; l'ouvrir en plaçant l'ouverture sous l'eau, l'eau remplit presque tout le flacon. Le chlore
est donc assez soluble dans l'eau.

A la température ordinaire, 1 litre d'eau dissout environ
3 litres de chlore. La dissolution a la couleur jaune verdâtre
et l'odeur du chlore.

48. *Action sur l'hydrogène*. — Dans un flacon on met des
volumes égaux de chlore et d'hydrogène.

Au contact d'une flamme, le mélange fait explosion et le
flacon est brisé. Le même résultat s'obtient à la lumière du
soleil ou à la lumière du magnésium. A la lumière diffuse, la
combinaison se produit lentement; au bout de quelques jours,
la coloration jaune du chlore est disparue. Cette grande affinité
du chlore pour l'hydrogène explique l'action de ce gaz sur les
composés hydrogénés.

49. *Action sur l'eau*. — Expérience. Exposer à la lumière
solaire un flacon rempli d'eau de chlore. On recueille les bulles

de gaz qui se dégagent. On constate que ce gaz est de l'oxygène. L'eau a été décomposée par le chlore :

$$H^2O + 2\,Cl = 2\,HCl + O\rightarrow$$

A la lumière diffuse, la décomposition est plus lente. Aussi conserve-t-on l'eau de chlore dans des flacons opaques. L'action est plus rapide en présence d'un corps capable d'absorber l'oxygène. EXEMPLE : l'acide sulfureux dissous passe à l'état d'acide sulfurique. Ainsi, en présence de l'eau, le chlore joue le rôle d'*oxydant*.

50. Décoloration. — EXPÉRIENCE. Verser de l'eau de chlore dans un flacon renfermant du tournesol bleu, et dans un autre renfermant de l'encre ordinaire. Ces deux corps sont *décolorés*. Cette propriété est utilisée dans le blanchiment.

51. *Action sur l'hydrogène sulfuré.* — Dans un flacon que l'on a rempli d'hydrogène sulfuré, faire arriver un courant de chlore gazeux. On constate un dépôt de soufre. Le chlore a enlevé l'hydrogène :

$$H^2S + 2\,Cl = 2\,HCl + S.$$

52. *Action sur l'ammoniaque.* — Dans le tube de 1 mètre de long fermé à un bout (fig. 9), mélanger de l'eau de chlore (9/10 environ) avec une solution d'ammoniaque. Retourner le tube sur un verre plein d'eau. De l'azote se rend au sommet du tube. Le chlore a donc enlevé l'hydrogène de l'ammoniaque.

Les deux réactions précédentes expliquent l'emploi du chlore pour *désinfecter* les fosses d'aisances. Par la putréfaction des matières que contiennent les fosses d'aisances, il se produit de l'hydrogène sulfuré et de l'ammoniaque qui se combinent et donnent un

FIG. 9 — L'ammoniaque est décomposée par le chlore.

gaz à odeur d'œufs pourris, dangereux à respirer, le *sulfure d'ammonium* qu'on appelle encore sulfhydrate d'ammoniaque. Ce gaz est détruit par le chlore.

53. *Action sur les matières organiques.* — Le chlore détruit les matières organiques en leur enlevant de l'hydrogène. Nous verrons en troisième année une action très importante : le chlore peut remplacer l'hydrogène atome pour atome dans

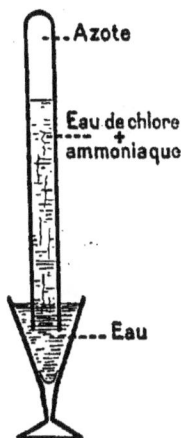

organiques et donner certains composés qu'on appelle des *dérivés de substitution*.

54. Action sur les métaux. — EXPÉRIENCE. Chauffer un morceau de tournure de cuivre et l'introduire dans un flacon de chlore gazeux (fig. 10). Le cuivre est porté à l'incandescence et il se forme du chlorure cuivrique. On obtiendrait le même résultat avec une spirale de fil de fer chauffée. Il se forme du perchlorure de fer.

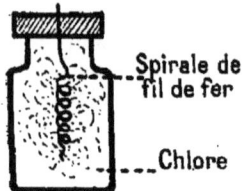

Spirale de fil de fer

Chlore

FIG. 10. — Une spirale de fer chauffée brûle dans le chlore avec des fumées de couleur rouge brun.

Tous les métaux donnent des chlorures avec le chlore. L'or et le platine se dissolvent dans l'eau de chlore ou dans *l'eau régale*, mélange d'acide azotique et chlorhydrique qui laisse dégager du chlore.

Il est à remarquer que lorsqu'il existe plusieurs chlorures d'un métal, l'acide chlorhydrique donne le moins riche en chlore, le chlore gazeux le plus chloruré.

L'action du chlore gazeux sur le fer, le cuivre, l'étain chauffés permet d'obtenir les chlorures ferrique, cuivrique, stannique.

L'or et le platine se dissolvent dans *l'eau régale* et donnent les chlorures d'or et de platine, $AuCl^3$ et $PtCl^4$. — On obtient aussi le perchlorure de fer ou chlorure ferrique, Fe^2Cl^6, en dissolvant le fer dans l'eau régale.

55. Action sur les bases. — Sur la potasse, la soude caustique en solution *étendue* et *froide*, et sur la chaux éteinte, le chlore donne des composés complexes appelés *chlorures décolorants* et que nous étudierons dans la prochaine leçon : eau de Javel et chlorure de chaux.

56. Usages. — Le chlore gazeux est surtout utilisé sous forme de chlorures décolorants. L'industrie emploie encore le chlore sous l'état liquide. Il sert au blanchiment, à la désinfection, à la préparation de divers chlorures.

RÉSUMÉ

1. On prépare le chlore en faisant agir le bioxyde de manganèse sur l'acide chlorhydrique.

L'électrolyse du chlorure de sodium et de quelques autres chlorures est actuellement une source industrielle de chlore très importante.

2. Le chlore est un gaz de couleur jaune verdâtre, très dense, à odeur suffocante. Il est dangereux à respirer.

Le chlore est facilement liquéfiable; il est assez soluble dans l'eau, mais sa dissolution s'altère à la lumière.

3. Le chlore se combine à l'hydrogène avec explosion sous l'action de la lumière solaire ; il se forme de l'acide chlorhydrique.

Le chlore réagit sur les composés qui renferment de l'hydrogène, il décompose l'ammoniaque, l'hydrogène sulfuré, l'eau, il détruit les matières organisées.

En présence de l'eau, le chlore agit comme *oxydant*.

4. Le chlore agit sur *tous* les métaux et donne des *chlorures*; c'est le seul corps qui attaque l'or et le platine.

5. Le chlore est un *décolorant*.

6. Le chlore agissant sur une solution *étendue* et *froide* de potasse, de soude caustique ou sur la chaux éteinte donne des *chlorures décolorants* : eau de Javel, chlorure de chaux.

7. Le chlore est employé à l'état liquide, mais plus souvent encore on l'utilise sous forme de chlorures décolorants. Il sert dans le blanchiment, pour la désinfection et pour la préparation de quelques chlorures (chlorure de fer, d'étain, d'or, de platine, etc.).

EXERCICES

I. Quel volume de chlore gazeux (à 0° sous la pression normale) pourra-t-on en obtenir avec 10 kilogs de chlore liquéfié ?

II. Quel poids de chlore obtiendra-t-on en traitant une tonne d'acide chlorhydrique ? Le rendement industriel n'est que les deux tiers du rendement indiqué par l'équation n° 44.

8e LEÇON

CHLORURES DÉCOLORANTS. — CHLORURES USUELS

MATÉRIEL : Chlorure de chaux (solide). — Eau de Javel du commerce. — Tournesol bleu. — Acide chlorhydrique. — Perchlorure de fer. — Chlorures stanneux et stannique. — Chlorure mercu-

reux (calomel) et chlorure mercurique (sublimé). — Chlorure d'or
(solide ou en solution).

Chlorures décolorants.

57. *Chlorure de chaux.* — Quand on fait passer un courant
de chlore gazeux sur de la chaux éteinte, on obtient un corps
de consistance pâteuse, appelé improprement *chlorure de chaux*
et qu'il ne faut pas confondre avec le chlorure de calcium Ca Cl².
Dans le commerce, ce chlorure de chaux est désigné sous le nom
de *chlore*. C'est en effet le véritable véhicule pratique du
chlore, car un kilog de chlorure de chaux peut dégager plus de
100 litres de ce gaz. Ce chlorure, étant solide, se transporte
facilement et sans danger.

On voit figure 11 l'appareil
qui sert à produire industriellement le chlorure de chaux.

Le chlorure de chaux se dissout dans l'eau en laissant comme résidu un dépôt de chaux
non attaquée.

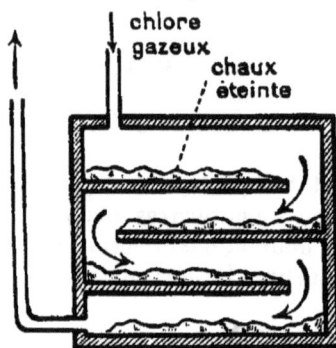

Fɪɢ. 11. — **Préparation industrielle
du chlorure de chaux.** — Le chlore
gazeux passe sur une série de
claies où l'on a disposé de la
chaux éteinte.

58. *Eau de Javel.* — A la
suite de notre appareil servant
à préparer la dissolution de
chlore (fig. 8), nous avons placé
un verre rempli d'une solution
étendue de soude caustique.
Nous avons fait barboter dans
cette solution le chlore non
dissous dans l'eau. Le chlore qui
se dégage par le tube est absorbé, et dans le verre, nous recueil-
lons de l'*eau de Javel*, analogue à celle du commerce. Il s'est
formé un mélange de chlorure et d'hypochlorite de sodium,
comme l'indique la réaction :

$$2NaOH \;+\; 2Cl \;=\; NaCl \;+\; ClONa \;+\; H^2O$$

soude   chlore   chlorure   hypochlorite
caustique   gazeux   de sodium   de sodium

eau de Javel.

On obtiendrait le même résultat en employant une solution
étendue et froide de potasse caustique. C'est même ce mélange de
chlorure et d'hypochlorite de potassium qui s'appelait autrefois *eau
de Javel*, le produit correspondant à la soude s'appelait *eau de
Labarraque*. Le terme eau de Javel a prévalu et s'applique à l'un

comme à l'autre produit. Mais comme le mélange de chlorure et d'hypochlorite de sodium coûte moins cher, c'est à peu près le seul que l'on trouve couramment dans le commerce.

59. *Préparation industrielle de l'eau de Javel.* — 1o **A partir du chlorure de chaux.** Dans la pratique industrielle, on obtient l'eau de Javel au moyen du chlorure de chaux. Pour des raisons que nous ne pouvons indiquer, on ne donne pas au chlorure de chaux une formule analogue à celle de l'eau de Javel, on lui donne la formule $CaOCl^2$. En faisant agir le carbonate de sodium sur le chlorure de chaux, on a la réaction :

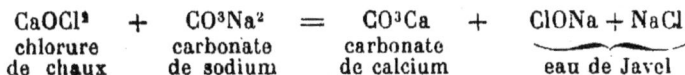

$$CaOCl^2 \quad + \quad CO^3Na^2 \quad = \quad CO^3Ca \quad + \quad ClONa + NaCl$$

chlorure   carbonate   carbonate
de chaux   de sodium   de calcium   eau de Javel

2o Par électrolyse. En faisant passer un courant électrique dans une solution de chlorure de sodium, on obtient la soude caustique à la cathode, le chlore gazeux à l'anode. (Voir *Physique : Electrolyse.*) Au lieu de recueillir séparément ces deux corps, on peut s'arranger pour les mélanger ; il se forme alors de l'eau de Javel, comme dans l'expérience no 58. A mesure que les installations d'énergie électrique se développent, ce procédé de préparation de l'eau de Javel prend de plus en plus d'extension.

60. *Propriété essentielle des chlorures précédents.* — Qu'il s'agisse d'eau de Javel ou de chlorure de chaux, les acides même faibles, comme l'acide carbonique, produisent un dégagement de chlore gazeux.

Expérience. Dans un tube renfermant du tournesol bleu, verser une solution de chlorure de chaux ou de l'eau de Javel : la décoloration ne se produit pas instantanément. Ajouter une goutte d'acide chlorhydrique, la décoloration est immédiate par suite du dégagement de chlore. Dans le cas où on a affaire à de l'eau de Javel, c'est l'hypochlorite qui est décomposé ; le chlorure de sodium n'a aucune action.

Le gaz carbonique de l'air agirait à la longue comme l'acide chlorhydrique. Voici dans ce cas les réactions qui se produiraient avec le chlorure de chaux et avec l'eau de Javel :

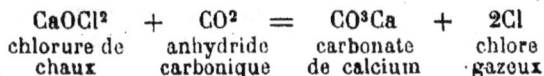

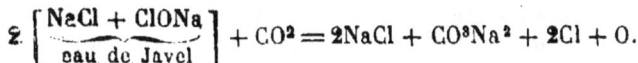

$$CaOCl^2 \quad + \quad CO^2 \quad = \quad CO^3Ca \quad + \quad 2Cl$$

chlorure de   anhydride   carbonate   chlore
chaux   carbonique   de calcium   gazeux

$$2 \left[\underbrace{NaCl + ClONa}_{\text{eau de Javel}} \right] + CO^2 = 2NaCl + CO^3Na^2 + 2Cl + O.$$

Ces réactions indiquent suffisamment la raison de l'emploi du chlorure de chaux et de l'eau de Javel à la place du chlore gazeux. Les produits précédents sont désignés sous le nom de *chlorures décolorants*.

61. Blanchiment des fibres végétales. — Les tissus de coton, les toiles nouvellement fabriquées possèdent une teinte jaune sale ou grisâtre peu agréable à l'œil (tissus écrus). De plus, les substances qui produisent cette teinte rendent impossibles les opérations de teinture. Il importe donc d'éliminer ces substances.

On appelle *blanchiment* l'opération qui consiste à enlever la matière colorante des tissus écrus, ainsi que les substances déposées sur ces tissus au cours de la fabrication.

Ces dernières substances sont enlevées par un ou deux lessivages en présence d'alcalis (potasse ou soude).

La matière colorante de la fibre était autrefois détruite par une longue exposition à l'air. L'oxygène de l'air se fixait sur la matière colorante, qu devenait alors soluble dans les alcalis; des lessivages successifs l'enlevaient. C'est d'ailleurs ainsi encore que procèdent pour le blanchiment les rares ménagères qui filent elles-mêmes le lin ou le chanvre dont elles font faire des toiles. Ce procédé long, coûteux, avait de plus l'inconvénient d'immobiliser des terrains d'excellent rapport.

L'oxydation de la matière colorante se fait rapidement en présence du chlore. Le tissu est plongé dans une solution *très étendue* de chlorure de chaux ou d'eau de Javel. A la sortie du liquide, le tissu subit l'action du gaz carbonique de l'air; le chlore, mis en liberté, détruit la matière colorante. Le tissu est ensuite lavé à l'acide chlorhydrique étendu, qui achève la décoloration (n° 60), et on termine par un lavage à grande eau.

Le chlorure de chaux, l'eau de Javel, sont parfois employés pour le *blanchissage* rapide des tissus de coton, de chanvre, de lin. Mais l'action répétée du chlore sur le tissu altère la fibre et diminue ainsi la résistance à l'usure.

Le blanchiment de la pâte à papier s'obtient aussi au moyen des chlorures précédents.

Les tissus d'origine animale, laine, soie, ne supportent pas l'action du chlore; on les blanchit au gaz sulfureux.

62. Désinfection. — Dans les fosses d'aisances, il se produit un gaz à odeur infecte, le sulfure d'ammonium, résultant de la combinaison de l'hydrogène sulfuré et de l'ammoniaque, deux corps qui se forment pendant la putréfaction des matières organiques. Le chlore détruit ce gaz. Aussi le chlorure de chaux est-il employé comme *désinfectant*.

Mais le chlorure de chaux est encore un *antiseptique* ; il détruit les germes des maladies contagieuses. Il peut être employé au lavage des parquets des pièces dans lesquelles a séjourné une personne atteinte d'une maladie contagieuse. On emploie la solution à la dose de 20 grammes par litre. On pourrait tout aussi bien employer l'eau de Javel.

Chlorures usuels.

63. 1º *Chlorures de fer.* — Le fer réagit sur l'acide chlorhydrique en donnant le chlorure ferreux $FeCl^2$, sans intérêt. Le chlore, sur le fer chauffé, produit le chlorure ferrique Fe^2Cl^6, anhydre. On obtient ce composé hydraté en faisant agir *l'eau régale* sur le fer. C'est un solide brun, soluble dans l'eau, employé en médecine pour arrêter les hémorragies (hémostatique).

64. 2º *Chlorures d'étain.* — L'acide chlorhydrique chauffé agit sur l'étain pour former le chlorure stanneux, $SnCl^2$. Le chlore, agissant sur l'étain chauffé, donne le chlorure stannique $SnCl^4$. Ce dernier corps, fumant à l'air, était autrefois appelé « liqueur fumante de Libavius ». Les chlorures d'étain sont employés en teinture.

65. 3º *Chlorures de mercure.* — L'acide sulfurique agit sur le mercure à chaud en donnant du *sulfate mercurique* SO^4Hg. Ce sulfate, broyé avec du mercure, se transforme en *sulfate mercureux* SO^4Hg^2

Chlorure mercurique ou *sublimé*. Le sulfate mercurique, chauffé avec du sel marin, donne par double décomposition du sulfate de sodium et du chlorure mercurique, corps volatil qui passe à l'état solide par *sublimation*. La réaction est la suivante :

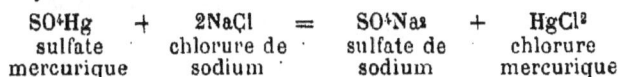

$$SO^4Hg \quad + \quad 2NaCl \quad = \quad SO^4Na^2 \quad + \quad HgCl^2$$

sulfate	chlorure de	sulfate de	chlorure
mercurique	sodium	sodium	mercurique

Le chlorure mercurique est un corps blanc, cristallisé, assez soluble dans l'eau, plus soluble dans l'alcool. Dissous dans l'eau, il se décompose à la longue; on évite cette décomposition en ajoutant à la solution un acide ou du sel marin. La formule la plus habituelle est la suivante : chlorure mercurique, 1 gramme ; acide tartrique, 4 grammes.

Le chlorure mercurique s'appelle encore *sublimé*, en raison de son mode de préparation. C'est sous ce dernier nom qu'il est le plus connu.

C'est un *antiseptique* puissant. A la dose de 1/10 000 (1 gramme pour 10 litres d'eau),il empêche encore le développement des germes de fermentation, de putréfaction et de maladies contagieuses, d'où son emploi pour la désinfection et pour la conservation des matières organisées. On l'utilise généralement à des doses de 1/1000 à 1/4.000.

C'est un des *poisons* les plus violents que l'on connaisse. 15 centigrammes peuvent provoquer chez l'homme des accidents mortels. Le contrepoison est l'albumine, qui forme avec le sublimé une combinaison insoluble.

Chlorure mercureux ou *calomel*. Le sel marin agissant sur le sulfate mercureux donne le *chlorure mercureux* ou *calomel* Hg^2Cl^2, corps blanc, peu soluble dans l'eau, employé en médecine comme purgatif à la dose de quelques centigrammes. A dose élevée, c'est un *poison violent*.

Sous l'influence des chlorures alcalins, il se décompose et donne du chlorure mercurique. C'est pour cette raison qu'après une purge au calomel, on prescrit de ne prendre aucun aliment salé avant que la purge ait agi.

66. *Chlorure d'or*. — Le chlorure d'or $AuCl^3$ s'obtient en dissolvant l'or par l'eau régale. C'est un solide d'un beau jaune, soluble dans l'eau et employé surtout en photographie dans l'opération appelée *virage*.

RÉSUMÉ

1. En faisant passer du chlore gazeux sur de la chaux éteinte, on obtient le *chlorure de chaux*, solide, de consistance pâteuse, vulgairement désigné dans le commerce sous le nom de « chlore ». Ce chlorure est soluble dans l'eau.

2. Le carbonate de soude en solution réagit sur le chlorure de chaux pour donner l'*eau de Javel*, mélange de chlorure et d'hypochlorite de sodium.

L'eau de Javel s'obtient directement par électrolyse de la solution de sel marin ou chlorure de sodium.

3. Le chlorure de chaux et l'eau de Javel sont encore appelés *chlorures décolorants*. Sous l'action des acides même faibles, comme le gaz carbonique, ils laissent dégager du chlore gazeux.

4. Les chlorures décolorants sont utilisés pour le *blanchiment* des fibres végétales. Le blanchiment consiste à enlever la matière colorante grisâtre ou jaune des tissus écrus, ainsi que les substances déposées sur le tissu au cours de la fabrication.

Les chlorures décolorants servent aussi pour la désinfection.

5. Les principaux chlorures usuels sont :

Le *perchlorure de fer* Fe^2Cl^6, ou chlorure ferrique, employé en médecine pour arrêter les hémorragies ;

Les *chlorures stanneux* $SnCl^2$ et *stannique* $SnCl^4$, employés en teinture ;

Le *chlorure mercureux* Hg^2Cl^2 ou *calomel*, employé comme purgatif, et le *chlorure mercurique* $HgCl^2$, poison violent qu'on utilise comme *antiseptique* ;

Le *chlorure d'or*, $AuCl^3$, employé en photographie.

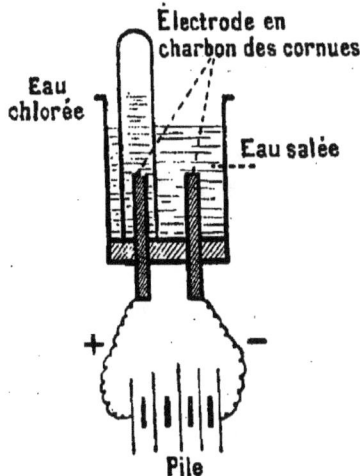

FIG. 12 — Voltamètre à chlore.

EXERCICES

I. Quel volume de chlore gazeux dégagera 1 kilog. de chlorure de chaux renfermant 15 p. 100 de chaux non attaquée ?

II. Si on dispose de 4 piles au bichromate au moins, ou d'une petite dynamo donnant une dizaine de volts, on pourra procéder à l'électrolyse de l'eau saturée de sel. On prendra pour électrodes deux crayons de charbon des cornues pour lampes à arc. En plongeant simplement les électrodes dans l'eau salée, et en faisant passer le courant, on constatera bientôt l'odeur caractéristique du chlore, et on pourra, avec la dissolution, obtenir les réactions de l'eau de Javel (n° 60). On peut aussi construire un voltamètre à chlore, comme celui de la figure 12.

9e LEÇON

SOUDE ET POTASSE DU COMMERCE

MATÉRIEL : Carbonate de sodium, de potassium. — Ammoniaque du commerce. — Solution saturée de sel marin. — Bicarbonate de sodium. — Cendres de bois.

Préparation industrielle.

67. 1º *Lessivage des cendres de varechs*. — On désigne sous le nom de « soude du commerce » du carbonate de sodium CO^3Na^2 qu'on obtenait autrefois par le lessivage des cendres

de divers végétaux qui poussent au bord de la mer et qui renferment des sels de sodium. Cette soude naturelle n'a plus
aucune importance. Presque toute la soude du commerce est
préparée artificiellement.

68. 2º *Soude Leblanc.* — Nicolas Leblanc découvrit en 1794
le moyen de préparer la soude au moyen du chlorure de sodium.
La fabrication comporte les opérations suivantes :

a) On fait agir l'acide sulfurique sur le sel marin, ce qui
donne simultanément l'acide chlorhydrique et le sulfate de
sodium (6e leçon);

b) Le sulfate de sodium est chauffé dans des fours, en présence de carbonate de calcium et de charbon. On peut décomposer la réaction en deux phases.

Dans la première, le sulfate de sodium est réduit par le
charbon

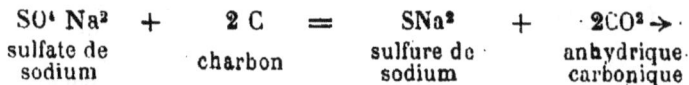

$$SO_4Na_2 \quad + \quad 2\,C \quad = \quad SNa_2 \quad + \quad 2CO_2 \rightarrow$$

sulfate de   charbon   sulfure de   anhydrique
sodium   sodium   carbonique

on obtient alors du sulfure de sodium et il se dégage du gaz
carbonique. Dans la deuxième phase, le sulfure de sodium et le
carbonate de calcium réagissent d'après l'équation :

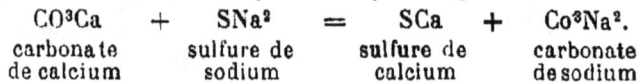

$$CO_3Ca \quad + \quad SNa_2 \quad = \quad SCa \quad + \quad Co_3Na_2.$$

carbonate   sulfure de   sulfure de   carbonate
de calcium   sodium   calcium   de sodium

c) Le mélange de sulfure de calcium et de carbonate de
sodium est soumis à un *lessivage méthodique.* Le sulfure de
calcium est pratiquement insoluble, l'eau ne dissout donc que
le carbonate de sodium. On concentre la dissolution et le carbonate cristallise.

d) Les résidus du lessivage constituent les charrées de soude.
On les a traitées pour retirer le soufre, passé à l'état de sulfure
de calcium. Ce soufre sert à fabriquer de l'acide sulfurique qui
entre dans la préparation. L'acide chlorhydrique sert à préparer du chlore et des chlorures décolorants. Toutes ces industries
se trouvent réunies dans la même usine.

Lessivage méthodique. Supposons 5 cuves (fig. 13) renfermant : 1 de
la soude brute neuve, 2, 3, 4, de la soude brute de plus en plus épuisée par l'eau, 5 renferme de la soude épuisée complètement. On
fait arriver l'eau pure en 4, puis elle passe successivement en 3, en
2, en 1. L'eau épuise 4 en produits solubles ; la solution se concentre
en passant d'une cuve à l'autre, car elle passe sur une matière de
plus en plus riche en produits solubles. Au bout d'un certain

temps, on met en vidange la cuve 4, complètement épuisée; on fait alors passer l'eau en 3, 2, 1, 5, cette dernière cuve ayant été remplie de soude brute non lessivée. Tel est le principe du *lessivage méthodique*, que nous retrouverons à maintes reprises dans ce cours.

69. Soude à l'ammoniaque. Procédé Solvay. — Le procédé Leblanc ne donne plus guère que 1/10 de la soude nécessaire à l'industrie ; les 9/10 proviennent des

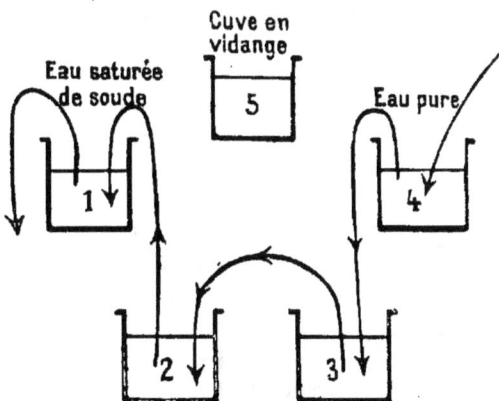

Fig. 13. — Lessivage méthodique (Schéma).

usines où l'on applique le procédé rendu pratique par Solvay en 1867. Les deux expériences suivantes feront connaître le principe de la fabrication.

Expérience. Mélanger une solution saturée de chlorure de sodium et une solution d'ammoniaque. Faire passer dans cette solution un courant de gaz carbonique. Il précipite un corps qui est le *bicarbonate de sodium* ou sel de Vichy (CO^3HNa), corps peu soluble.

L'équation suivante rend compte de la réaction :

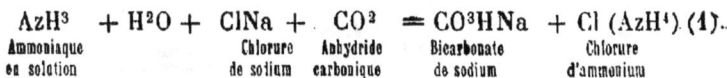

$$AzH^3 + H^2O + ClNa + CO^2 = CO^3HNa + Cl(AzH^4) \ (1).$$

Ammoniaque en solution		Chlorure de sodium	Anhydride carbonique	Bicarbonate de sodium	Chlorure d'ammonium

Expérience. Chauffer à l'ébullition le produit obtenu, on voit se produire une effervescence, il se dégage du gaz carbonique et le précipité disparaît. C'est que le bicarbonate de sodium peu soluble s'est transformé en carbonate neutre soluble :

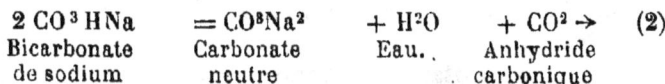

$$2\,CO^3HNa = CO^3Na^2 + H^2O + CO^2 \rightarrow \quad (2)$$

Bicarbonate de sodium	Carbonate neutre	Eau.	Anhydride carbonique

Régénérateur de l'ammoniaque. L'ammoniaque est passée à l'état de chlorure d'ammonium ; mais, en chauffant ce dernier produit avec de la chaux, on a un dégagement de gaz ammoniac qui rentre dans la fabrication. Outre la chaux, le four à chaux fournit encore du gaz carbonique; on recueille aussi le gaz provenant de la réaction (2) et on l'amène en bas de la colonne où s'opère la carbonatation. Le schéma figure 14 rend compte des diverses phases de l'opération.

En somme, l'ammoniaque n'étant qu'un intermédiaire, les matières premières sont le chlorure de sodium, le gaz carbonique et la chaux, ces deux derniers corps fournis simultanément par un four à chaux.

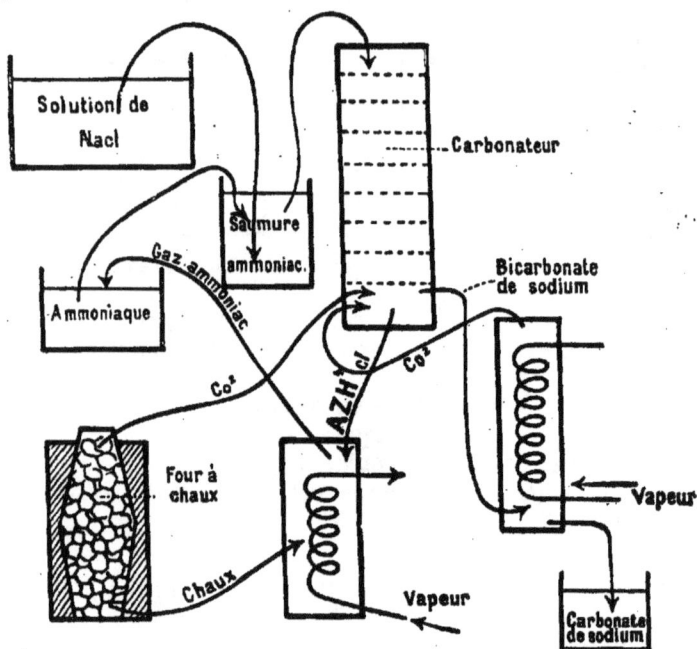

Fig. 14. — Schéma de la fabrication de la soude par le procédé Solvay.

Les usines Leblanc ne se maintiennent que grâce à la production d'acide chlorhydrique, et partant de chlore. La préparation du chlore par électrolyse pourra achever de les faire disparaître.

Potasse du commerce.

70. *Préparation industrielle.* — 1º **Lessivage des cendres.** EXPÉRIENCE. Faire bouillir dans un ballon pendant quelques minutes 50 grammes de cendres de bois dans 200 grammes l'eau environ. Décanter le liquide clair. En le concentrant, on obtient un corps solide cristallisé qui est le *carbonate de potassium*, ou potasse du commerce (CO^3K^2).

La présence de ce corps explique l'usage des cendres de bois pour le lessivage du linge. Les cendres sont aussi employées comme engrais.

Dans l'industrie, le lessivage méthodique des cendres de bois permet d'obtenir une certaine quantité de potasse.

2o **Potasse du suint**. On retire encore de la potasse des eaux de lavage des laines de mouton.

3o **Potasse des vinasses de betteraves**. Dans la fabrication de l'alcool par les mélasses, on obtient des résidus appelés *vinasses*. Ces vinasses calcinées donnent un *salin* poreux, noirâtre, d'où l'on peut retirer par des lavages répétés divers sels de potassium et en particulier du carbonate.

4o Enfin, on prépare la plus grande partie de la potasse employée par l'industrie par un procédé calqué sur le procédé Leblanc (no 68) pour la fabrication de la soude. On ne peut pas utiliser le procédé à l'ammoniaque.

71. *Propriétés des carbonates alcalins.* — Le carbonate de sodium est un sel incolore qui cristallise avec 10 molécules d'eau. A l'air, sa surface se recouvre de poudre blanche, et on peut constater que son poids diminue, c'est qu'il perd de l'eau ; on dit qu'il est *efflorescent*. Le carbonate de potassium, au contraire, absorbe l'humidité ; il est *déliquescent*.

La solution de carbonate de sodium ou de potassium absorbe le gaz carbonique et il se produit un bicarbonate *peu soluble*.

La solution *étendue*, traitée à l'ébullition par la chaux, donne de la *soude* ou de la *potasse caustique*.

Les carbonates alcalins sont indécomposables par la chaleur, mais le charbon les réduit au rouge ; le métal est isolé.
EXEMPLE :

$$CO^3Na^2 \quad + 2C \quad = Na^2 \quad + 3CO \rightarrow$$
carbonate   charbon   sodium   oxyde de carbone
de sodium

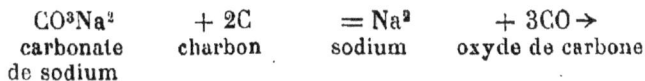

Cette réaction est utilisée pour la préparation du sodium et du potassium.

Usages de la potasse et de la soude.

72. La soude du commerce est plus utilisée que la potasse, parce qu'elle coûte moins cher.

Elle sert à préparer la soude caustique, le sodium, et tous les composés de ce métal. On l'utilise dans la fabrication du verre, pour le blanchissage du linge.

La potasse du commerce sert à préparer la potasse caustique, le potassium et divers composés de ce métal, le cristal, le verre de Bohême.

Par l'intermédiaire de la soude et de la potasse caustique, ces corps servent encore à la fabrication des savons. (Savons durs à base de soude, savons mous à base de potasse.)

RÉSUMÉ

1. La soude du commerce est du *carbonate de sodium*. On l'obtient artificiellement par deux procédés :

1° En faisant agir le carbonate de calcium sur le sulfate de sodium en présence du charbon (procédé Leblanc);

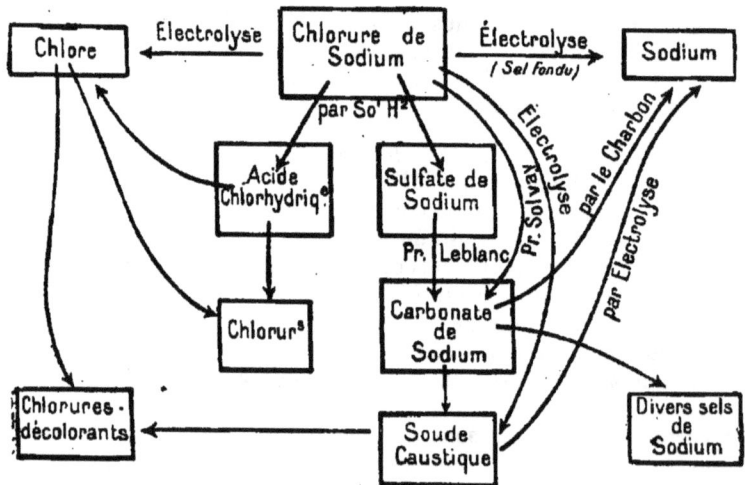

Fig. 15. — Tableau schématique des principaux dérivés du chlorure de sodium.

2° En faisant passer un courant de gaz carbonique dans un mélange d'une solution ammoniacale et d'une solution saturée de sel marin. Il se précipite du *bicarbonate de sodium*, peu soluble, qui se transforme en carbonate neutre à la température d'ébullition. L'ammoniaque est régénérée. (Procédé Solvay, ou à l'ammoniaque).

2. La potasse du commerce est du *carbonate de potassium* ; on en retire des cendres de végétaux terrestres, des eaux de lavage de la toison des moutons, des vinasses de betteraves, mais la plus grande partie provient du chlorure de potassium ; on l'obtient par des procédés artificiels analogues au procédé Leblanc pour la soude.

3. Les carbonates alcalins sont des sels incolores, cristallisés, solubles dans l'eau, surtout à chaud. Ils absorbent le gaz carbonique et donnent des *bicarbonates* peu solubles.

Leur solution étendue, traitée à l'ébullition par la chaux, donne la potasse ou la soude caustique ; ils sont décomposés par le charbon au rouge et le métal (potassium ou sodium) est isolé.

Le carbonate de potassium est *déliquescent*, celui de sodium est *efflorescent*.

4. La soude du commerce sert à préparer la soude caustique, le sodium et les composés du sodium. Elle entre dans la fabrication des verres ; elle sert pour le blanchissage du linge.

La potasse du commerce est utilisée dans la fabrication du cristal, du verre de Bohême.

La soude et la potasse, par les alcalis qui en dérivent, servent à la fabrication des savons.

EXERCICES

I. En France, on utilise environ 400 000 tonnes de chlorure de sodium à la fabrication de la soude commerciale. Quel poids de carbonate ($CO^3Na^2 + 10H^2O$) peut-on obtenir ?

II. Quel poids de soude caustique (NaOH) peut-on obtenir avec une tonne de carbonate de sodium du commerce ($CO^3Na^2 + 10 H^2O$) ?

III. Dans les engrais potassiques, on dose la potasse à l'état d'oxyde de potassium (K^2O). Des cendres de bois renferment 15 0/0 de carbonate de potassium, 6 0/0 d'acide phosphorique. Combien devra-t-on payer le quintal de cendres pour que le prix de la potasse ne soit pas plus élevé que dans le chlorure de potassium de Stassfurt, renfermant 75 0/0 de sel pur et vendu 20 francs les 100 kilogs ? (L'acide phosphorique vaut 0 fr. 20 le kilog.)

10ᵉ LEÇON

AMMONIAQUE (AzH^3)

Matériel : Solution ammoniacale du commerce. — Appareil

figure 16. — Tubes à essais et flacons *bien secs*. — Appareil
figure 18. — Acide chlorhydrique. — Baguette de verre. — Solutions
de sulfate ferreux, de sulfate de cuivre, d'azotate d'argent. — Tour
nure de cuivre. — Entonnoir.

Propriétés du gaz ammoniac.

73. *Couleur, odeur, densité*. — Voici de l'ammoniaque du
commerce, appelée encore *alcali
volatil* ; c'est un liquide incolore, à
odeur piquante caractéristique.
Cette odeur est due au dégagement
d'un gaz dissous dans le liquide. En
chauffant la dissolution, le gaz se
dégage (fig. 16); on peut le recueillir
simplement par déplacement d'air,
au moyen de l'appareil figure 16,
dans des flacons bien secs.

Ce gaz, appelé gaz *ammoniac*, a
une odeur vive et piquante, qui provoque le larmoiement. Il est incolore.

Sa molécule est représentée par
le symbole AzH³.

De ce symbole, tirer le poids moléculaire, la composition en volume
et en poids, le poids du litre, la
densité par rap-
port à l'air et à
l'hydrogène.

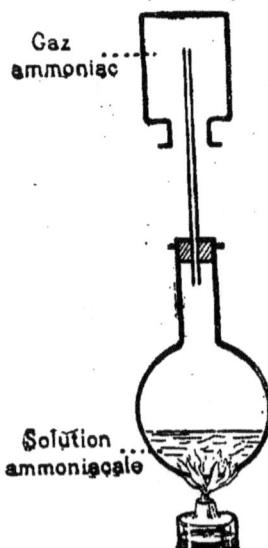

Fig. 16. — Appareil simple
pour recueillir le gaz ammoniac.

74. *Solubilité*.

— EXPÉRIENCE. Remplir de gaz ammoniac un
tube à essais (fig. 17) bien sec; fermer avec le
doigt l'extrémité du tube, plonger cette extrémité dans un verre d'eau. Soulever légèrement le doigt pour laisser rentrer un peu
d'eau et refermer le tube. Celui-ci adhère
fortement au doigt. En plaçant sous l'eau
l'ouverture du tube et en enlevant le doigt, le
tube se remplit presque complètement. Expliquer cette expérience.

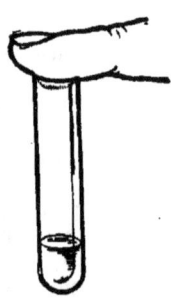

Fig. 17. — L'eau a
dissous le gaz am-
moniac et le tube
adhère fortement
au doigt.

EXPÉRIENCE. Décrire l'appareil représenté
par la figure 18 et expliquer l'expérience.

CONCLUSION. Le gaz ammoniac est *le plus soluble de tous les* az. Un litre d'eau dissout à 0° environ 1 000 litres de ce gaz. La solubilité diminue à mesure que la température s'élève ; à 30°, tout le gaz est éliminé. La diminuion de la solubilité avec l'élévation de température est d'ailleurs un fait général pour les gaz.

75. Liquéfaction. Glace artificielle. —

À la température ordinaire, on peut facilement liquéfier le gaz ammoniac par simple compression ; à 25°, il suffit d'une pression de 12 kilos par centimètre carré pour obtenir ce résultat. Le gaz liquéfié (ne pas le confondre avec la solution commerciale), abandonné à l'air entre en ébullition et se vaporise à nouveau. Il produit un abaissement de température jusqu'à — 23° qui est la température d'ébullition du liquide sous la pression ordinaire.

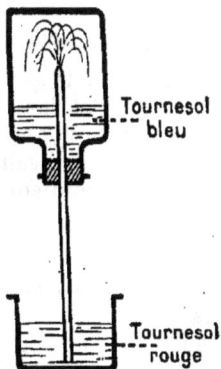

Fɪɢ. 18 — Expérience montrant la grande solubilité du gaz ammoniac.

Cette propriété fait employer le gaz ammoniac dans la production artificielle du froid et de la glace. Plus de la moitié des machines frigorifiques (600 environ) employées en France fonctionnent au moyen du gaz ammoniac.

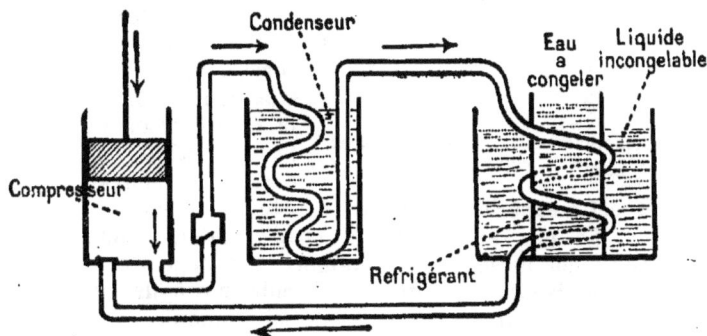

Fɪɢ. 19. — Schéma d'un appareil frigorifique à gaz ammoniac. — Le gaz comprimé par le *compresseur* se liquéfie dans le *condenseur*, le liquide circule dans un tube en serpentin où il se vaporise à nouveau en absorbant de la chaleur ; ce serpentin ou *réfrigérant* plonge dans un liquide incongelable (solution de sel marin ou de chlorure de magnésium). Dans ce liquide on place les moules renfermant l'eau à congeler. Le gaz ammoniac est ramené au compresseur qui joue le rôle de pompe aspirante et foulante.

La figure 19 représente le schéma d'un appareil frigorifique.

Le gaz ammoniac liquide est livré au commerce dans des tubes en acier très résistants. Son prix est d'environ 3 fr. 50 le kilog.

Propriétés de la dissolution.

76. La dissolution de gaz ammoniac constitue l'ammoniaque du commerce ; on l'obtient facilement en faisant barboter le gaz dans une série de bonbonnes contenant de l'eau. Sa densité est inférieure à celle de l'eau. La dissolution à 28° Baumé a une densité de 0,886 et contient 35 0/0 en poids de gaz. (Voir *Exercices*.)

77. *L'ammoniaque est une base puissante.* — Dans l'expérience fig. 18 on a vu que le tournesol rougi est ramené au bleu par la dissolution de gaz ammoniac. Cette dissolution est une base puissante, analogue à la potasse ou à la soude.

Expérience. Ajouter à de l'ammoniaque du commerce du tournesol bleu ; faire tomber goutte à goutte de l'acide chlorhydrique jusqu'à ce que le tournesol vire au rouge. Il s'est produit une vive réaction avec grand dégagement de chaleur, et si on évapore la dissolution on trouve un corps appelé *sel ammoniac* résultant de la combinaison de l'acide et de la base. On pourrait

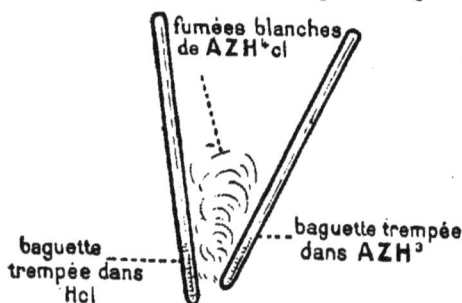

Fig. 20 — Combinaison des gaz ammoniac et chlorhydrique.

recommencer cette expérience avec n'importe quel acide.

Expérience. Le gaz ammoniac et le gaz chlorhydrique peuvent se combiner directement. Tremper une baguette de verre dans l'ammoniaque, une autre dans l'acide chlorhydrique. On voit se former des fumées blanches de sel ammoniac, provenant de la combinaison des deux gaz dans l'air (fig. 20).

L'ammoniaque se combine aux acides en donnant des sels bien définis, analogues aux sels correspondants de potassium ou de sodium ; ils ont souvent la même forme cristalline que ces derniers. Il existe en particulier deux corps appelés *aluns*, qui ont la même forme cristalline. L'alun ordinaire renferme du sulfate de potassium uni à du sulfate d'aluminium ; dans l'alun d'ammoniaque le sulfate de potassium est remplacé par du sulfate d'ammoniaque. De plus, un cristal d'alun ordinaire s'accroît aussi bien dans une solution d'alun ammoniacal que dans une solution d'alun de potasse. Ainsi, le sulfate d'ammoniaque et le sulfate de potassium peuvent se remplacer dans un même cristal : on dit que ces sels sont *isomorphes.* On convient de représenter les sels isomorphes par des formules analogues. Or, on obtient la formule du sulfate de potassium en substituant dans l'acide sulfurique 2 atomes de potassium à 2 atomes d'hydrogène. Au contraire, l'analyse montre que le sulfate d'ammoniaque a une formule qu'on obtient en juxtaposant une molécule d'acide sulfurique et deux de gaz ammoniac, cette formule est donc $SO^4H^2 (AzH^3)^2$. On ramène le sulfate d'ammonium à avoir un symbole moléculaire analogue à celui du sulfate de potassium par l'hypothèse suivante :

Il existe un corps appelé ammonium, de formule AzH^4, et qui n'a pas encore été isolé. Ce corps se comporte comme un métal monovalent et peut se substituer à un atome d'hydrogène dans un acide.

Un composé hypothétique tel que AzH^4, dont on admet l'existence et qu'on déplace en un seul bloc dans les réactions est un *radical.* Nous en aurons de nombreux exemples en chimie organique.

Ainsi, les combinaisons d'ammoniaque et d'acide sont des *sels d'ammonium.*

78. Action de l'ammoniaque sur les solutions de sels métalliques. — Expérience. Verser de l'ammoniaque dans une solution de sulfate de fer, il se forme un précipité vert sale d'hydrate ferreux. $Fe(OH)^2$. L'équation suivante exprime la réation :

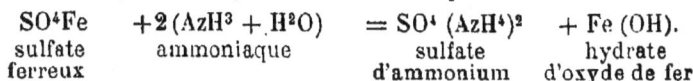

$$SO^4Fe \quad + 2(AzH^3 + H^2O) \quad = SO^4(AzH^4)^2 \quad + Fe(OH).$$

| sulfate ferreux | ammoniaque | sulfate d'ammonium | hydrate d'oxyde de fer |

Expérience. Dans une solution d'azotate d'argent $(AzO^3 Ag)$, verser goutte à goutte une solution d'ammoniaque. On voit d'abord se former un précipité brun d'oxyde d'argent (Ag^2O); puis si on continue d'ajouter de l'ammoniaque, le précipité disparaît; il s'est dissous dans l'ammoniaque en excès.

Expérience. Dans une solution de sulfate de cuivre, verser goutte à goutte de l'ammoniaque. Il se forme un précipité blanc bleuâtre. Si on ajoute de l'ammoniaque en excès, le précipité disparaît. Le précipité était de l'hydrate d'oxyde cuivrique $Cu(OH)^2$, il s'est dissous dans l'excès d'ammoniaque en donnant un liquide de belle couleur bleue : c'est l'*eau céleste.* La réaction est identique à celle qu'on obtient avec le sulfate ferreux. On voit que l'eau céleste est une dissolution d'hydrate cuivrique dans l'ammoniaque, mélangée de sulfate d'ammonium.

EXPÉRIENCE. On peut obtenir la dissolution d'hydrate cuivrique dans l'ammoniaque par un autre moyen. Sur un entonnoir (fig. 21), on place de la tournure de cuivre et on verse de l'ammoniaque. Le liquide recueilli est bleu. En le faisant passer à nouveau sur le cuivre et en répétant l'opération un certain nombre de fois, on obtient un liquide bleu foncé, le *réactif de Schweitzer*, qui dissout la cellulose (coton, etc.). Sous l'action de l'ammoniaque, le cuivre s'est oxydé aux dépens de l'oxygène de l'air, l'oxyde formé s'est hydraté et s'est dissous dans l'ammoniaque.

Nous avons vu (n° 69) l'utilisation de l'ammoniaque comme *intermédiaire* dans la préparation de la soude du commerce par le procédé Solvay.

79. *Action sur l'organisme.* — L'ammoniaque est un *caustique*, elle irrite surtout les muqueuses : il faut éviter son contact prolongé avec la conjonctive des yeux, car elle pourrait provoquer des ophtalmies dangereuses. On l'emploie pour combattre la *météorisation*. C'est un accident produit par une fermentation des fourrages verts ou humides dans la panse des ruminants, fermentation qui amène un dégagement considérable de gaz carbonique. L'ammoniaque agit en absorbant le gaz carbonique.

80 *Oxydation de l'ammoniaque. Nitrification.* — L'ammoniaque peut s'oxyder et donner naissance à de l'acide azotique, lequel se transforme en nitrates en présence des bases. (V. 12° *leçon*).

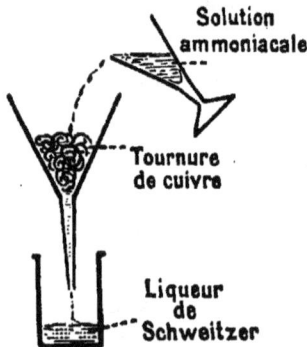

FIG. 21. — La solution ammoniacale passant sur de la tournure de cuivre donne la liqueur de Schweitzer.

RÉSUMÉ

1. Le gaz ammoniac a pour symbole AzH³; il est incolore, son odeur est vive et piquante. C'est le plus soluble de tous les gaz. A 0° 1 litre d'eau peut en dissoudre 1 000 litres. La solubilité diminue quand la température s'élève.

Le gaz ammoniac est facilement liquéfiable. Le liquide obtenu bout à — 23°. On utilise ce liquide pour la proluction du froid et la fabrication artificielle de la glace.

2. L'ammoniaque du commerce est une dissolution du gaz ammoniac. C'est une base puissante, analogue à la potasse et à la soude, qui donne avec les acides des sels nettement définis. La formule de ces sels s'obtient en remplaçant un atome d'hydrogène de l'acide par le corps hypothétique AzH⁴, appelé *ammonium*.

3. La solution ammoniacale déplace les bases métalliques, elle dissout l'oxyde d'argent, l'hydrate cuivrique. En passant sur des rognures de cuivre, elle provoque l'oxydation du métal; l'oxyde formé est dissous et cette dissolution est une belle liqueur bleue (liqueur de Schweitzer). Avec le sulfate de cuivre (vitriol bleu), l'ammoniaque donne l'*eau céleste*.

4. L'ammoniaque est utilisée comme *intermédiaire* dans la fabrication de la soude : c'est un *caustique*. On l'utilise pour combattre la *météorisation* des ruminants.

L'ammoniaque en s'oxydant donne de l'acide azotique et des nitrates si l'oxydation se produit en présence des bases.

EXERCICES.

I. On chauffe la solution ammoniacale à 28° B. (Voir n° 76). Quel volume de gaz pourra-t-on obtenir avec 100 cm³ de cette solution? (Gaz à 0° et sous 76 cm.)

II. Quel volume de gaz obtiendra-t-on en laissant évaporer 10 kilos d'ammoniac liquide? (Gaz à 0° et sous 76 cm.)

III. Ecrire la formule de la réaction de l'ammoniaque sur la solution d'azotate d'argent, sur celle de sulfate de cuivre.

11ᵉ LEÇON

ORIGINE DE L'AMMONIAQUE. — SELS AMMONIACAUX

MATÉRIEL. Blanc d'œuf, soude caustique. Appareil (fig. 22). — Eaux ammoniacales d'épuration du gaz. — Crud ammoniac (résidu de l'épuration chimique du gaz). — Chaux vive. — Sulfate, azotate, chlorure d'ammonium.

81. *La plupart des matières organiques renferment de l'azote.* — EXPÉRIENCE. Dans un tube à essais, chauffer du blanc

d'œuf, ou même de la farine avec de la potasse ou de la soude (fig. 22). A l'extrémité du tube, présenter un papier coloré en rouge avec du tournesol. Le tournesol bleuit. C'est qu'il s'est

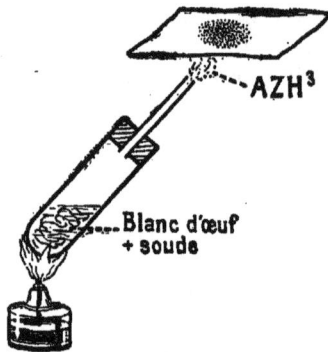

FIG. 22. — Le blanc d'œuf chauffé avec un alcali laisse dégager du gaz ammoniac qui bleuit le papier de tournesol rouge.

dégagé de l'ammoniaque, résultant de la combinaison de 'hydrogène et de l'azote contenus dans la matière examinée. La plupart des matières organiques renferment de l'azote. On reconnaît d'ailleurs assez sûrement les matières azotées à l'odeur de corne brûlée qu'elles dégagent pendant leur calcination. Qu'on se rappelle l'odeur de viande, de lait, même de pain brûlé.

82. Putréfaction des matières organiques azotées. — Nous savons que les matières organiques s'altèrent rapidement lorsqu'on les laisse à l'air. Cette altération se produit sous l'influence d'agents infiniment petits appartenant à la classe des champignons (moisissures) ou à celle des algues (bactéries). En particulier, les matières azotées qui subissent la putréfaction donnent lieu à la formation de gaz ammoniac. Ce gaz se trouve généralement combiné à divers acides produits pendant la putréfaction. Si la matière renferme du soufre, il se forme de l'hydrogène sulfuré, qui donne avec le gaz ammoniac du sulfure d'ammonium $(AzH^4)^2S$. Le plus souvent le gaz ammoniac se dégage à l'état de carbonate d'ammonium. Ainsi une substance azotée, l'urée, contenue dans l'urine, se transforme en carbonate d'ammonium. Une transformation analogue se produit dans les étables, d'où l'odeur caractéristique des fosses d'aisances, des étables mal tenues.

83. Distillation sèche des matières organiques. — La distillation sèche des matières organiques azotées donne lieu à un dégagement de produits ammoniacaux. C'est ce qui se produit pendant la préparation du gaz d'éclairage. Aussi la majeure partie de l'ammoniaque du commerce et des sels ammoniaux se retire des eaux d'épuration du gaz d'éclairage. Il se forme encore des dérivés ammoniacaux dans la préparation du coke; on en extrait aussi des gaz de gazogène.

84. *Chaux azotée*. — Depuis quelques années on sait fixer azote de l'air sur le *carbure de calcium*, corps bien connu qui ert à obtenir l'acétylène. L'azote utilisé dans cette opération se répare en distillant de l'air liquide par le procédé de l'ingénieur ançais Claude (V. 1re *année*, no 31). Le corps obtenu est désigné ommunément sous le nom de *chaux azotée*, il est appelé en himie *cyanamide calcique*. Sa formule est $C — AZ^2Ca$. Sous 'action de l'eau il se transforme peu à peu en ammoniaque t carbonate de calcium. (Ecrire la réaction.)

Dans le sol, il peut remplacer comme engrais le sulfate l'ammoniaque; on l'emploie à la dose de 225 kilogrammes à 'hectare, correspondant à 45 kilogrammes d'azote.

Des usines se construisent en France, dans la Savoie, pour a fabrication de ce composé azoté. Citons celle de Notre-Dame le Briançon.

85. *Industrie de l'ammoniaque et de ses sels*. — En dehors le la chaux azotée, l'industrie traite les eaux vannes des égouts t surtout les eaux d'épuration du gaz d'éclairage pour en retirer 'ammoniaque.

Expérience. Broyer du sel ammoniac (chlorure d'ammo- nium), et le mélanger avec de la chaux vive pulvérisée. On constate un dégagement de gaz ammoniac, dégagement plus rapide si on chauffe. La réaction est la suivante :

$$2AzH^4Cl + CaO = CaCl^2 + H^2O + 2AzH^3$$

chlorure　　chaux vive　　chlorure de　　　　　　gaz
d'ammonium　　　　　　　calcium　　　eau　　ammoniac

Cette expérience peut être répétée avec n'importe quel sel d'ammoniaque; on l'utilise quelquefois dans les laboratoires pour préparer le gaz ammoniac. Elle nous indique le principe de l'extraction industrielle de l'ammoniaque.

On chauffe en présence d'un lait de chaux les eaux ammo- niacales que l'on veut traiter. La chaux déplace le gaz ammo- niac qui se dégage. Si on veut avoir le gaz à l'état liquide, on le dessèche sur de la chaux vive et on le liquéfie par compres- sion.

Pour obtenir la dissolution, on fait arriver le courant gazeux dans une série de bonbonnes renfermant de l'eau. Quand on se propose de préparer un sel ammoniacal, on fait barboter le gaz ammoniac dans l'acide correspondant.

86. *Principaux sels ammoniacaux*. — Sulfate d'ammonium $(SO^4(AzH^4)^2$. C'est pratiquement le plus important des sels ammoniacaux, sa production est évaluée à 600 000 tonnes, dont les 4/5 sont utilisés comme engrais azoté.

Dans les terres calcaires, le sulfate d'ammonium subit une décomposition et donne naissance à du carbonate d'ammonium. (Écrire la réaction.) Ce carbonate d'ammonium est fortement retenu par les terres argileuses et subit la nitrification (nº 90).

On ne doit pas employer le sulfate d'ammonium dans les terres privées de calcaire; car, n'étant pas retenu par les propriétés absorbantes du sol, il serait entraîné par les pluies.

Chlorure d'ammonium (AzH⁴Cl). Ce corps appelé encore « sel ammoniac » est employé pour le décapage des métaux et pour faire fonctionner les piles de sonneries électriques. (Piles Leclanché.)

Azotate d'ammonium (AzO³(AzH⁴)). — Sert à produire des mélanges réfrigérants en se dissolvant dans l'eau.

Crud ammoniac. — Quoique ce ne soit pas un sel d'ammoniac, il convient de signaler ce résidu de l'épuration du gaz d'éclairage. Les sels ammoniacaux y sont accompagnés de substances toxiques qui font utiliser ce produit pour détruire les mauvaises herbes. Mais lorsqu'il est répandu sur le sol plusieurs mois à l'avance, les matières toxiques (sulfocyanures) qu'il renferme sont détruites par oxydation et le « crud ammoniac » agit comme engrais azoté.

RÉSUMÉ

1. La plupart des substances organiques renferment de l'azote. Par la putréfaction, cet azote s'unit à l'hydrogène et donne de l'ammoniaque. L'ammoniaque s'unit à l'hydrogène sulfuré, au gaz carbonique pour former du sulfure, du carbonate d'ammonium.

2. La distillation sèche des matières organiques donne lieu à la production de composés ammoniacaux.

3. L'azote se fixe sur le carbure de calcium pour donner la *chaux azotée*, qui sous l'action de l'eau se transforme en ammoniaque et carbonate de calcium.

4. Quand on traite un sel d'ammoniaque par la chaux, il se dégage du gaz ammoniac. Ce gaz peut être liquéfié, ou dissous dans l'eau, ou recueilli dans un acide.

L'industrie retire la presque totalité de l'ammoniaque et des sels ammoniacaux en traitant les eaux d'épuration du gaz d'éclairage.

5. Le plus important des sels ammoniacaux est le *sulfate d'ammonium* SO⁴(AzH⁴)², employé par l'agriculture comme engrais azoté.

L'agriculture emploie aussi le *crud ammonium*, résidu de l'épuration du gaz.

On utilise encore le chlorure d'ammonium AzH⁴Cl et l'azotate d'ammonium AzO³(AzH⁴).

EXERCICES

I. Écrire les équations qui traduisent les réactions :
  a) de l'eau sur la chaux azotée;
  b) du calcaire sur le sulfate d'ammonium.

II. Un engrais commercial renferme 95 0/0 de sulfate d'ammonium pur. Quel est le prix du kilogramme d'azote si cet engrais coûte 30 francs les 100 kilogs?

12ᵉ LEÇON

AZOTATES NATURELS. — NITRIFICATION

MATÉRIEL : Azotate de sodium. — Chlorure de potassium. — Salpêtre. — Soufre en canons et charbons pulvérisés. — Azotate de baryum. — Azotate de strontium.

N. B. — Pour les mélanges combustibles, toutes les substances employées doivent être bien sèches.

Azotate de sodium (AzO³Na) (*Nitrate de soude*).

87. *État naturel*. — L'azotate de sodium, ou nitrate de soude, ou salpêtre du Chili, a une grande importance au point de vue industriel et agricole. La consommation atteint 1 500 000 tonnes dont les 2/3 utilisés par l'agriculture. Industriellement, il sert à préparer presque tous les dérivés nitriques. Au point de vue agricole, c'est un engrais azoté immédiatement assimilable par les plantes.

Il existe en masses puissantes au Chili. On estime que les gisements seront épuisés dans 40 ans environ. Le nitrate est mélangé d'impuretés, chlorure, sulfate, iodures, iodates. On le purifie par dissolution dans l'eau chaude, puis par cristallisation. L'eau mère est utilisée pour l'extraction de l'iode.

88. *Propriétés et usages*. — Sel blanc, très soluble dans l'eau. Il absorbe l'humidité de l'air et se liquéfie (déliquescence).

Projeté sur des charbons ardents, il en active la combustion ;
on dit qu'il *fuse*. Il perd son oxygène et devient ainsi un
oxydant énergique.

L'acide sulfurique réagit en donnant de l'acide azotique
(n° 93). La solution d'azotate de sodium réagit à l'ébullition
sur celle du chlorure de potassium et dpnne de l'azotate de
potassium ou *salpêtre* et du chlorure de sodium (n° 90).

Le nitrate de soude, contrairement à la plupart des autres
substances minérales, n'est pas retenu par la terre arable ; on
ne doit le répandre qu'au printemps, au moment où les plantes
peuvent l'utiliser. Il est même bon de le répandre en plusieurs
fois. En l'employant trop tôt, on risque d'en perdre une grande
partie, entraînée par les eaux de pluie.

Azotate de potassium (AzO³K). (*Salpêtre*.)

89. *État naturel et préparation.* — Dans les pays chauds,
Inde, Égypte, après la saison des pluies, on voit à la surface du
sol se former une poussière blanche. C'est de l'azotate de potassium ou salpêtre. Ce corps se forme aussi dans nos pays dans
les caves, les étables, les endroits humides, là où se trouve de
la potasse et des matières organiques azotées en décomposition. Cette source de salpêtre, qui n'était pas très importante
il y a quelques années, pourrait être appelée prochainement à
un grand avenir.

90. *Nitrification.* — Nous savons (n° 82) que la putréfaction
des matières organiques azotées donne naissance à des sels
ammoniacaux. Sous l'influence d'organismes microscopiques,
l'ammoniaque est oxydée et transformée en acide nitrique.
Cette transformation s'effectue en deux phases sous l'action de
deux organismes différents, l'un transformant l'ammoniaque
en acide nitreux, l'autre donnant de l'acide nitrique. Cet acide
nitrique donne des azotates en se combinant au calcaire, aux
sels de potassium et de sodium que contient le sol. Cette transformation est la *nitrification*.

Pour que la nitrification s'effectue, diverses conditions sont
nécessaires.

a) Il faut évidemment des matières organiques azotées dans
le sol, ainsi que l'agent nitrificateur ;

b) L'oxygène et l'humidité sont aussi nécessaires ; une température de 35° environ est la plus favorable ;

c) La nitrification ne se fait pas en terrain acide ; il faut
que la terre soit *légèrement* alcaline. La présence des alcalis est

nécessaire pour saturer l'acide au fur et à mesure de sa formation.

Dans les grandes villes, on répand les eaux d'égout sur des terrains livrés à la culture. Ces eaux sont riches en sels ammoniacaux. Ces sels subissent la nitrification en filtrant à travers le sol. A Gennevilliers et à Achères, dans les environs de Paris, 5 000 hectares sont consacrés à l'épandage et reçoivent chaque jour 600 000 mètres cubes d'eau à épurer. Ces terrains, qui autrefois ne valaient pas plus de 400 francs l'hectare. se vendent actuellement de 10 à 12 000 francs.

On peut aussi faire filtrer les eaux d'égout sur des matières poreuses (lits bactériens) qui produisent une nitrification rapide. Depuis quelques années on a obtenu une nitrification intensive en arrosant de sulfate d'ammoniaque une couche de terreau de jardinier. La production de salpêtre s'élève à 4 000 tonnes par hectare et par an. Enfin, les recherches les plus récentes permettent d'espérer que les tourbières actuelles pourront un jour être transformées en vastes nitrières. (Müntz et Lainé.)

2° La plus grande quantité de salpêtre actuellement utilisé provient de la réaction du chlorure de potassium sur l'azotate de sodium :

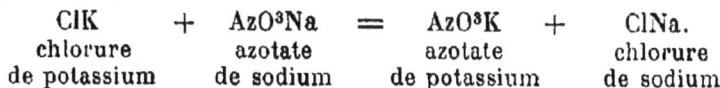

$$CIK \quad + \quad AzO^3Na \quad = \quad AzO^3K \quad + \quad ClNa.$$

chlorure	azotate	azotate	chlorure
de potassium	de sodium	de potassium	de sodium

On obtient un mélange de salpêtre et de sel marin. On sépare ces deux sels par cristallisation.

En concentrant la solution à l'ébullition, le sel marin précipite par évaporation du solvant. Le salpêtre, extrêmement soluble à chaud, reste en dissolution ; il cristallise par refroidissement, mélangé d'un peu de sel marin. On le purifie en le lavant avec une solution saturée de salpêtre pur, qui ne peut plus dissoudre de salpêtre, mais qui enlève le chlorure de sodium. Cette purification s'appelle *clairçage.*

3° On a pu réaliser industriellement la combinaison directe de l'oxygène et de l'azote de l'air dans un four électrique spécial. On obtient ainsi du peroxyde d'azote qu'on transforme en nitrate en présence de la chaux. Ce nitrate est actuellement vendu à des prix qui font concurrence au nitrate de soude du Chili. La production est aujourd'hui de 800 kilogs de nitrate de calcium environ par cheval et par an. Diverses usines représentant une puissance de 300 000 chevaux sont en voie d'installation en Norvège pour la préparation de ce corps.

91. *Propriétés et usages.* — Le salpêtre est un sel blanc, qui cristallise en aiguilles. Il est très soluble dans l'eau chaude,

100 grammes d'eau, qui dissolvent seulement 13 grammes de salpêtre à 0°, en dissolvant 246 grammes à 100° et 335 grammes à 116°, point d'ébullition de la solution saturée. Au rouge, il se décompose en azotite et oxygène :

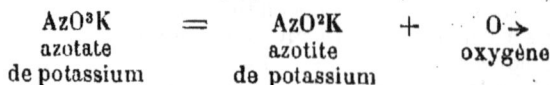

$$AzO^3K \quad = \quad AzO^2K \quad + \quad O \rightarrow$$
azotate de potassium — azotite de potassium — oxygène

L'acide sulfurique réagit sur l'azote de potassium en donnant de l'acide azotique et du sulfate de potassium (n° 93).

La propriété la plus importante du salpêtre est celle de céder facilement son oxygène aux corps combustibles : il *fuse* les charbons ardents.

EXPÉRIENCE. Pulvériser séparément du salpêtre, du soufre en canons, du charbon de bois ; faire 3 mélanges bien intimes dans les proportions suivantes :

a) 10 grammes de salpêtre et 2 grammes de charbon ;

b) 10 grammes de salpêtre et 4 grammes de soufre ;

c) 20 grammes de salpêtre, 4 grammes de charbon et 3 grammes de soufre.

Mettre quelques pincées de chacun de ces mélanges sur un petit carré de papier et les allumer. Ils brûlent avec explosion.

Le dernier mélange correspond à peu près à la composition de la poudre noire. La combustion de ce mélange peut être représentée par la réaction :

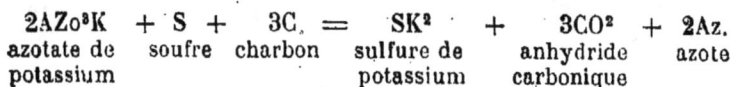

$$2AzO^3K \quad + \quad S \quad + \quad 3C \quad = \quad SK^2 \quad + \quad 3CO^2 \quad + \quad 2Az.$$
azotate de potassium — soufre — charbon — sulfure de potassium — anhydride carbonique — azote

Le sulfure de potassium (SK^2) est solide ; les autres produits de la combustion sont gazeux.

92. *Poudre noire.* — Pour fabriquer la poudre noire, on fait un mélange de salpêtre, de soufre et de charbon pulvérisés séparément. On humecte d'eau ce mélange et on le triture soit sous des meules, soit sous des pilons mécaniques. On obtient ainsi des *galettes* qu'on sèche et qu'on divise en grains de grosseur convenable dans un tamis appelé *guillaume*. Les grains, séparés en plusieurs grosseurs, sont polis par frottement mutuel dans une *tonne* animée d'un mouvement de rotation.

Aujourd'hui on fabrique des poudres sans fumée, à base de fulmi coton, de nitro-glycérine et d'acide picrique.

Les *feux de bengale* sont obtenus en mélangeant au salpêtre et au soufre divers sels métalliques suivant les couleurs que l'on

ut obtenir. On peut remplacer le salpêtre par le chlorate de
•tassium.

EXEMPLE. Au mélange *a*) nº 91, ajouter une pincée d'azotate
• baryum ou d'azotate de strontium, enflammer et constater la
•loration verte du premier feu, la coloration rouge du deuxième.

RÉSUMÉ

1. L'*azotate de sodium* ou nitrate de soude existe en
•asses puissantes au Chili.

Ce corps est utilisé en agriculture comme engrais azoté,
• sert à préparer industriellement le salpêtre ainsi que
•acide azotique.

Le nitrate de soude n'est pas retenu par la terre
•rable.

2. Le salpêtre ou *azotate de potassium* est obtenu indus-
•riellement par double décomposition entre le chlorure de
•otassium et le nitrate de sodium.

C'est un oxydant énergique employé dans la prépara-
•on de la poudre noire et en pyrotechnie.

3. Les matières organiques azotées se transforment en
•érivés ammoniacaux par la putréfaction. L'ammoniaque
•st oxydée dans le sol sous l'action de microbes, dits *nitri-*
•*cateurs*, qui donnent lieu à une production d'acide azo-
•ique. Cet acide se combine aux bases du sol pour donner
•es nitrates. Ce phénomène s'appelle *nitrification*.

4. L'azote et l'oxygène se combinent directement sous
•'action de l'étincelle électrique. Cette combinaison, effectuée
•lans un four électrique spécial, donne du peroxyde d'azote
•ui, en présence de la chaux, se transforme en nitrate de
•alcium. Ce nitrate est utilisé comme engrais azoté.

EXERCICES

I. En admettant que la température des gaz produits par la
•ombustion de la poudre soit 1 100º, déterminer le volume de gaz
•btenu en faisant brûler 10 grammes de poudre.

II. Le nitrate de soude du Chili coûte 22 francs les 100 kilogs.
•l est à 90 0/0 de pureté. Quel devra être le prix du quintal de nitrate
•e calcium pur, obtenu synthétiquement pour que le kilog. d'azote
•it la même valeur dans les deux nitrates?

13e LEÇON

ACIDE AZOTIQUE (AzO³H)

Acide nitrique ou eau-forte.

MATÉRIEL : Acide azotique fumant, acide du commerce, salpêtre, acide sulfurique, nitrate de sodium. — Noir de fumée, phosphore, essence de térébenthine, papier-filtre. — Tournure de cuivre, lame de cuivre bien décapée, cire ou paraffine ou vernis, clous en fer. — Dérivés organiques divers de l'acide azotique : nitrobenzine, fulmicoton, acide picrique, collodion. — Appareil fig. 23 et 27. Mettre des bouchons en liège.

REMARQUE. La plupart des expériences avec l'acide azotique dégagent des vapeurs dangereuses à respirer. Ne pas laisser ces vapeurs se dégager dans la salle de classe.

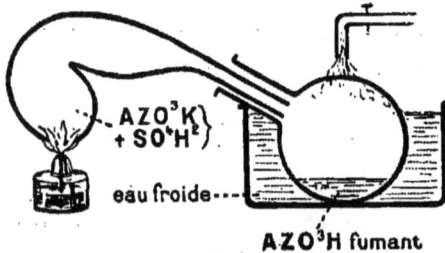

FIG. 23 — Préparation de l'acide azotique dans les laboratoires.

Préparation.

93. a) Dans les laboratoires. — EXPÉRIENCE. Chauffer dans une cornue (fig. 23) un mélange d'azotate de potassium et d'acide sulfurique. Recueillir les gaz qui se dégagent dans un petit ballon plongeant dans un verre d'eau froide. Dans ce tube les vapeurs se condensent et donnent un liquide jaunâtre qui est l'acide azotique.

La réaction est exprimée comme suit :

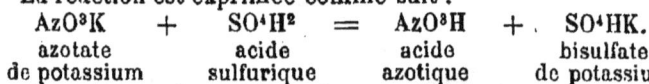

$$AzO^3K \quad + \quad SO^4H^2 \quad = \quad AzO^3H \quad + \quad SO^4HK.$$

| azotate de potassium | acide sulfurique | acide azotique | bisulfate de potassium |

On voit que la moitié seulement de l'hydrogène de l'acide sulfurique est remplacé par du potassium, on obtient donc du *bisulfate de potassium*.

94 b) Dans l'industrie. — On fait agir l'acide sulfurique sur le nitrate de sodium. Dans les fours où s'effectue la réaction (fig. 24), la température étant assez élevée, le bisulfate de sodium réagit partiellement sur l'azotate en excès, de sorte qu'on se rapproche de la réaction suivante :

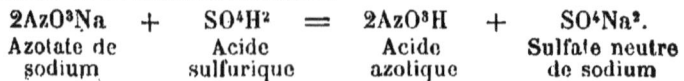

$$2AzO^3Na \quad + \quad SO^4H^2 \quad = \quad 2AzO^3H \quad + \quad SO^4Na^2.$$

| Azotate de sodium | Acide sulfurique | Acide azotique | Sulfate neutre de sodium |

On emploie l'acide sulfurique à 60°, tel qu'il sort de la tour e Glover, et la réaction se produit dans des cylindres en

fonte, chauffés par un foyer. Les vapeurs traversent un long tube de poterie et vont se condenser dans une série de bonbonnes en grès C', C. Elles passent ensuite dans

Fig. 24. — Préparation industrielle de l'acide azotique.

une tour à coke, qu'elles traversent de bas en haut, tandis qu'un ilet d'eau coule de haut en bas et en achève la condensation.

Propriétés.

95. — L'acide azotique pur est incolore; il répand à l'air des fumées blanches, d'où le nom d'*acide fumant*. La lumière le décompose partiellement et donne des vapeurs rouges qui restent dissoutes au sein de l'acide et le colorent en jaune ou en rouge. L'acide concentré marque 50° à l'aréomètre de Baumé (d = 1,53).

L'acide du commerce est encore appelé *quadrihydraté*, car on peut le considérer comme formé de la combinaison de l'*anhydride azotique* Az^2O^5 avec 4 molécules d'eau. Il marque 43° à l'aréomètre B.

96. *Rôle oxydant.* — Expérience. Tremper un morceau de papier à filtrer dans l'essence de térébenthine et verser sur le papier quelques gouttes d'acide azotique fumant : il se produit des vapeurs rouges (vapeurs rutilantes) et le papier peut même s'enflammer. C'est que l'acide azotique a été décomposé, a cédé une partie de son oxygène à l'essence de térébenthine. Les vapeurs rouges sont un mélange en proportions variables d'*anhydride azoteux* Az^2O^3 et d'*oxyde perazotique* AzO^2.

Expérience. Verser avec précaution de l'acide fumant sur du noir de fumée chauffé (fig. 25). Il y a inflammation du charbon.

(Pour éviter les projections d'acide, disposer l'expérience comme la représente la figure 25).

Expérience. Dans un tube à essais renfermant de l'acide fumant, jeter un petit morceau de phosphore (fig. 26). On voit se dégager des vapeurs rutilantes et le phosphore finit même par s'enflammer [1]. Il se forme de l'acide phosphorique.

EXPÉRIENCE. Dans un tube à essais renfermant de l'acide fumant, jeter un petit morceau de glucose, si la réaction ne se produit pas spontanément, chauffer légèrement. Le dégagement de vapeurs rouges annonce que l'acide azotique est réduit. Le glucose est transformé en *acide oxalique*.

Ces expériences peuvent aussi se faire avec l'acide du commerce;

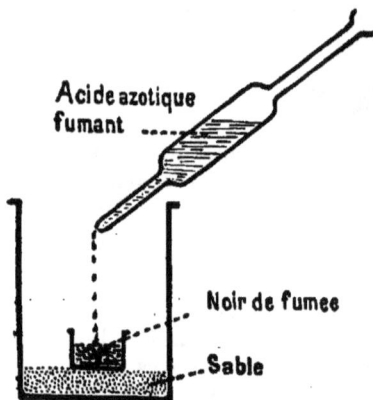

Acide azotique fumant

Noir de fumee

Sable

Vapeurs rutilantes

AZO³H fumant

Phosphore

Eau

FIG 25. — Oxydation du noir de fumée par l'acide azotique fumant

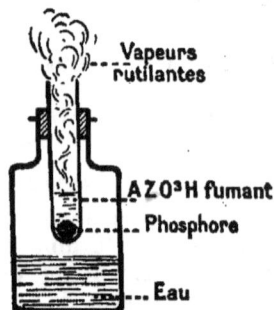

FIG. 26. — Action du phosphore sur l'acide azotique fumant.

mais elles ne se produisent pas spontanément, il faut chauffer légèrement. Quand elles sont commencées, elles continuent d'elles-mêmes, la chaleur dégagée suffisant à les entretenir. Les réactions sont moins violentes avec l'acide étendu qu'avec l'acide concentré.

Ainsi, l'*acide azotique est un oxydant énergique;* il est fréquemment employé pour cet usage dans les laboratoires.

Dans la pile de Bunsen, c'est cette propriété qui le fait utiliser comme *dépolarisant;* l'hydrogène produit par l'action du zinc sur l'acide sulfurique réduit l'acide azotique du vase poreux intérieur et il se dégage des vapeurs rouges. (V. *Physique*.)

Industriellement, c'est par l'intermédiaire de l'acide azotique et des dérivés oxygénés de l'azote que l'on oxyde le gaz sulfureux et qu'on transforme ce gaz en acide sulfurique. (V. *Acide sulfurique*.)

97. Fonction acide. — 1° Constater l'action de l'acide

1. L'expérience est dangereuse avec l'acide fumant.

azotique du commerce sur le **tournesol**, sur le **calcaire**, sur les **bases alcalines**. (Pour cette dernière expérience, employer des solutions étendues, ou bien agir avec précaution.)

2° **Action sur le cuivre**. Expérience. Dans un tube à essais renfermant de l'a-
cide azotique du commerce (fig. 27), introduire quelques morceaux de tour-nure de cuivre. La réaction est très vive et il se produit des vapeurs rutilantes en abondance. Dans le tube il reste de

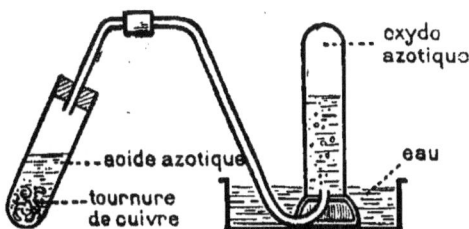

Fig. 27. — Action de l'acide azotique sur le cuivre.

l'azotate de cuivre. La réaction s'explique comme suit : le cuivre se substitue à l'hydrogène de l'acide azotique pour donner de l'azotate de cuivre $(AzO^3)^2Cu$ mais l'hydrogène, au lieu de se dégager, réagit sur l'acide azotique et le réduit en donnant de l'oxyde azotique AzO incolore, qu'on peut recueillir sur la cuve à eau (fig. 26). Ce gaz, au contact de l'oxygène de l'air, s'oxyde spontanément en donnant un mélange d'anhydride azoteux Az^2O^3 et d'oxyde perazotique AzO^2. C'est ce mélange qui constitue les vapeurs rutilantes observées dans toute réduction de l'acide azotique.

L'argent, le mercure, sont de même attaqués par l'acide azotique. Avec le fer et le zinc l'action est plus violente et il se forme de l'oxyde azoteux Az^2O, même de l'azote.

L'étain ne donne pas d'a-zotate, mais une poudre blanche d'acide métastanni-que.

L'or et le

Fig. 28. — Action de l'acide azotique étendu et de l'acide concentré sur le fer.

platine ne sont pas attaqués.

3° **Action sur le fer** (fig. 28). Expérience *a*). Mettre un clou en fer dans un verre renfermant de l'acide étendu. Réaction violente *b*) Prendre un deuxième clou et le mettre dans un verre renfermant de l'acide concentré. Pas de réaction.

c) Placer le clou précédent dans l'acide étendu : on n'observe plus de réaction ; mais en touchant le clou avec un fil de cuivre, la réaction se produit à nouveau (*d*). On dit que l'acide concentré a rendu le fer *passif*.

L'acide azotique est un acide très énergique. Ses sels *sont des azotates*. Aux azotates alcalins, il faut ajouter l'azotate d'argent AzO³Ag appelé aussi *pierre infernale* et employé comme caustique. Les autres azotates sont sans intérêt.

98. *Action sur les matières organiques.* — 1° L'acide azotique détruit les tissus organisés, ses brûlures sont dangereuses. On l'utilise pour détruire les verrues (s'en servir avec beaucoup de prudence, car un excès d'acide pourrait causer des lésions étendues et douloureuses) ;

2° EXPÉRIENCE. Tremper dans de l'acide azotique étendu de 10 fois son volume d'eau un petit morceau de soie. La soie blanche est teinte en jaune. Ainsi, l'acide azotique teint en jaune les tissus d'origine animale (laine, soie) ;

3° Nous étudierons en chimie organique l'action de l'acide azotique sur la glycérine, sur la cellulose (coton), sur le phénol, sur la benzine et ses dérivés. Nous verrons que c'est l'une des matières premières utilisées dans la préparation d'explosifs extrêmement énergiques, tels que le coton-poudre, la nitro-glycérine et la dynamite, l'acide picrique et les picrates, ou dans l'industrie des matières colorantes artificielles. On s'en sert encore pour préparer le collodion, le celluloïd et la soie artificielle.

Usages.

99. 1° Dans les laboratoires, on l'emploie comme oxydant ; dans l'industrie, l'acide azotique sert à préparer l'acide sulfurique. (Il n'est ici qu'un intermédiaire.)

2° Son action sur les métaux, le fait utiliser pour le *décapage*, pour la préparation de l'azotate d'argent. — Un mélange d'acide chlorhydrique et d'acide azotique constitue l'*eau régale ;* les deux acides réagissent avec un dégagement de chlore qui dissout l'or et le platine.

Gravure sur cuivre. — C'est une intéressante application de l'action de l'acide azotique sur le cuivre.

EXPÉRIENCE. Décaper soigneusement une plaque de cuivre, et la recouvrir d'une couche de vernis ou de cire fondue. Avec une pointe fine, tracer un dessin sur le vernis en ayant soin de mettre le cuivre à nu. Faire autour du dessin un bourrelet à la cire, et verser de l'acide azotique dans la petite cuvette ainsi obtenue. Quand l'acide a suffisamment *mordu,* laver à grande eau et enlever le vernis en le dissolvant dans l'essence de térébenthine.

3° L'acide azotique entre dans la constitution des explosifs : dynamite, picrates, poudres sans fumée; il est utilisé dans la fabrication des matières colorantes artificielles, du collodion, de la soie artificielle, du celluloïd.

Divers composés oxygénés de l'azote.

100. On connaît :

L'oxyde azoteux Az^2O, appelé encore protoxyde d'azote;

L'oxyde azotique AzO —   bioxyde d'azote;

L'anhydride azoteux Az^2O^3, auquel correspond l'acide azoteux AzO^2H;

Le peroxyde d'azote AzO^2;

L'anhydride azotique Az^2O^5, auquel correspond l'acide azotique AzO^3H;

L'anhydride perazotique AzO^3.

L'oxyde azotique, l'anhydride azoteux, le peroxyde d'azote mélangés en proportions diverses constituent les vapeurs rutilantes qui accompagnent toute réduction de l'acide azotique. Ces composés jouent un rôle important dans la préparation de l'acide sulfurique. Nous avons indiqué (n° 97) la propriété essentielle de l'oxyde azotique.

A l'anhydride azoteux correspond l'acide azoteux, peu stable; mais on connaît ses sels bien définis : les *azotites* ou *nitrites.* Les azotites alcalins s'obtiennent en chauffant au rouge les azotates correspondants. On les utilise dans la préparation de certaines matières colorantes.

Actuellement le peroxyde d'azote a une certaine importance. On est parvenu à l'obtenir par combinaison directe de l'oxygène et de l'azote dans l'arc électrique. Dissous dans l'eau, il donne à basse température de l'acide azoteux et de l'acide azotique. A la température ordinaire, on n'obtient que de l'acide azotique. En présence des bases, il donne un nitrite et un nitrate. (Voir *Nitrates.*)

RÉSUMÉ

1. L'acide azotique s'obtient en traitant le nitrate de sodium par l'acide sulfurique. On condense les vapeurs dans des bonbonnes en grès.

2. L'acide concentré est généralement coloré en jaune par les vapeurs provenant de sa décomposition. C'est l'*acide fumant.* L'acide ordinaire du commerce renferme 30 0/0 d'eau environ.

3. L'acide azotique est un *oxydant énergique* souvent employé dans les laboratoires. C'est cette propriété qui en fait un dépolarisant dans les piles de Bunsen. L'industrie utilise l'oxydation de l'anhydride sulfureux par l'acide azotique et ses dérivés dans la préparation de l'acide sulfurique.

4. L'acide azotique donne des sels appelés *azotates ;* tous les métaux l'attaquent, sauf l'or et le platine. Il se dégage des vapeurs rouges, mélange complexe des divers oxydes de l'azote. L'argent se dissout dans l'acide azotique en formant l'azotate d'argent ou *pierre infernale.*

5. L'acide azotique se fixe sur divers composés organiques en donnant des dérivés d'une grande importance industrielle. Ces dérivés sont des explosifs, nitroglycérine, coton-poudre, acide picrique, ou bien ce sont des matières premières de l'industrie, des couleurs artificielles (nitrobenzine, etc.).

6. L'acide azotique sert à la préparation de l'acide sulfurique, au décapage des métaux, à la gravure sur cuivre. On l'utilise dans les piles de Bunsen, pour obtenir le nitrate d'argent et l'eau régale. Il constitue une des matières premières de l'industrie des explosifs et de celles des couleurs artificielles.

EXERCICES

I. Quel poids d'acide azotique obtiendra-t-on en traitant par l'acide sulfurique 100 kilogs de nitrate de soude et 100 kilogs de salpêtre? (On supposera que les produits sont purs et que tout l'acide du nitrate se dégage.) D'après cela, indiquer les raisons pour lesquelles l'industrie utilise le nitrate de soude au lieu du salpêtre dans la préparation de l'acide azotique.

II. L'hydrogène réduit l'acide azotique à chaud avec formation d'oxyde azotique AzO. Ecrire la formule qui traduit cette réaction. D'après cela, écrire la formule qui exprime l'action du cuivre sur l'acide azotique.

III. Reconnaître la présence d'un nitrate dans un engrais chimique : Mettre dans un tube à essais une pincée de l'engrais; ajouter de l'acide sulfurique et une lame de cuivre. Chauffer légèrement. Si l'engrais renferme des nitrates, il se dégage des vapeurs rutilantes. Expliquer les diverses réactions qui se produisent.

14ᵉ LEÇON

SOUFRE (S = 32)

MATÉRIEL : Soufre en canon, fleur de soufre. — Pyrite, sulfures de plomb, de cuivre, de zinc, de mercure. — Sulfure de carbone. — Eau chaude. Limaille de fer. — Tournure de cuivre. — Acide sulfurique. — Creuset. — Tubes à essais. — Tube coudé figure 29, de 7 à 8 millimètres de diam. intérieur et en *verre vert*, de préférence. — On pourrait remplacer le creuset par un fourneau de pipe en terre; le grillage des pyrites pourrait s'effectuer aussi dans ce fourneau.

Etat naturel.

101. Terres soufrées. Sulfures, sulfates naturels. — Le soufre existe à l'état de vapeur dans les *fumerolles* qui se dégagent des volcans en activité. On le trouve souvent imprégnant le sol sur une profondeur plus ou moins grande dans les régions volcaniques, comme dans les environs de Naples, par exemple.

On trouve encore des terres soufrées en Sicile. Depuis quelques années on a découvert en Louisiane des gisements d'une grande importance. En France, il existe en Provence des marnes soufrées.

L'Italie a été jusqu'ici le pays où la production du soufre es la plus importante. Cette production atteint 500 000 tonnes, représentant près de 4 millions de tonnes de minerai. Depuis quelques années on exploite les terres soufrées de Louisiane. En 1905, ces dernières soufrières ont produit 200 000 tonnes de soufre, et on estime qu'elles pourront produire prochainement un million de tonnes par an. Les marnes soufrées de Provence produisent annuellement 5 000 tonnes de soufre. L'importation de soufre atteint 140 000 tonnes. La valeur de la tonne de soufre brut est de 100 francs environ.

Le soufre se rencontre abondamment à l'état de *sulfures métalliques*. Le sulfure de plomb ou galène, le sulfure de zinc ou blende, le sulfure de cuivre, le sulfure de mercure ou cinabre, le sulfure d'argent sont les minerais les plus importants de ces métaux.

Le sulfure de fer naturel FeS_2 porte le nom de *pyrite*; ce corps a une grande importance industrielle pour l'extraction du soufre et pour la fabrication de l'acide sulfurique et du sulfate de fer. La production mondiale des pyrites atteint 1 700 000 tonnes, dont près de 300 000 tonnes pour la France. Les pyrites françaises proviennent principalement de la mine de Saint-Bel, (Rhône).

Expérience. Dans un tube coudé en verre *vert* (fig. 29) (le verre vert est moins fusible que le verre blanc), chauffer de la pyrite pulvérisée :

1° Du soufre se sublime et forme un anneau jaune dans la partie froide du tube ;

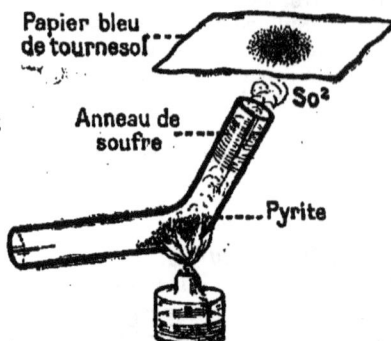

Papier bleu de tournesol

So²

Anneau de soufre

Pyrite

Fig. 29. — La pyrite chauffée donne du soufre et du gaz sulfureux qui rougit le tournesol bleu.

2° Du gaz sulfureux se dégage et rougit du papier de tournesol bleu qu'on présente à l'ouverture;

3° Le résidu du grillage *incomplet* est versé dans un peu d'eau. Le liquide filtré précipite par le chlorure de baryum; il s'est donc formé du sulfate ferreux pendant le grillage;

4° Un grillage *complet* ne laisserait qu'un résidu d'oxyde ferrique Fe^2O^3.

Cette expérience rend compte de l'utilisation des sulfures en métallurgie et dans l'industrie. En effet, tous les sulfures grillés à l'air donnent comme résidu l'oxyde du métal et il se dégage du gaz sulfureux.

Un grillage incomplet à l'air donne lieu à la formation d'un sulfate.

La pyrite calcinée *à l'abri de l'air* laisse dégager à l'état de vapeur le tiers du soufre qu'elle contient, d'après l'équation :

$$3FeS^2 = Fe^3S^4 + 2S.$$

Le soufre existe aussi à l'état de *sulfates*. Le plus abondant des sulfates naturels est le sulfate de calcium (18e *Leçon*).

Enfin, certains tissus animaux ou végétaux renferment de petites quantités de soufre. Citons les matières albuminoïdes, les plantes de la famille des crucifères. Par leur putréfaction, ces substances organisées laissent dégager de l'hydrogène sulfuré.

La houille renferme souvent des pyrites; c'est ce qui nous expliquera la présence d'hydrogène sulfuré dans le gaz d'éclairage.

Extraction.

102. — *a*) **Calcaroni.** En Sicile, où le combustible est rare,

on construit une grande meule de minerai de soufre, analogue à une meule de bois pour la fabrication du charbon (fig. 30). On allume; une partie du soufre brûle et la chaleur produite par sa combustion amène la fusion de l'autre partie. Le soufre fondu coule sur le plan incliné qui constitue la base de la meule; il est recueilli dans des réservoirs à la partie la plus basse. Une meule s'appelle *calcarone*. Ce procédé peu coûteux amène une perte d'un tiers environ du soufre et un dégagement de gaz sulfureux qui incommode.

Fig. 30.— Une meule de soufre (calcarone). En haut, la base de la meule; en bas, meule en voie d'achèvement.

b) **Distillation.** Les minerais pauvres sont soumis à la distillation. La figure 31 représente un appareil distillatoire.

c) **Grillage des pyrites.** On peut obtenir du soufre en grillant les pyrites de fer; mais en général on ne cherche pas à retirer le soufre, on grille les pyrites pour produire du gaz sulfureux.

d) **Raffinage.** Le soufre obtenu par les procédés précédents est impur; on le raffine par distillation dans un

Fig. 31. — Distillation de terres soufrées. Le minerai de soufre est placé en A, le soufre vaporisé se condense en B et s'écoule dans les moules.

Fig. 32 — Raffinage du soufre. Le soufre brut fond en R, se rend dans la chaudière inférieure chauffée par le foyer F. Le soufre vaporisé se condense dans la chambre C. En A, moules pour la production des *canons* de soufre.

appareil représenté figure 32. Le soufre fondu dans la chaudière R passe dans une chaudière inférieure chauffée directement par le foyer. Là, il se vaporise. Les vapeurs arrivent dans une grande chambre en maçonnerie. Au contact des parois froides, ces vapeurs se condensent en poussière très fine sans passer par l'état liquide. Cette poudre constitue la *fleur de soufre*. On appelle *sublimation* le passage direct d'un corps de l'état gazeux à l'état solide ; la fleur de soufre est donc du *soufre sublimé*. Les parois de la chambre s'échauffent peu à peu et atteignent une température supérieure à celle de fusion du soufre (114°). A ce moment, les vapeurs se condensent à l'état liquide. Le soufre liquide coule sur la paroi inclinée de la chambre ; on le recueille dans des moules légèrement coniques où il se solidifie ; on a alors le *soufre en canons*.

Propriétés physiques.

103. *État ordinaire.* — Solide de couleur jaune citron, dont le poids spécifique est voisin de 2.

EXPÉRIENCE. Frotter un morceau de soufre avec de la flanelle ; il attire les corps légers ; le soufre est mauvais conducteur de l'électricité.

EXPÉRIENCE. Jeter un morceau de soufre dans l'eau bouillante ; dans toute la salle on entend des craquements, la surface du soufre s'écaille. Ce résultat tient à ce que ce corps est mauvais conducteur de la chaleur ; la surface du soufre se dilate plus vite que les parties profondes, et cette inégalité de dilatation est la cause des craquements constatés. La chaleur de la main suffit même pour provoquer ces craquements. — Enflammer un morceau de soufre ; il peut être tenu à la main à quelques centimètres de la flamme sans qu'on perçoive aucune sensation de chaleur.

104. *Action de la chaleur.* — EXPÉRIENCE. Dans un tube à essais, on chauffe quelques morceaux de soufre. Quand le thermomètre marque 114°, le soufre commence à fondre ; le liquide est très fluide, de couleur jaune. Si on continue à chauffer, le liquide prend une couleur rouge brun, devient visqueux, et il arrive un moment où on peut retourner le tube sans qu'il y ait écoulement. Le fluidité revient à nouveau, puis le soufre entre en ébullition (447°). Il émet des vapeurs d'un rouge brun. Si on jette dans l'eau froide le soufre liquide un peu avant qu'il entre en ébullition, il se solidifie en fils rougeâtres, élastiques comme du caoutchouc ; c'est du soufre mou ;

mais au bout de quelques jours le soufre a repris son aspect ordinaire.

105. Solubilité. — Le soufre est insoluble dans l'eau; son dissolvant est le sulfure de carbone.

Expérience. Dans un petit ballon, verser du sulfure de carbone et ajouter quelques morceaux de soufre. Plonger le ballon dans l'eau tiède (50° environ). Le soufre se dissout.

106. Cristallisation. — Verser dans un petit cristallisoir le sulfure de carbone de l'expérience précédente (opérer loin de toute flamme). Quand le liquide est évaporé, on recueille du soufre cristallisé. On trouve des cristaux qui ont la forme d'un octaèdre plus ou moins régulier (fig. 33).

Expérience. Faire fondre du soufre dans un creuset; laisser refroidir. Quand il s'est formé une croûte de soufre solide, percer cette croûte, faire écouler le liquide non encore solidifié. Le refroidissement amène la cristallisation du soufre en longues aiguilles de forme prismatique (fig. 32)

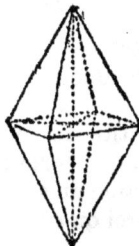

Fig. 33. — Soufre octaédrique.   Fig. 34. — Soufre prismatique.

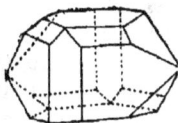

La cristallisation du soufre par fusion est dite par *voie sèche*; la cristallisation par dissolution est par *voie humide*. Un corps tel que le soufre qui affecte deux formes cristallines est *dimorphe*.

Propriétés chimiques.

107. Combustion. — Expérience. Brûler du soufre à l'air; il se produit un gaz à odeur suffocante; c'est de l'anhydride sulfureux SO_2. Le soufre s'enflamme facilement, d'où son emploi dans la fabrication des allumettes, de la poudre noire.

Expérience. Chauffer du soufre avec de l'acide sulfurique dans un tube à essais. Il se dégage du gaz sulfureux.

L'acide sulfurique a été *réduit* par le soufre d'après la réaction :

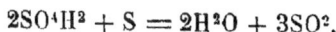

$$2SO_4H_2 + S = 2H_2O + 3SO_2.$$

108. Action sur le charbon. — De la vapeur de soufre passant sur du charbon au rouge donne du sulfure de carbone CS_2, qui a certaines analogies avec le gaz carbonique CO_2.

109. *Action sur les métaux.* — EXPÉRIENCE. Chauffer à l'ébullition du soufre dans un tube à essais. Introduire ensuite dans le tube un copeau de tournure de cuivre chauffé ; le cuivre est porté à l'incandescence. Le soufre s'est combiné au cuivre pour former un corps noir appelé *sulfure de cuivre*.

EXPÉRIENCE. (Recommencer avec le fer et la fleur de soufre l'expérience signalée 1re *année de chimie*, no 10).

Le soufre se combine ainsi directement avec tous les métaux chauffés, sauf avec l'or et le platine. Le produit de la combinaison est un *sulfure*.

Usages.

110. 1o Le soufre est utilisé pour la production du gaz sulfureux, de l'acide sulfurique, des allumettes, de la poudre noire, du sulfure de carbone ;

2o Une petite quantité de soufre incorporé au caoutchouc augmente l'élasticité de ce corps ; on dit que le caoutchouc est *vulcanisé*. Si la proportion du soufre incorporé est considérable, on a le caoutchouc durci ou *ébonite*, employé comme isolant en électricité ;

3o La fleur de soufre est utilisée en agriculture pour combattre l'oïdium ;

4o En médecine, le soufre est employé en pommades pour combattre la gale et certaines maladies de la peau ;

5o Le soufre fondu sert à prendre l'empreinte de médailles et à sceller le fer dans la pierre.

RÉSUMÉ

1. Le soufre existe mélangé à la terre dans certains terrains. Il se trouve combiné à un grand nombre de métaux ; fer, cuivre, plomb, zinc, mercure. Le sulfure de fer constitue la *pyrite*. Le soufre existe encore dans les *sulfates*.

2. Le soufre peut se retirer de la pyrite par calcination ; on l'obtient surtout en traitant les terres soufrées. On emploie pour l'extraction soit le procédé des meules (calcaroni), soit la distillation. Le soufre brut est *raffiné* par distillation. La vapeur de soufre se *sublime* et donne la *fleur de soufre*. A une température plus élevée, le soufre est obtenu à l'état liquide ; on le moule en *canons*.

3. Le soufre est un corps solide de couleur jaune citron, mauvais conducteur de la chaleur et de l'électricité. Sa densité est voisine de 2. Il fond à 114° et se volatilise à 447°. Insoluble dans l'eau, il se dissout dans le sulfure de carbone. On peut l'obtenir cristallisé soit par fusion, soit par dissolution.

4. Le soufre brûle dans l'air ou dans l'oxygène en donnant du gaz sulfureux; avec le carbone au rouge, il produit le sulfure de carbone. Il se combine aux métaux à une température plus ou moins élevée avec production de *sulfures*.

5. Le soufre est employé pour la production du gaz sulfureux, et par suite pour les diverses opérations dans lesquelles on utilise ce gaz; il sert à la préparation de la poudre noire, des allumettes, du sulfure de carbone. On l'utilise pour la *vulcanisation* du caoutchouc. La fleur de soufre est employée pour combattre l'*oïdium* de la vigne

EXERCICES

En admettant que la pyrite renferme 80 0/0 de son poids de bisulfure de fer (FeS^2), déterminer :

a) Le poids de soufre qu'on pourrait obtenir par calcination à l'abri de l'air d'une tonne de pyrite;

b) Le poids d'oxyde ferrique (Fe^2O^3) obtenu par calcination complète dans un courant d'air;

c) Le volume de gaz sulfureux (mesuré à 0° et sous 760‰) dégagé pendant le grillage.

15ᵉ LEÇON

ACIDE SULFHYDRIQUE (H^2S)

MATÉRIEL : Appareil (fig. 35) pour préparer l'hydrogène sulfuré. En préparer 6 flacons de 250 grammes et emplir 2 ou 3 tubes à essais par déplacement d'air ou par déplacement d'eau, puis enlever l'appareil pour éviter le dégagement du gaz dans la salle. — Remplir un flacon de 1/3 d'H^2S et de 2/3 d'oxygène. Si on n'a pas d'oxygène, mettre un 1/10 environ d'H^2S et remplir d'air. — Eau de chlore ou eau de Javel. — Solution de sulfate ferreux et d'acétate de plomb. — Ammoniaque.

État naturel et préparation.

111. 1° Quand une matière organique renfermant du soufre entre en putréfaction, il se produit un gaz résultant de la combinaison de l'hydrogène et du soufre. C'est ce gaz qui donne aux œufs pourris leur odeur nauséabonde. Ce gaz se forme aussi dans la putréfaction des plantes de la famille des crucifères; on le rencontre dans les gaz intestinaux, dans les fosses d'aisances, les égouts. On l'appelle *hydrogène sulfuré, sulfure d'hydrogène* ou encore *acide sulfhydrique;*

2º La distillation sèche de la houille donne lieu à la production d'une certaine quantité d'hydrogène sulfuré. Ce gaz est une des impuretés du gaz de l'éclairage, impureté qu'on élimine par des procédés chimiques;

3º L'hydrogène sulfuré se rencontre dans les émanations volcaniques, et en se décomposant à l'air il donne naissance à un dépôt de soufre. Enfin, on le trouve dans les eaux minérales dites *sulfureuses*, soit qu'il existe dissous, soit qu'il provienne de la décomposition de sulfures alcalins ou de sulfure de calcium sous l'action du gaz carbonique de l'air;

4º On prépare l'hydrogène sulfuré en faisant agir un acide sur un sulfure métallique (fig. 35).

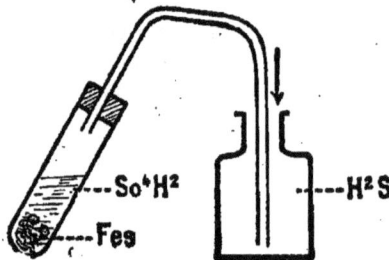

Dans les laboratoires, on fait agir l'acide sulfurique ou l'acide chlorhydrique *étendu* sur le sulfure ferreux artificiel FeS. L'appareil est représenté par la figure 35. On recueille le gaz par déplacement d'air ou par déplacement d'eau. Nous indiquons la formule de la réaction entre le sulfure de fer et l'acide sulfurique *étendu* :

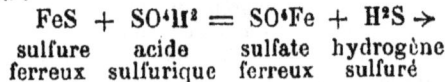

Fig 35. — Préparation de l'hydrogène sulfuré.

$$FeS + SO_4H_2 = SO_4Fe + H_2S \rightarrow$$

sulfure   acide   sulfate   hydrogène
ferreux sulfurique ferreux   sulfuré

5º Dans les résidus de fabrication de la soude Leblanc (nº 68) le soufre du sulfate de sodium se trouve à l'état de sulfure de calcium. CaS. Un courant de gaz carbonique déplace l'hydrogène sulfuré :

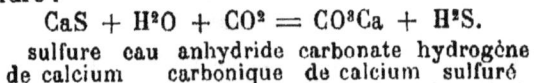

$$CaS + H_2O + CO_2 = CO_3Ca + H_2S.$$

sulfure eau anhydride carbonate hydrogène
de calcium   carbonique de calcium sulfuré

Cet hydrogène sulfuré est brûlé et donne soit du soufre, soit du gaz sulfureux. On dit que le soufre a été *régénéré.*

Propriétés.

112. C'est un gaz incolore, à odeur fétide (odeur d'œufs pourris). De son poids moléculaire 34, déduire le poids du litre dans les conditions normales, la densité par rapport à l'air et à l'hydrogène.

113. *Solubilité.* — EXPÉRIENCE. Remplir un tube à essais d'hydrogène sulfuré; verser de l'eau jusqu'à 1/3 environ. Boucher avec le doigt et agiter. Le tube adhère fortement au doigt. Ouvrir le tube, l'orifice étant sous l'eau; le tube se remplit presque complètement. L'hydrogène sulfuré est donc soluble dans l'eau. 1 litre d'eau en dissout 4 litres environ; la solution a l'odeur du gaz.

114. *Action de l'oxygène.* — EXPÉRIENCE. Allumer l'hydrogène sulfuré dans un tube à essais ou dans une éprouvette. Il se forme sur les parois du tube un dépôt blanc jaunâtre. C'est que, l'oxygène étant en quantité insuffisante, l'hydrogène seul a brûlé, le soufre s'est déposé :

$$H^2S + O = H^2O + S.$$

Le même phénomène se produit à froid et en présence de l'air humide. C'est pourquoi la solution d'hydrogène sulfuré s'altère à la longue avec dépôt de soufre sur les parois du vase.

EXPÉRIENCE. Faire un mélange de 1 volume d'hydrogène sulfuré et de 2 volumes d'oxygène (ou 10 volumes d'air) environ et enflammer ce mélange. Il se produit une détonation, et aucun dépôt ne se forme sur le flacon. Par contre, on perçoit l'odeur de gaz sulfureux. La combustion a été complète :

$$H^2S + 3O = H^2O + SO^2.$$

L'une ou l'autre de ces réactions est utilisée dans l'industrie pour *régénérer* le soufre à partir de l'hydrogène sulfuré.

En présence de l'humidité et des corps poreux, à 40° environ, l'hydrogène sulfuré donne en s'oxydant de l'acide sulfurique :

$$H^2S + 4O = SO^4H^2.$$

Ceci explique la destruction rapide des tentures, des rideaux dans les salles de bains sulfureux.

115. *Action du chlore.* — EXPÉRIENCE. Dans un flacon rempli d'hydrogène sulfuré, faire arriver un courant de chlore (simplement, verser de l'eau de Javel), un dépôt de soufre se forme sur les parois du flacon; la réaction suivante rend compte de ce qui s'est passé :

$$H^2S + 2Cl = 2HCl + S.$$

Nous voyons par là le rôle du chlorure de chaux dans la désinfection des fosses d'aisances.

116. *Fonction chimique.* — Recommencer l'expérience n° 113 en remplaçant l'eau par l'ammoniaque, la potasse ou la soude. Le gaz est totalement absorbé.

EXPÉRIENCE. Dans un flacon renfermant l'hydrogène sulfuré, verser du tournesol bleu ; le tournesol vire au rouge, mais au rouge *couleur de vin*, comme avec l'acide carbonique.

L'hydrogène sulfuré se comporte donc comme un acide, mais comme un acide faible, comparable au gaz carbonique. On l'appelle acide *sulfhydrique*, c'est-à-dire renfermant du soufre et de l'hydrogène. La substitution d'un métal à l'hydrogène donne un *sulfure*. Les métaux monovalents, tels que le potassium, le sodium, donnent un sulfure acide $SHNa$ et un sulfure neutre SNa^2. Les métaux divalents ne donnent qu'un sulfure SCa, SFe, etc.

Dans les fosses d'aisances se produit du sulfure d'ammonium, qu'on appelle aussi sulfhydrate d'ammoniaque $S(AzH^4)^2$, par combinaison de l'hydrogène sulfuré et de l'ammoniaque, provenant de la décomposition des matières organiques renfermant du soufre et de l'azote.

L'hydrogène sulfuré attaque les métaux et donne des sulfures. Une pièce d'argent noircit au contact de l'hydrogène sulfuré. Les solutions d'un grand nombre de sels métalliques sont précipitées par l'hydrogène sulfuré avec formation de sulfures.

EXPÉRIENCE. Dans un flacon d'hydrogène sulfuré verser une solution de sulfate ferreux. Ajouter de l'ammoniaque. Précipité noir de sulfure de fer. Ceci nous explique pourquoi le sulfate de fer est utilisé pour désinfecter les fosses d'aisances.

Les sels de plomb sont extrêmement sensibles à l'action de l'hydrogène sulfuré. L'acétate de plomb dissous est le *réactif* de ce gaz.

EXPÉRIENCE. Verser de l'acétate de plomb dans une dissolution très étendue d'hydrogène sulfuré. Constater le précipité noir de sulfure de plomb. Les couleurs à base de plomb, comme la *céruse*, noircissent sous l'action de l'air qui renferme toujours des traces d'hydrogène sulfuré.

117. *Action sur l'organisme.* — L'hydrogène sulfuré est un gaz toxique, ainsi que son dérivé le sulfure d'ammonium. Ce gaz cause les accidents qui arrivent aux vidangeurs lorsqu'ils entrent sans précaution dans une fosse d'aisances ou dans un

goût. Il se combine à l'hémoglobine des globules rouges du
sang et empêche ainsi ces globules de transporter l'oxygène.
Les vidangeurs l'appellent le *plomb* parce qu'il leur semble,
lorsqu'ils respirent ce gaz, qu'un poids énorme leur comprime
la poitrine. On combat l'action toxique de l'hydrogène sulfuré
par le chlore très dilué, ou mieux par l'oxygène pur.

Les bains sulfureux sont utilisés en médecine, ainsi que les
eaux sulfureuses.

RESUME

1. L'hydrogène sulfuré ou *acide sulfhydrique* H^2S se
prépare par l'action de l'acide sulfurique étendu sur le
sulfure ferreux (FeS).

2. C'est un gaz incolore, à odeur d'œufs pourris, assez
soluble dans l'eau. Il se forme spontanément dans la putréfaction ou la distillation sèche des matières organiques
renfermant du soufre.

3. C'est un gaz combustible; il brûle en produisant du
gaz sulfureux et de la vapeur d'eau.

Le chlore le décompose; l'hydrogène est enlevé et le
soufre se dépose.

4. C'est un *acide faible;* il fait passer au *rouge vineux*
la teinture de tournesol, il se combine aux bases pour
former des sulfures.

Le sulfure d'ammonium $S(AzH^4)^2$ existe dans les émanations des fosses d'aisances.

5. L'hydrogène sulfuré réagit sur les solutions d'un
grand nombre de sels métalliques avec formation de sulfures. Les sels de plomb surtout sont sensibles à son
action.

6. L'hydrogène sulfuré est *toxique;* il agit à la façon
de l'oxyde de carbone en se combinant à l'hémoglobine du
sang (plomb des vidangeurs).

7. Les eaux sulfureuses, les bains sulfureux sont utilisés en médecine.

EXERCICES

I. Connaissant le poids moléculaire de l'hydrogène sulfuré
($H^2S = 34$), trouver le poids du litre de ce gaz dans les conditions
normales, sa densité par rapport à l'air et par rapport à l'hydrogène.

II. L'hydrogène sulfuré est sans action sur la solution de sulfate ferreux ; par addition d'ammoniaque, il se forme un précipité noir de sulfure de fer. Expliquer les réactions qui se produisent et les traduire par une équation chimique.

16ᵉ LEÇON

ANHYDRIDE SULFUREUX (SO²)

MATÉRIEL : Brûler du soufre dans 5 ou 6 flacons de 250 grammes à large goulot ; boucher (Dispositif simple, v. figure 36). — Appareil à dégagement figure 36. — Mélange réfrigérant. — Appareil pour montrer la solubilité de SO² (fig. 37). — Chlorure de baryum, acide azotique, permanganate de potassium, tournesol bleu, violettes, morceau d'étoffe blanche avec tache de vin, bougie, appareil figure 41. — Sulfite et hyposulfite de sodium.

118. *Etat naturel et production*. — L'anhydride sulfureux est le gaz suffocant obtenu par la combustion du soufre dans l'air ou dans l'oxygène. Il existe dans les émanations volcaniques ; on le rencontre fréquemment dans l'atmosphère des grands centres industriels, où il provient de la combustion de houilles pyriteuses ou des réactions chimiques dans

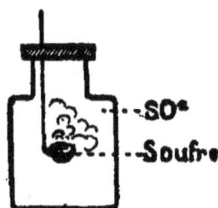

Fig. 36. — La combustion du soufre dans l'air produit de l'anhydride sulfureux.

lesquelles interviennent les dérivés du soufre.

On obtient du gaz sulfureux ne brûlant du soufre que dans des flacons bien secs (fig. 36). On peut aussi *réduire* l'acide sulfurique concentré par le cuivre ou par le soufre. On recueille le gaz par déplacement d'air (fig. 37) dans des flacons *bien secs*.

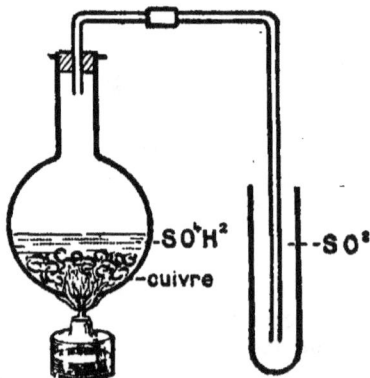

Fig. 37. — L'action du cuivre sur l'acide sulfurique concentré donne un dégagement de gaz sulfureux.

EXPÉRIENCE. Dans un tube à essais, chauffer de l'acide sulfurique concentré et de la tournure de cuivre. Dans un autre tube, chauffer de l'acide sulfurique et du soufre. Constater le dégagement d'anhydride sulfureux

Dans l'industrie on obtient l'anhydride sulfureux soit en brûlant du soufre à l'air, soit en grillant les sulfures de fer naturels ou *pyrites* dans des fours spéciaux dont la figure 38 représente un modèle. Le gaz sulfureux obtenu par combustion du soufre est utilisé pour préparer l'acide sulfurique très pur destiné aux usages pharmaceutiques.

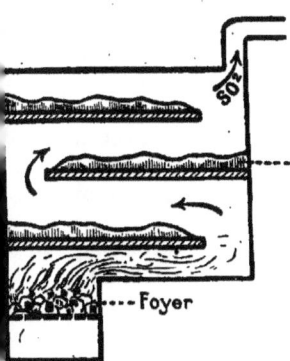

Propriétés.

119. *Propriétés physiques.* — Gaz incolore, à odeur suffocante. Sa formule est SO^2. — Dire ce qu'elle signifie. Trouver le poids moléculaire, le poids du litre du gaz sulfureux dans les conditions normales, la densité par rapport à l'hydrogène et par rapport à l'air.

Fig. 38.— Four pour la calcination des pyrites.

120. *Solubilité.* — Expérience. Remplir de gaz sulfureux un tube à essais bien sec, un flacon bien sec et recommencer les expériences indiquées pour l'acide chlorhydrique (n° 40).

Ces expériences montrent que le gaz sulfureux est *très soluble* dans l'eau. A la température ordinaire, 1 litre d'eau dissout environ 50 litres de gaz sulfureux.

121. *Liquéfaction.* — Expérience. Faire arriver le dégagement de gaz sulfureux dans un tube à essais plongeant dans un mélange réfrigérant. Le gaz se liquéfie.

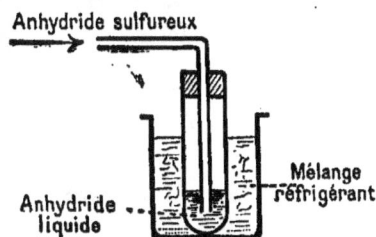

Dans l'industrie, on obtient le gaz sulfureux liquide par simple compression à la température ordinaire. A 25°, la tension de sa vapeur n'atteint que 4 kilogs par centimètre carré. On peut le conserver dans de simples siphons comme ceux à eau de Seltz. On le transporte aussi dans des récipients métalliques.

Fig. 39. — Liquéfaction de l'anhydride sulfureux

Par évaporation rapide, le gaz sulfureux produit un abaissement de température qui est utilisé pour la fabrication artificielle de la glace (n° 75).

122. Propriétés chimiques. — EXPÉRIENCE. Dans un flacon renfermant du gaz sulfureux, introduire une baguette de verre plongée au préalable dans l'acide azotique. On voit se produire des vapeurs rouges. C'est que le gaz sulfureux a *réduit* l'acide azotique avec production d'acide sulfurique et de vapeurs nitreuses. Laver la baguette dans une solution de *chlorure de baryum ;* on voit un précipité blanc de sulfate de baryum, qui indique la formation d'acide sulfurique.

EXPÉRIENCE. Dans un flacon renfermant du gaz sulfureux, verser une dissolution de permanganate de potassium; la dissolution est décolorée; le permanganate a été *réduit* et il s'est formé de l'acide sulfurique. (Le constater comme plus haut.)

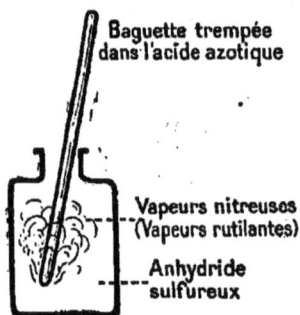

Baguette trempée dans l'acide azotique

Vapeurs nitreuses (Vapeurs rutilantes)

Anhydride sulfureux

Fig. 40. — L'anhydride sulfureux réagit sur l'acide azotique et donne de l'acide sulfurique.

Ainsi, le *gaz sulfureux est un réducteur.* Nous verrons l'importance de cette propriété dans la préparation de l'acide sulfurique. L'oxydation du gaz sulfureux se produit dans sa dissolution en présence de l'oxygène de l'air. Verser une solution de chlorure de baryum dans une solution fraîche et dans une solution ancienne de gaz sulfureux et constater les résultats.

L'anhydride sulfureux peut aussi se combiner directement avec l'oxygène de l'air et donner de l'*anhydride sulfurique* SO^3 (n° 130).

123. Propriétés décolorantes. — Plonger des violettes dans un flacon renfermant du gaz sulfureux : elles sont décolorées, mais si on les plonge ensuite dans l'ammoniaque, elles verdissent. Il semble donc que la matière colorante n'est pas détruite, mais seulement combinée au gaz sulfureux, puisque les violettes ordinaires verdissent également par l'ammoniaque.

124. Fonction chimique. — EXPÉRIENCE. Verser une solution de gaz sulfureux dans du tournesol bleu : il rougit; sur un carbonate : effervescence et dégagement de gaz carbonique; sur

une solution de potasse ou de soude caustique : combinaison
avec dégagement de chaleur.

Dans ces deux dernières expériences, en évaporant le liquide,
on obtient un sel bien cristallisé appelé *sulfite*. Avec la soude,
on peut avoir deux sels différents :

SO⁴Na², ou sulfite neutre de sodium ;

SO⁴HNa, ou sulfite acide, ou encore bisulfite.

La présence de ces sulfites a amené les chimistes à admettre
dans la solution de gaz sulfureux la présence d'un acide bibasique SO³H², l'acide sulfureux qu'on n'a pas pu isoler et dont
SO² serait l'*anhydride*.

Applications.

125. *Préparation de l'acide sulfurique.* — L'oxydation du
gaz sulfureux par l'intermédiaire de l'acide azotique et des
composés oxygénés de l'azote est utilisé dans la préparation
industrielle de l'acide sulfurique.

On prépare l'anhydride sulfurique par union directe du gaz
sulfureux et de l'oxygène de l'air.

126. *Production du froid.* — Trois cents usines pour la
réfrigération ou la fabrication artificielle de la glace fonctionnent en France au moyen du gaz sulfureux.

127. *Blanchiment de la laine et de la soie.* — Les tissus
d'origine animale ne peuvent être blanchis au chlore qui les
détruirait ; on les blanchit au gaz sulfureux. Les tissus à blanchir sont préalablement lavés pour les débarrasser des matières
grasses, puis on les étend dans des chambres où l'on fait brûler du soufre. On laisse pendant 12 heures le gaz exercer son
action ; on retire les substances à blanchir, qu'on soumet à un
lavage.

Les plumes, les éponges, la paille se blanchissent aussi au
gaz sulfureux.

128. *Désinfection.* — Le gaz sulfureux est un *antiseptique*,
c'est-à-dire qu'il détruit les germes des fermentations et des
maladies contagieuses. C'est pourquoi on l'utilise fréquemment
pour *désinfecter* les appartements où a séjourné une personne
atteinte d'une maladie contagieuse. Pour opérer la désinfection
d'une chambre, on dispose au centre de la pièce une terrine
renfermant du soufre (40 grammes par mètre cube). On colle
des bandes de papier sur les joints des fenêtres, des portes,
pour assurer une fermeture hermétique ; on allume le soufre,

on quitte la pièce et on ferme hermétiquement la porte de sortie. Au bout de 48 heures, on ouvre à nouveau, on ventile énergiquement pour chasser le gaz sulfureux.

En plaçant dans la pièce les effets qui ont pu être contaminés par le malade, on assure en même temps leur désinfection.

C'est encore la propriété antiseptique du gaz sulfureux que les vignerons appliquent quand ils *mèchent* les tonneaux. Les tonneaux vides se peuplent rapidement de moisissures qui donnent au vin un goût désagréable. On empêche ces moisissures de se développer en brûlant dans le fût une mèche imprégnée de soufre.

129. *Applications diverses.* — EXPÉRIENCE. Plonger une bougie allumée dans un flacon renfermant du gaz sulfureux ; la bougie s'éteint. Le gaz sulfureux n'entretient pas les com-

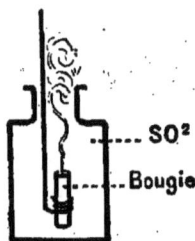

FIG. 41. — Une bougie allumée s'éteint dans un flacon d'anhydride sulfureux.

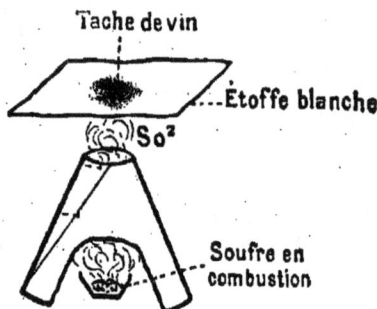

FIG. 42. — L'anhydride sulfureux enlève les taches de vin ou de fruits.

bustions ; c'est pourquoi on brûle du soufre pour éteindre les feux de cheminée.

EXPÉRIENCE. Brûler du soufre dans un cornet de papier portant un petit trou à la partie supérieure pour laisser passer le gaz sulfureux. Au-dessus du trou, placer une étoffe présentant une tache de vin ou de fruits (fig. 42). La tache disparaît. L'anhydride sulfureux est donc employé pour enlever les taches de vin ou de fruits.

On utilise encore le gaz sulfureux pour combattre la gale. Sa dissolution sert à préparer les sulfites, les hyposulfites, employés en photographie.

RÉSUMÉ

1. L'anhydride sulfureux se prépare industriellement

par la combustion du soufre ou par le grillage de la pyrite ou sulfure de fer naturel.

2. C'est un gaz incolore, à odeur suffocante, plus lourd que l'air. Il est très soluble dans l'eau, qui en dissout 50 fois son volume environ. Il est facilement liquéfiable par compression à la température ordinaire. Le gaz liquéfié produit en se vaporisant un refroidissement utilisé dans la production de la glace artificielle.

3. Le gaz sulfureux s'unit à l'oxygène de l'air pour donner l'anhydride sulfurique SO^3.

Le gaz sulfureux est un *réducteur;* il réduit l'acide azotique, le permanganate de potassium en donnant de l'acide sulfurique. Par l'intermédiaire de l'acide azotique et des composés oxygénés de l'azote, il fixe de l'oxygène et de l'eau et se transforme en acide sulfurique.

4. Le gaz sulfureux est un décolorant.

5. La dissolution de gaz sulfureux se comporte comme un acide bibasique; ses sels sont des *sulfites.* On admet que cette dissolution renferme un acide de formule SO^3H^2 (acide sulfureux) dont SO^2 serait l'anhydride.

6. L'anhydride sulfureux est utilisé pour la préparation de l'anhydride et de l'acide sulfurique, pour la production de la glace artificielle et la réfrigération, pour l'extinction des feux de cheminée, la désinfection des chambres contaminées par le séjour d'une personne atteinte de maladie contagieuse. Il sert à blanchir la laine, la soie, la paille, les plumes, les éponges. On utilise sa dissolution pour préparer les sulfites et les hyposulfites employés en photographie.

EXERCICES

I. Trouver, d'après le poids moléculaire du gaz sulfureux :

a) Le volume d'oxygène que renferme une molécule-gramme de gaz sulfureux;

b) Le poids du litre de gaz sulfureux (à 0° et sous 760 $\frac{m}{m}$);

c) La densité par rapport à l'air;

d) La densité par rapport à l'hydrogène.

II. Quel volume d'air est nécessaire pour le grillage d'une tonne de pyrite à 80 0/0 de FeS^2, si tout le soufre est transformé en anhydride sulfureux?

_____

17° LEÇON

ANHYDRIDE SULFURIQUE. — ACIDE SULFURIQUE

MATÉRIEL : Anhydride sulfurique, Acide ordinaire. — Tournesol
bleu, craie, carbonate de soude, zinc, fer, cuivre, soufre. — Potasse
ou soude caustique. — Eau et glace.

Anhydride sulfurique (SO^3).

130. *Préparation. Propriétés. Usages.* — Lorsqu'un mélange de
gaz sulfureux et d'oxygène passe sur de la *mousse de platine*, il y
a combinaison des deux gaz et formation d'un corps solide, se présentant sous forme d'aiguilles soyeuses : c'est l'anhydride sulfurique SO^3.

Industriellement, on fait passer sur de l'*amiante platinée* un
mélange d'anhydride sulfureux et d'air. On peut même remplacer
l'amiante platinée par de l'oxyde de fer provenant du grillage des
pyrites. Les agents, tels que la mousse de platine, qui provoquent
par leur contact la combinaison de deux corps sans intervenir dans
la réaction sont appelés *catalyseurs*.

La fabrication de l'anhydride sulfurique a une grande importance en Allemagne. Ce corps se dissout dans l'eau avec grand
dégagement de chaleur et donne de l'acide sulfurique. On peut
facilement obtenir un acide de concentration déterminée. L'anhydride sulfurique sert en particulier à préparer l'acide sulfurique
de Nordhausen.

Acide sulfurique ordinaire (SO^4H^2).

Préparation industrielle.

131. *Principe.* — *On fixe de l'oxygène et de l'eau sur le gaz
sulfureux par l'intermédiaire des composés oxygénés de l'azote.*
Nous avons vu que l'acide azotique oxyde l'anhydride sulfureux
avec formation d'acide sulfurique et de vapeurs nitreuses. Ces
vapeurs nitreuses (oxyde azotique AzO, anhydride azoteux
Az^2O^3, peroxyde d'azote AzO^2), en présence de la vapeur d'eau,
transforment le gaz sulfureux en acide sulfurique et sont constamment régénérées. Une quantité limitée d'acide azotique peut
donc servir à obtenir une quantité illimitée d'acide sulfurique.
Les composés oxygénés de l'azote n'agissant que comme intermédiaires, la formation d'acide sulfurique peut s'exprimer par
la réaction :

$$SO^2 + O + H^2O = SO^4H^2.$$

132. *Industrie.* — Les matières premières sont le gaz sulfureux, l'oxygène et la vapeur d'eau. On ajoutera de temps en

temps de l'acide azotique pour compenser les pertes en produits
nitreux.

Le gaz sulfureux provient du grillage des pyrites (nᵒ 118).
Quand on veut obtenir de l'acide sulfurique très pur pour les
usages pharmaceutiques, on prépare le gaz sulfureux par combustion du soufre. L'oxygène est emprunté à l'air ; l'eau est
injectée à l'état de vapeur dans les chambres de plomb.

L'appareil industriel comprend les parties suivantes :

1ᵒ Le four qui sert au grillage des pyrites (fig. 37);

2ᵒ La tour de Glover ;

3ᵒ Les chambres de plomb ;

4ᵒ La tour de Gay-Lussac.

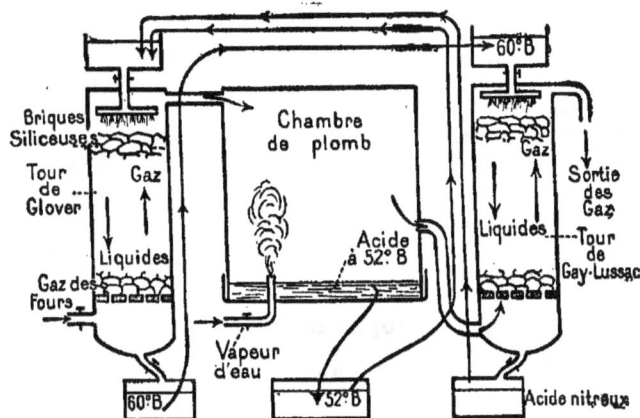

Fɪɢ. 43. — Schéma de la préparation de l'acide sulfurique dans les
chambres de plomb.

La tour de Glover est une tour en plomb revêtue intérieurement de briques siliceuses inattaquables. A sa partie supérieure
on fait arriver en pluie un mélange d'acide à 52ᵒ sortant des
chambres, et d'acide chargé de produits nitreux recueilli au
bas de la tour de Gay-Lussac. Les liquides circulent de haut en
bas, les gaz des fours traversent la tour de bas en haut. Ces
gaz absorbent les produits nitreux, concentrent jusqu'à 60-62ᵒ
B l'acide qu'ils rencontrent, et ils se trouvent refroidis de 300ᵒ
à 70ᵒ environ, température favorable aux réactions qui vont
se produire dans les *chambres de plomb* (fig. 43).

Ces chambres sont généralement au nombre de trois : leur
capacité totale peut atteindre 10 000 mètres cubes. Comme leur
nom l'indique, ce sont de vastes chambres dont l'intérieur est

un revêtement en plomb. C'est dans ces chambres que s'effectuent les réactions donnant naissance à l'acide sulfurique. Elles fournissent un acide marquant 52° B.

Les gaz qui sortent des chambres entraînent des produits nitreux. On arrête ces produits dans la tour de Gay-Lussac. C'est une tour analogue au Glover, mais plus haute. On fait circuler de haut en bas de l'acide sulfurique à 60° B venant du Glover. Cet acide dissout les produits nitreux; il est ensuite envoyé au sommet du Glover pour être dénitrifié.

133. Concentration. — L'acide sulfurique des chambres de plomb ou du Glover est employé tel quel dans de nombreuses industries. Mais pour certaines applications l'acide doit être plus concentré. On l'amène jusqu'à 60° B par concentration dans des chaudières en plomb, ce métal n'étant pas attaqué par l'acide étendu. De 60 à 66° B la concentration a lieu dans des cuvettes en platine, en verre ou en porcelaine. L'acide industriel à 52° B vaut 3 francs les 100 kilogs.

L'acide sulfurique fabriqué à partir des pyrites renferme presque toujours de l'arsenic, ce qui peut présenter des inconvénients lorsqu'on utilise cet acide dans l'industrie de produits qui entrent dans l'alimentation, comme les glucoses.

Propriétés.

134. L'acide sulfurique ordinaire marque 66° à l'aréomètre Baumé. C'est un liquide incolore, de consistance huileuse, dont la densité est 1,84. On peut le solidifier par refroidissement. Il bout à 338° et l'ébullition se fait par violents soubresauts. L'acide sulfurique était autrefois appelé *huile de vitriol*, parce qu'on l'avait obtenu du vitriol vert ou sulfate ferreux, Aujourd'hui encore on le désigne fréquemment sous le nom de *vitriol* dans le langage vulgaire.

135. Action sur l'eau. — Expérience. a) Dans un tube à essais renfermant de l'eau, verser de l'acide sulfurique concentré. Constater le grand dégagement de chaleur qui se produit; le tube s'échauffe jusqu'à devenir brûlant. Ainsi, l'acide sulfurique absorbe l'eau avec dégagement de chaleur.

b) Verser 100 grammes d'acide sulfurique sur 25 grammes de glace concassée : la température peut atteindre 80°. Verser 25 grammes d'acide sur 100 grammes de glace, la température s'abaisse jusqu'à — 16°. Expliquer ces deux faits.

c) L'acide sulfurique absorbe la vapeur d'eau, d'où l'emploi

de la pierre ponce imbibée d'acide sulfurique pour dessécher
les gaz.

APPLICATIONS. Quand on prépare l'acide étendu, il faut verser *l'acide dans l'eau, goutte à goutte*, en remuant constamment.
Si on fait le contraire, chaque goutte d'eau en tombant
dans l'acide peut provoquer un dégagement de chaleur suffisant pour se vaporiser et il y a à craindre des projections
d'acide.

L'acide concentré enlève leur eau aux matières organiques
qui en contiennent et les désorganise. Ainsi du sucre jeté dans
l'acide sulfurique devient brun, puis noir. C'est un caustique
violent qui brûle rapidement et profondément les tissus ; son
absorption détermine des accidents mortels. On combat ses
effets au moyen des carbonates alcalins.

136. *Fonction chimique.* — EXPÉRIENCES. Verser de l'acide
sulfurique étendu dans du tournesol bleu ; le tournesol vire au rouge
pelure d'oignon. Faire agir l'acide étendu sur la craie, sur le
carbonate de sodium ; constater le dégagement de gaz carbonique et la violente effervescence qui se produit.

Dans une solution concentrée de potasse ou de soude, verser avec précaution (au moyen d'une pipette) de l'acide sulfurique. Constater le grand dégagement de chaleur produit par
la combinaison. En versant de l'acide sulfurique sur de la
baryte anhydre, le dégagement de chaleur est tel que la baryte
peut être portée à l'incandescence.

Ces faits montrent que l'acide sulfurique est un acide énergique ; il déplace de leurs sels tous les autres acides, aussi est-il
employé pour préparer ces acides. (Voir *Acide chlorhydrique,
azotique.*)

Il dissout les métaux pour donner des sels appelés *sulfates*.

EXPÉRIENCES. 1° Mettre un morceau de fer ou de zinc dans un
tube à essais renfermant de l'acide concentré : pas d'attaque.
Diluer l'acide : le fer, le zinc sont attaqués ; il se dégage de l'hydrogène. Avec l'acide concentré, la réaction est lente parce que
le sulfate formé, ne pouvant se dissoudre, forme à la surface
du métal un revêtement protecteur ;

2° Dans un tube à essais renfermant de l'acide concentré,
jeter un copeau de tournure de cuivre. A froid, aucune action.
A chaud, le cuivre se dissout et il se dégage de l'anhydride sulfureux (n° 48). Le mercure, l'argent se comporteraient comme
le cuivre. On peut admettre qu'à chaud l'hydrogène résultant
de la formation de sulfate réduit l'acide au lieu de se dégager.

Le soufre à chaud réduit aussi l'acide sulfurique avec dégagement de gaz sulfureux.

Le plomb n'est attaqué que par l'acide bouillant quand la concentration dépasse 60° B.

Le platine et l'or ne sont pas attaqués par l'acide sulfurique.

137. *Sulfates.* — L'acide sulfurique donne avec la soude deux séries de sels : le sulfate neutre SO^4Na^2, dans lequel tout l'hydrogène de l'acide est remplacé par du sodium ; et le sulfate acide ou *bisulfate* SO^4HNa, dans lequel la moitié seulement de l'hydrogène de l'acide est remplacé par le métal. L'acide sulfurique, ayant dans sa molécule deux atomes d'hydrogène remplaçables est dit *bibasique*.

Le calcium, le cuivre, etc., ne donnent qu'un sulfate SO^4Ca, sulfate de calcium, SO^4Cu, sulfate de cuivre, SO^4Zn, sulfate de zinc. Ces métaux sont *divalents* : un atome de métal se substitue à deux atomes d'hydrogène.

Usages.

138. Pour énumérer les usages de l'acide sulfurique, il faudrait passer en revue tout le cours de chimie. Les applications de cet acide seront étudiées avec les industries correspondantes.

Acide sulfurique fumant ($S^2O^7H^2$).

139. L'*acide sulfurique fumant* est appelé encore *acide disulfurique* ou *acide de Nordhausen*, du nom de l'un des centres de sa fabrication. Autrefois on le préparait par calcination du sulfate de fer dans des cornues en terre ; il distillait de l'anhydride sulfurique reçu dans des récipients renfermant de l'acide ordinaire. Aujourd'hui on dissout l'anhydride sulfurique dans l'acide du commerce (n° 128).

L'acide de Nordhausen est le dissolvant de l'indigo ; en se combinant à un certain nombre de dérivés de la benzine, il a une grande importance dans l'industrie des matières colorantes et dans la fabrication des explosifs.

RÉSUMÉ

1. L'anhydride sulfureux (SO^3) s'obtient en oxydant le gaz sulfureux (SO^2) sous l'influence de corps dits *catalyseurs*, dont le principal est l'*amiante platinée*.

2. L'anhydride sulfurique s'unit à l'eau pour former l'acide sulfurique SO^4H^2 ; mais la plus grande partie de l'acide du commerce est obtenu par le procédé des

chambres de plomb. On fixe sur le gaz sulfureux de l'oxygène et de l'eau par l'intermédiaire de l'acide azotique et
les composés oxygénés de l'azote. Ces derniers sont constamment régénérés.

3. Le gaz sulfureux provient généralement du grillage
des pyrites ; les réactions s'effectuent dans des *chambres de
plomb.* L'appareil industriel est complété par la tour de
Gay-Lussac, dans lequel sont arrêtés les produits nitreux
entraînés par les gaz, et par la tour de Glover, où l'acide
provenant de la tour de Gay-Lussac est débarrassé de ses
produits nitreux.

4. L'acide sulfurique des chambres marque 52° B il est
concentré jusqu'à 60° B dans des chaudières en plomb,
puis jusqu'à 66° B dans des bassines en platine ou en porcelaine.

5. L'acide sulfurique à 66° B a pour densité 1,84, il
bout à 338°. Il s'unit à l'eau avec un dégagement considérable de chaleur ; il désorganise les tissus : c'est un caustique violent (vitriol).

6. C'est un acide énergique ; il déplace de leurs sels
tous les autres acides.

Il s'unit aux bases, agit sur les sulfures, les carbonates,
les chlorures, les azotates et sur les métaux pour former
des sulfates.

Le fer, le zinc réagissent à froid sur l'acide sulfurique
étendu avec dégagement d'hydrogène ; le cuivre, le mercure, etc., réagissent à chaud sur l'acide *concentré* et il se
dégage de l'anhydride sulfureux ; l'or et le platine ne sont
pas attaqués.

7. L'acide sulfurique a deux atomes d'hydrogène remplaçable. Avec les métaux monovalents, on obtient deux
sulfates ; les métaux divalents ne donnent qu'un sulfate.
L'acide sulfurique est dit *bibasique*.

8. On connaît encore l'*acide sulfurique fumant*, ou acide
de Nordhausen $S^2O^7H^2$, qu'on peut considérer comme une
dissolution d'anhydride dans l'acide ordinaire. Cet acide
est le dissolvant de l'indigo ; il a une grande importance
dans l'industrie des matières colorantes et dans la fabrication des explosifs.

EXERCICES

I. Ecrire les équations qui traduisent les réactions de l'acide sulfurique sur les corps suivants :

Carbonate de calcium, carbonate de sodium, sulfure de fer, chlorure de sodium, chlorure de baryum, azotate de sodium, fer, zinc, cuivre, mercure, argent.

II. Quel poids de pyrites à 80 0/0 de pureté faut-il pour préparer. une tonne d'acide sulfurique ?

18ᵉ LEÇON

SULFATES USUELS

MATÉRIEL : Gypse. — Plâtre, entonnoir à filtre. — Chlorure de baryum. — Pièce de monnaie. — Vin plâtré et non plâtré. — Sulfate de cuivre. — Solution de soude caustique, solution de carbonate de sodium. — Ammoniaque. — Sulfate ferreux. — Décoction de tanin ou de noix de galle concassée. — Alun ordinaire, alun de chrome, alun ammoniacal. Pour ces 3 aluns, on préparera une solution concentrée qu'on laissera évaporer lentement pour obtenir des cristaux bien nets. — Sulfate de sodium, de magnésium, d'ammonium.

Sulfate de calcium ou plâtre (SO^4Ca).

140. *Etat naturel. Préparation.* — Le sulfate de calcium existe dans l'eau de la mer, qui en renferme près de 1 kilog par mètre cube. Au cours des périodes géologiques, des lagunes, des mers fermées venant à se dessécher et à disparaître ont laissé en dépôt les divers sels qu'elles contenaient.

Le gisement le plus remarquable à ce point de vue est celui de Stassfurt, dont nous avons déjà parlé, où les différents sels se sont déposés dans l'ordre de leur solubilité.

En France, à l'époque dite tertiaire, le bassin de Paris était occupé par une vaste mer. A la suite de mouvements du sol, cette mer se trouva isolée et devint un grand lac salé, dont les eaux en s'évaporant ont laissé déposer d'importantes couches de sulfate de calcium hydraté ou *gypse*. Ce sulfate de calcium est exploité dans la région parisienne. Les collines des

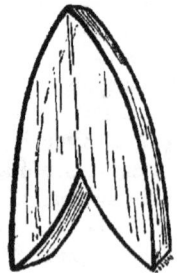

FIG. 44.
Gypse fer de lance.

environs de Paris, Montmartre, Argenteuil, etc., renferment des assises de gypse qui atteignent 30 mètres d'épaisseur.

Le gypse, ou pierre à plâtre, a pour formule $SO^4Ca +$ $2H^2O$. Il se rencontre généralement en masses cristallines, dont la cassure ressemble à celle du sucre (gypse saccharoïde), et d'un blanc jaunâtre On trouve assez souvent le gypse en tablettes transparentes, minces, groupées de façon à présenter l'aspect d'un fer de lance (gypse fer de lance) (fig. 44).

EXPÉRIENCE. Chauffer sur une allumette enflammée une lamelle de gypse fer de lance. La partie chauffée perd sa transparence, devient blanche et se réduit, quand on la presse entre les doigts, en une poudre blanche qui est du *plâtre* ou *sulfate de calcium.*

Cette expérience montre en petit le procédé de préparation du plâtre : il suffit de chauffer le gypse pour lui faire perdre son eau de cristallisation. Une température supérieure à 120° suffit. Il ne faut pas dépasser 180°.

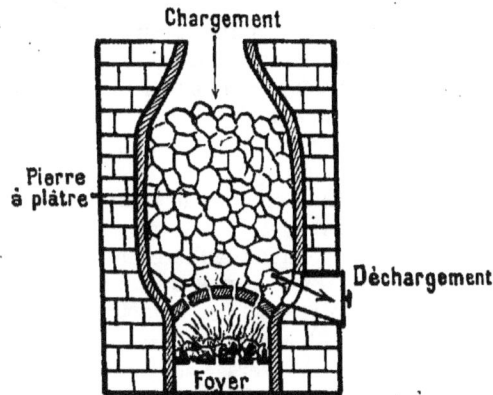

Fig. 45. — Four à plâtre continu Le gypse, versé par l'orifice supérieur, est cuit par la chaleur du foyer ; on le défourne par l'ouverture latérale.

L'opération s'effectue dans des fours, dont il existe de nombreux modèles. La figure 45 représente un four continu.

141. *Propriétés et usages du plâtre.* — EXPÉRIENCE. Dans un verre d'eau, jeter quelques pincées de plâtre. Agiter et filtrer. Le liquide sort incolore du filtre. Verser dans ce liquide une solution de chlorure de *baryum*. Il se forme un précipité blanc de sulfate de baryum, corps insoluble dans l'eau. L'eau avait donc dissous du plâtre. A la température ordinaire, 1 litre d'eau peut dissoudre 2 grammes de plâtre. Ceci nous explique que les eaux ayant traversé des terrains où il y a du gypse soient assez chargées de plâtre pour être impropres à la consommation. Elles ne dissolvent pas le savon et ne cuisent pas les légumes. On les appelle *eaux séléniteuses.*

Notons en passant que *la solution de chlorure de baryum*

permet de reconnaître la présence d'acide sulfurique ou d'un sulfate en dissolution. C'est le *réactif* de ces corps.

EXPÉRIENCE. Verser peu à peu du plâtre dans l'eau de façon à obtenir une pâte semi-fluide. Au bout de quelque temps, cette pâte a pris une consistance solide. C'est que le plâtre s'est à nouveau hydraté et les cristaux formés à la suite de cette hydratation s'enchevêtrent les uns dans les autres en une masse résistante. L'opération précédente s'appelle le *gâchage*. La solidification ou *prise* du plâtre est très rapide, ce qui explique qu'on ne doit gâcher que de petites quantités de plâtre à la fois.

Le plâtre ne fait prise qu'une fois avec l'eau ; de vieux plâtras calcinés, par exemple ne pourraient pas être utilisés à nouveau. Il faut, de plus, pour que le plâtre prenne, qu'il n'ait pas été porté à une température supérieure à 180°. On conçoit que ce produit doit être conservé à l'abri de l'humidité. A l'air humide, il perd ses qualités, il s'évente.

Le plâtre est employé dans les constructions pour le revêtement intérieur des murs, des plafonds.

Quand on le gâche avec une solution chaude de colle forte, il devient très dur et susceptible d'être poli. En y incorporant des matières colorantes, qui se distribuent irrégulièrement dans la masse, on a le *stuc*, qui présente l'apparence du marbre et qui est employé dans la décoration intérieure des appartements.

EXPÉRIENCE. Dans une soucoupe, placer une pièce de monnaie qu'on a légèrement enduite d'huile. Verser sur cette pièce du plâtre gâché avec de l'eau. Quand le plâtre a fait prise, on retire facilement la pièce. Les plus fins détails sont reproduits sur le plâtre. On a un *moule* de la pièce. La prise du plâtre est accompagnée d'une augmentation de volume, ce qui explique que les détails soient si nettement reproduits.

Cette expérience rend compte de l'emploi de cette matière pour le *moulage*.

142. Plâtrage des vins. — Les vins renferment quelquefois une trop grande quantité de tartre. Ce tartre, peu soluble, reste en suspension, et le vin ne s'éclaircit pas. On précipite le tartre au moyen du plâtre. Le tartre est un tartrate acide de potassium ; il donne avec le plâtre du tartrate de calcium insoluble et du sulfate de potassium. Le sulfate de potassium reste dans le vin. La loi tolère par litre 2 grammes de sulfate de potassium. On reconnaît qu'un vin renferme du plâtre en y ajoutant du chlorure de baryum (V. n° 141).

143. Plâtrage des terres. — L'expérience célèbre de Franklin montre que le plâtre répandu sur le sol favorise le développement des plantes de la famille des *légumineuses*, d'où son emploi pour activer la végétation dans les prairies artificielles.

D'après les travaux de Dehérain, le mode d'action du plâtre serait le suivant : la potasse se trouve retenue à l'état de carbonate dans les couches superficielles du sol. Le plâtre a pour effet de transformer ce carbonate en sulfate ; ce dernier sel descend dans les couches profondes et est absorbé par les racines des légumineuses. En définitive, le *plâtre a pour rôle de mobiliser la potasse du sol, de la faire passer des couches superficielles dans les couches profondes.*

Sulfate de cuivre (SO^4Cu).

144. Préparation et propriété. — En faisant agir à chaud l'acide sulfurique sur le cuivre, on obtient une solution de sulfate de cuivre ; on utilise dans ce but les résidus du travail du cuivre. L'industrie prépare encore le sulfate de cuivre par grillage des pyrites cuivreuses, qui renferment du sulfure de cuivre CuS.

Le sulfate de cuivre cristallise en beaux cristaux bleus de formule $SO^4Cu + 5H^2O$. Chauffés au delà de 200°, ces cristaux se déshydratent et deviennent blancs. Au contact de l'eau le sulfate s'hydrate de nouveau et bleuit. Ce sel est soluble dans l'eau. On l'appelle encore *vitriol bleu.*

Expérience. — Dans une solution de sulfate de cuivre, verser une solution de potasse ou de soude ; il se forme un précipité blanc bleuâtre d'hydrate cuivrique $Cu(OH)^2$. Cet hydrate, projeté sur les feuilles de la vigne empêche le développement des spores de champignons qui produisent la maladie connue sous le nom de mildew (mildiou).

Quand on précipite l'hydrate cuivrique par la soude, on obtient la bouillie bourguignonne (au lieu de soude caustique, on emploie le carbonate de soude). Mais on peut prendre de la chaux au lieu de soude, on a alors la bouillie bordelaise. — Voir n° 78 comment on obtient l'*eau céleste.*

Ces bouillies sont aussi utilisées pour combattre un champignon qui produit la maladie de la pomme de terre.

145. Le sulfate de cuivre est un antiseptique. — Il détruit les germes des fermentations et des maladies contagieuses,

On peut l'utiliser pour *désinfecter* les locaux où a habité une personne atteinte d'une maladie contagieuse ou les objets qui ont pu être contaminés par cette personne. — Il sert de même à désinfecter les étables, les écuries où des animaux atteints de maladies contagieuses ont vécu. — En agriculture, les céréales sont parfois atteintes par des maladies qui détruisent les grains (carie, charbon). Ces maladies sont dues au développement d'un champignon dont les germes ou *spores* sont véhiculés par les grains sains utilisés comme semences. On détruit ces spores en immergeant les semences dans une solution de sulfate de cuivre.

146. *Electrolyse du sulfate de cuivre.* — Voir *Cuivre.*

Sulfate de fer (SO^4Fe).

147. *Préparation et propriétés.* — Le sulfate de fer s'obtient en faisant agir de l'acide sulfurique sur des déchets de fer, ou encore en exposant à l'air des pyrites préablement grillées.

C'est un solide cristallisant en cristaux d'un beau vert, d'où le nom de *vitriol vert* qui lui est donné. La formule de ces cristaux est $SO^4Fe + 7\ H^2O$. Sous l'action de la chaleur, ces cristaux deviennent anhydres, blancs, puis se décomposent au rouge d'après la réaction :

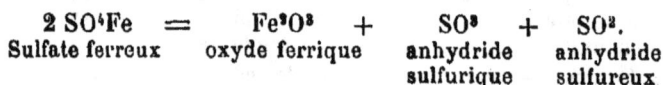

$$2\ SO^4Fe\ =\ Fe^2O^3\ +\ SO^3\ +\ SO^2.$$

| Sulfate ferreux | oxyde ferrique | anhydride sulfurique | anhydride sulfureux |

Cette réaction est utilisée pour la préparation de l'acide sulfurique de Nordhausen (n° 139). Le résidu Fe^2O^3 est une poudre rouge appelée colcothar ou rouge d'Angleterre et employée pour le polissage des métaux. Le sulfate ferreux s'oxyde à l'air, surtout lorsqu'il est en dissolution, et se transforme en sulfate ferrique $(SO^4)^3Fe^2$.

Le sulfate ferreux est un *antiseptique* et un *désinfectant.* (Voir n°s 116 et 145.)

EXPÉRIENCE. Jeter dans de l'eau bouillante du tannin ou de la noix de galle concassée. Filtrer le liquide et y ajouter une solution de sulfate ferreux. Le liquide prend une teinte noire qui augmente par exposition à l'air.

Cette expérience montre pourquoi le sulfate ferreux est utilisé en teinture et pour la fabrication de l'encre ordinaire.

SULFATES USUELS

Aluns.

148. Alun ordinaire. — L'alun ordinaire est un sulfate double de potassium et d'aluminium ; il répond à la formule :

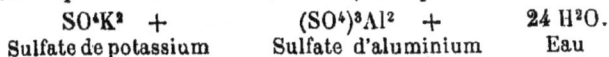

$$SO^4K^2 + (SO^4)^3Al^2 + 24 H^2O.$$
Sulfate de potassium   Sulfate d'aluminium   Eau

Chauffé, il perd son eau de cristallisation, se boursoufle et donne l'alun calciné, qu'on utilise en pulvérisation pour détruire les membranes qui se forment dans certaines maladies de la gorge.

L'alun est soluble dans l'eau, surtout à chaud. C'est un *astringent,* c'est-à-dire qu'il produit le resserrement des tissus.

Il est employé en teinture.

FIG. 46. — L'alun cristallise sous la forme d'un octaèdre régulier.

L'alun forme avec les matières albuminoïdes des combinaisons imputrescibles, d'où son emploi pour la conservation des peaux.

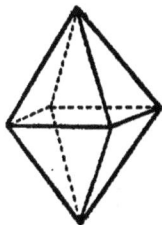

149. Aluns divers. — On connaît un certain nombre d'aluns qui cristallisent comme l'alun ordinaire en beaux octaèdres réguliers (fig. 46). Ces aluns peuvent se remplacer dans un même cristal, c'est-à-dire que si on met un cristal d'alun ordinaire dans une solution d'un autre alun, il s'accroît comme dans l'alun de potasse. On dit alors que les aluns sont *isomorphes.* Ils ont tous des formules analogues ; il suffit de remplacer dans la formule de l'alun ordinaire le potassium par le sodium ou par l'ammonium (AzH⁴), l'aluminium par le fer ou le chrome (Cr), pour avoir la formule d'un alun.

Autres sulfates.

150. — Signalons encore le *sulfate de sodium* SO^4Na^2 dont nous avons parlé au n° 37, le *sulfate de magnésium* SO^4Mg employé comme purgatif, le sulfate de zinc SO^4Zn, ou *vitriol blanc,* utilisé comme antiseptique. Le *sulfate de potassium* utilisé comme engrais par l'agriculture est fourni par les gisements de Stassfurt. Le sel brut, appelé *kaïnite,* est mélangé de sulfate de magnésium ; on en retire le sulfate du commerce contenant 50 0/0 de potasse (K^2O) environ. Nous avons parlé n° 86 du *sulfate d'ammonium.*

RÉSUMÉ

1. Le sulfate de calcium (SO^4Ca) existe dans l'eau de mer ; on le trouve à l'état de *gypse* en importants gise-

ments à Stassfurt, et en France, dans les environs de Paris. Le gypse ou pierre à plâtre est du sulfate de calcium hydraté.

2. Le gypse est transformé en plâtre par calcination dans les fours à plâtre ; la température à laquelle on opère est comprise entre 120 et 180°.

3. Le plâtre est un peu soluble dans l'eau (2 grammes par litre). L'eau chargée de plâtre est dite *séléniteuse*.

Le plâtre délayé avec l'eau durcit rapidement, on ne doit *gâcher* que de petites quantités à la fois. Gâché avec de la colle, il constitue le *stuc*.

4. Le plâtre est utilisé dans les constructions, pour le moulage, pour clarifier les vins. En agriculture, il favorise le développement des légumineuses; son rôle consiste *à mobiliser la potasse du sol, à la faire passer des couches superficielles dans les couches profondes*.

5. Le *sulfate de cuivre* (SO⁴Cu) s'obtient par l'action de l'acide sulfurique sur le cuivre ou par grillage des pyrites cuivreuses. C'est un sel bleu (vitriol bleu), soluble dans l'eau.

On l'utilise en agriculture pour la préparation des bouillies qui servent à combattre les maladies de la vigne et de la pomme de terre. C'est un *antiseptique* employé pour la désinfection des locaux ou des objets qui ont pu être contaminés par une personne atteinte d'une maladie contagieuse. Il détruit les germes ou spores de champignons qui produisent la carie du blé, le charbon des céréales (sulfatage des semences).

L'industrie utilise le sulfate de cuivre pour la préparation du cuivre pur, pour la *galvanoplastie*, pour le *cuivrage* des objets en fonte (statues, colonnes, etc.).

6. Le *sulfate ferreux* (So⁴Fe) s'obtient par les mêmes procédés que le sulfate de cuivre.

C'est un sel vert qui se décompose par la chaleur avec formation d'anhydride sulfureux, d'anhydride sulfurique et d'oxyde ferrique.

Ce produit est un *antiseptique* et un *désinfectant*. Il entre dans la préparation de l'encre noire; on s'en sert en teinture.

7. Les aluns sont des sulfates doubles. L'alun ordinaire est un sulfate double de potassium et d'ammonium. $(SO^4K^2 + (SO^4)^3Al^2 + 24H^2O)$. Calciné, il perd son eau et donne l'alun calciné, employé comme *caustique*. L'alun est *astringent ;* il forme avec les matières albuminoïdes des composés *inputrescibles ;* il est employé en teinture. Les divers aluns sont *isomorphes*, leur formule s'obtient en remplaçant dans l'alun ordinaire le potassium par le sodium ou par l'ammonium, l'aluminium par le fer ou le chrome.

8. Les autres sulfates usuels sont : le *sulfate de sodium* (SO^4Na^2), le *sulfate de magnésium* (SO^4Mg), le *sulfate de potassium* (SO^4K^2), le *sulfate d'ammonium* $[SO^4(AzH^4)^2]$.

EXERCICES

I. Ecrire la formule des différents aluns que l'on peut obtenir d'après les données du nº 149.

II. A quel prix devra-t-on acheter comme engrais :

a) Du chlorure de potassium à 80 0/0 de pureté;

b) Du sulfate de potassium nº 1 à 90 0/0 de pureté,

pour que le prix de la potasse (K^2O) soit de 0 fr. 50 le kilog?

III. Quel poids d'alun calciné obtient-on avec 100 grammes d'alun ordinaire cristallisé?

19ᵉ LEÇON

PHOSPHATES

MATÉRIEL : Apatite, nodules phosphatés; os verts, os ayant séjourné dans l'acide chlorhydrique au 1/10. (Prendre de préférence des os plats, tels que l'omoplate de mouton ; laisser agir l'acide une dizaine de jours. Conserver le liquide.) — Os calcinés à l'air. — Noir animal, — Superphosphate, phosphate précipité. — Eau de chaux. — Citrate d'ammoniaque ou acide citrique.

Phosphates naturels.

151. *Apatite, phosphorites, nodules.* — 1º Dans certaines régions (Norvège, Canada, Russie, Espagne, Allemagne) on trouve une roche cristallisée, appelée *apatite*, qui est un mélange de phosphate et de fluorure de calcium (fluophosphate). Cette roche est traitée pour la production des superphosphates (nº 155).

2. Dans le Lot et dans la région du Quercy, on trouve des gisements de phosphates de calcium qu'on désigne sous le nom de *phosphorites*. On les emploie comme l'apatite.

3° Un grand nombre de terrains renferment des phosphates de calcium, soit disséminés dans des sables, soit sous forme de *rognons* ou *nodules*. Ces nodules sont parfois appelés *coprolithes*, parce qu'on leur donne pour origine les excréments des grands reptiles carnivores de l'époque secondaire. On les appelle encore *phosphates fossiles*. Dans un grand nombre de départements (Somme, Meuse, Ardennes, Pas-de-Calais, Gard), les sables phosphatés et les nodules sont assez abondants et assez riches pour être exploités industriellement. On trouve encore des phosphates dans les Pyrénées (phosphates noirs).

D'importants gisements de phosphates fossiles ont été découverts en Algérie, dans la région de Tébessa et en Tunisie. La production des phosphates algériens dépasse par an 350 000 tonnes.

Depuis quelques années, on exploite en Floride et dans diverses régions de l'Amérique du Nord des phosphates en nodules ou en roches compactes. La production américaine en 1906 s'est élevée à deux millions de tonnes, dont 1 300 000 pour la Floride.

152. Phosphates d'os. — Les os renferment 1/3 d'une substance organique l'*osséine*, et une matière minérale constituée presque exclusivement par du phosphate et du carbonate de calcium.

Expérience. Laisser pendant huit jours des os (os plats de préférence) dans de l'acide chlorhydrique à 10 0/0. La matière minérale est dissoute, et il reste la matière organique, molle, conservant la forme de l'os.

Expérience. Calciner à l'air des os dans un feu bien ardent. La matière organique est détruite et il reste une substance blanche, poreuse, friable, qui réduite en poudre constitue la poudre d'os. Elle renferme 85 0/0 environ de phosphates.

Nous avons vu (1° *année*, n° 88), comment on obtient le *noir animal*. Lorsque cette substance est devenue impropre à la décoloration, elle est utilisée comme engrais phosphaté.

153. Scories de déphosphoration. — Le phosphore rend les aciers cassants; autrefois les minerais de fer phosphoreux étaient inutilisables. On sait maintenant éliminer le phosphore des fontes phosphoreuses (n° 203). Le phosphore se trouve dans les scories, combiné à de la chaux, de la magnésie, de l'oxyde

de fer. Ces scories ont une grande importance. On les appelle
« scories de déphosphoration » ou encore *phosphates Thomas*.

154. Nature des phosphates précédents. — A part les
scories de déphosphoration de constitution complexe, les
phosphates précédents sont des phosphates tricalciques dont la
formule est $(PO^4)^2 Ca^3$. Ils sont insolubles dans l'eau.

Phosphates industriels.

155. Superphosphates. — En faisant agir l'acide sulfurique sur le phosphate tricalcique, on a la réaction suivante :

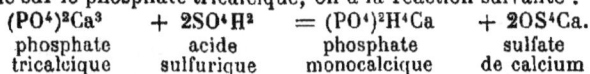

$$(PO^4)^2Ca^3 \quad + \quad 2SO^4H^2 \quad = \quad (PO^4)^2H^4Ca \quad + \quad 2OS^4Ca.$$

phosphate   acide   phosphate   sulfate
tricalcique   sulfurique   monocalcique   de calcium

Les deux tiers du calcium ont été enlevés par l'acide sulfurique et remplacés par de l'hydrogène. Le corps $(PO^4)^2H^4Ca$ est
dit *phosphate monocalcique*; il est *soluble dans l'eau*. Le mélange
de phosphate monocalcique et de sulfate de calcium constitue
ce qu'on appelle dans le commerce le *superphosphate*.

Outre ces deux corps, le superphosphate renferme du
phosphate tricalcique non attaqué, du phosphate dicalcique,
de l'acide phosphorique libre, et diverses impuretés.

Les superphosphates se préparent, soit à partir de l'apatite,
des phosphorites, des phosphates fossiles, soit au moyen des
os dont on a extrait la gélatine par l'autoclave.

156. Phosphate précipité. — Expérience. Verser un lait
de chaux dans le liquide acide du n° 152. Il précipite un corps
qui est du phosphate dicalcique $(PO^4)^2H^2Ca^3$. (On voit que
pour un même poids de phosphore, il renferme deux fois plus
de calcium que le monocalcique.)

Ce phosphate est *insoluble dans l'eau*, mais il se dissout
dans l'acide citrique et le citrate d'ammoniaque. Industriellement, c'est un sous-produit de la préparation de la gélatine à
l'acide. On fait agir l'acide chlorhydrique sur des os dégraissés,
et on ajoute au liquide obtenu un lait de chaux qui précipite
le phosphate dicalcique.

Emploi agricole des phosphates.

157. Les cendres des végétaux renferment toujours des
phosphates. En particulier, les cendres des graines de graminées
sont formées presque exclusivement de phosphates. C'est assez
dire l'utilité des phosphates pour les plantes.

Mais suivant leur nature les phosphates sont plus ou moins facilement assimilables par les végétaux.

L'apatite et la phosphorite ne sont pas assimilables.

L'assimilation des phosphates fossiles et des phosphates d'os se fait lentement. On utilise ces phosphates finement pulvérisés. Les phosphates dicalciques sont facilement absorbés par les poils radicaux. On sait que les poils absorbants secrètent un liquide à réaction acide, qui solubilise le phosphate dicalcique.

Le phosphate monocalcique des superphosphates est soluble, donc immédiatement assimilable. Mais dans le sol, au contact du calcaire, le phosphate passe rapidement à l'état insoluble de phosphate dicalcique probablement. On dit qu'il *rétrograde*. Cette rétrogradation s'effectue au sein même du superphosphate. Si on dose, en effet, l'acide phosphorique *soluble dans l'eau* que contient un superphosphate nouvellement préparé, et qu'on recommence ce dosage, au bout de quelques mois on trouve que la quantité d'acide soluble a diminué. Cela tient à la présence de phosphate tricalcique non décomposé, qui s'est combiné peu à peu à l'acide phosphorique libre et au phosphate monocalcique pour reformer du phosphate dicalcique insoluble dans l'eau.

Il semble que l'état de diffusion des phosphates dans le sol soit une condition favorable à leur absorption. La répartition uniforme dans le sol se fait d'autant mieux que le phosphate est plus fin. Les phosphates solubles, entraînés par les eaux, avant de rétrograder, imprègnent uniformément les particules de terre sur une assez grande profondeur, d'où leur plus grande valeur fertilisante.

Ce qu'il importe de connaître dans un phosphate, c'est l'acide phosphorique qu'il renferme, et pour les phosphates précipités et es superphosphates, l'acide phosphorique *soluble au citrate*. Le dosage de l'acide phosphorique est très délicat et ne peut être fait que dans un laboratoire d'analyses. Quand un agriculteur achète des phosphates, et d'une façon générale des engrais chimiques, il doit se faire donner sur facture le dosage garanti de la matière fertilisante. Si l'agriculteur fait partie d'un syndicat agricole, ce syndicat achètera en gros les engrais et, pour une somme modique, et les fera analyser par le laboratoire régional le plus proche.

Les expériences culturales ont permis de poser les règles générales suivantes :

1° On emploiera les phosphates tricalciques de préférence dans les terres acides, dans les terres nouvellement défrichées, riches en matières organiques et manquant de calcaire;

2° Les superphosphates seront employés dans les terres calcaires avec une bonne fumure, dont ils seront le complément;

3º Les phosphates précipités et les scories conviennent dans les terrains anciennement cultivés, pauvres en calcaire. Les scories conviennent à toutes les terres, leur action est comparable à celle des superphosphates et leur prix est bien inférieur. Quant aux phosphates précipités, leur emploi est assez restreint.

Mais le plus pratique est de déterminer directement, au moyen d'un champ d'expériences, quel est l'engrais qui, pour une même dépense, donne l'excédent de récolte le plus élevé.

RÉSUMÉ

1. Les *phosphates naturels* se rencontrent sous forme d'apatite, de phosphorites, de nodules et de sables phosphatés.

On exploite des phosphates en France dans la Meuse, les Ardennes (nodules), le Pas-de-Calais, la Somme (sables phosphatés), le Lot (phosphorites). L'Algérie, la Tunisie, l'Amérique du Nord renferment aussi d'importants gisements de phosphates.

2. Les phosphates naturels renferment du *phosphate tricalcique* $(PO^4)^2Ca^3$. Il en est de même des phosphates qu'on retire des os, ainsi que du noir de raffinerie.

3. Le traitement des fontes phosphoreuses donne des quantités considérables de scories phosphatées de composition complexe : *scories de déphosphoration* ou scories Thomas.

4. L'action de l'acide sulfurique sur les phosphates naturels donne les *superphosphates*, formés de *phosphate monocalcique* $(PO^4)^2H^4Ca$, de sulfate de calcium et d'une proportion plus ou moins grande d'impuretés.

5. Quand on traite les os par l'acide chlorhydrique étendu, la matière minérale se dissout. Le liquide obtenu, traité par un lait de chaux, donne un phosphate bicalcique $(PO^4)^2H^2Ca^2$, appelé *phosphate précipité*.

6. Le phosphate monocalcique est soluble dans l'eau.

Le phosphate dicalcique est insoluble dans l'eau, mais il se dissout dans l'acide citrique ou dans le citrate d'ammonium.

Le phosphate tricalcique est insoluble dans l'eau et dans le citrate d'ammoniaque.

7. Dans les superphosphates, une partie du phosphate monocalcique soluble se transforme lentement en phosphate insoluble en se combinant aux impuretés ou au phosphate tricalcique non attaqué. On dit qu'il *rétrograde*. La rétrogradation est rapide dans le sol au contact du calcaire.

8. Les phosphates naturels pulvérisés finement conviennent dans les terres acides, riches en matières organiques. Les superphosphates seront employés dans les terres calcaires. Les phosphates d'os, dans les terres pauvres en matières organiques.

Les scories de déphosphoration donnent de bons résultats dans tous les sols.

EXERCICES

I. Quel est le prix du kilogramme d'acide phosphorique (P^2O^5) dans un phosphate fossile de la Meuse, renfermant 42 p. 100 de phosphate tricalcique et vendu 38 francs la tonne ? — Quelle est p. 100 la proportion d'acide phosphorique que contient ce phosphate ?

II. On admet que l'acide phosphorique soluble au citrate a la même valeur dans les superphosphates et dans les phosphates précipités. Quel est le plus avantageux d'un superphosphate renfermant 15 p. 100 d'acide soluble au citrate et vendu 75 francs la tonne, ou d'un phosphate précipité qui dose 70 p. 100 de *phosphate bicalcique* soluble au citrate et vendu 190 francs la tonne ?

20ᵉ LEÇON

ACIDE PHOSPHORIQUE. — PHOSPHORE

MATÉRIEL : Acide phosphorique ordinaire. — Phosphore blanc et phosphore rouge. — Sulfure de carbone. — Eau chaude. — Papier à filtrer. — Allumettes diverses. — Assiette et cloche bien sèches.

N B — Pour se procurer du phosphore, les établissements de l'État doivent faire la demande sur une feuille spéciale, portant l'en-tête de l'établissement. Cette feuille est signée par le professeur compétent et visée par le Directeur. Le phosphore est livré dans une boîte portant le plomb de la Régie; l'expédition est accompagnée d'un acquit-à-caution. Le destinataire doit faire enlever ce plomb par le Receveur des contributions indirectes de son ressort en lui présentant l'acquit-à-caution.

Dans les manipulations du phosphore blanc, on ne saurait trop recommander la plus grande prudence.

Acide phosphorique (PO^4H^3).

158. Etat naturel et préparation. — L'acide phosphorique existe dans les phosphates. On l'obtient par l'action de l'acide sulfurique sur le *phosphate dicalcique* (n° 156) :

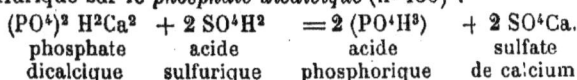

$$(PO^4)^2\ H^2Ca^2\ +\ 2\ SO^4H^2\ =\ 2\ (PO^4H^3)\ +\ 2\ SO^4Ca.$$

| phosphate dicalcique | acide sulfurique | acide phosphorique | sulfate de calcium |

Le produit de la réaction, séparé par dissolution du sulfate de calcium insoluble, est concentré à une température inférieure à 200° jusqu'à consistance sirupeuse. On a alors l'acide phosphorique ordinaire.

159. Propriétés et usages. — L'acide phosphorique ordinaire est un liquide sirupeux, soluble en toutes proportions dans l'eau. Sa formule est PO^4H^3. En se combinant à 1, 2, 3 molécule de soude $NaOH$, cet acide donne trois sels dans lesquels 1, 2, 3 atomes d'ydrogène sont remplacés par 1, 2, 3 atomes de sodium. Ce sont :

Le phosphate monosodique PO^4H^2Na.

—   disodique PO^4HNa^2 (phosphate de soude du commerce).

Le phosphate trisodique PO^4Na^3.

On connaît aussi 3 phosphates de calcium, dont nous avons donné les formules (19e leçon).

On dit que l'acide phosphorique est un acide *tribasique*.

Sous l'action de la chaleur, à une température supérieure à 200°, l'acide phosphorique perd de l'eau et donne l'acide *pyrophosphorique* $P^2O^7H^4$:

$$2PO^4H^3 = H^2O + P^2O^7H^4$$

Au rouge sombre, une plus grande quantité d'eau serait éliminée et on aurait l'acide *métaphosphorique* PO^3H. Il n'est pas possible de pousser plus loin la déshydratation.

L'acide phosphorique est employé à la préparation des phosphates alcalins, et surtout à la fabrication du phosphore.

Phosphore ($P = 31$).

160. Préparation. — En France, l'usine Coignet, de Lyon, prépare le phosphore en réduisant l'acide phosphorique par le charbon.

Un mélange intime de charbon et d'acide phosphorique est désséché dans des cornues en fonte, puis le mélange est chauffé au rouge blanc dans des cornues en grès. L'acide phosphorique est d'abord transformé en acide métaphosphorique, lequel est réduit par le charbon.

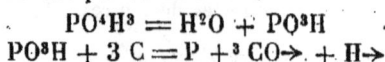

$$PO^4H^3 = H^2O + PO^3H$$
$$PO^3H + 3\,C = P + {}^3CO\rightarrow + H\rightarrow$$

Le phosphore est distillé dans un récipient plein d'eau à 60° ; il se liquéfie, et on le purifie par filtration à travers une peau de chamois. On le coule dans des moules prismatiques plongeant dans l'eau.

161. Propriétés. — Solide, blanc jaunâtre, translucide, quand il est nouvellement préparé, ou quand on considère sa coupure fraîche. Plus dense que l'eau ; 1 décimètre cube pèse 1ᵏᵍ,8 à 0°.

Il est insoluble dans l'eau ; on le conserve dans ce liquide et on le manipule sous l'eau pour éviter les accidents.

Expérience. Dans un tube à essais renfermant du sulfure de carbone, jeter un morceau de phosphore. Chauffer au bain-marie loin de toute flamme ; le phosphore se dissout. *Le sulfure de carbone est le dissolvant du phosphore.*

Expérience. Chauffer sous l'eau du phosphore dans un tube à essais ; constater qu'il commence à fondre à 44°. — Il bout à 290°

Sous l'action de la chaleur, en vase clos, à une température de 240° prolongée 10 jours, le phosphore ordinaire se transforme en phosphore *rouge*.

162. Action de l'oxygène. — Expérience. Sur une assiette bien sèche, placer un morceau de phosphore. Allumer et couvrir d'une cloche bien sèche. Il se produit d'abondantes fumées blanches qui se déposent sur les parois de la cloche. Ces fumées sont de l'*anhydride phosphorique* P^2O^5. Ce corps jeté dans l'eau s'y dissout avec un bruit semblable à celui d'un fer rouge en produisant de l'acide phosphorique. L'anhydride phosphorique est souvent employé pour déssécher les gaz.

Expérience. Jeter sur du papier à filtrer une partie de la solution de phosphore dans le sulfure de carbone et abandonner la feuille à l'air. Le sulfure de carbone se vaporise, et le phosphore très divisé s'enflamme spontanément au contact de l'air.

Le phosphore, en effet, est éminemment combustible ; il s'en-

flamme à l'air à une température peu élevée (60° environ);
c'est pour cette raison qu'on manipule ce corps sous l'eau.

À l'obscurité, dans l'air, il répand une lueur jaune-verdâtre.
C'est à cette lueur que le phosphore doit son nom. Cette
lumière a été appelée *phosphorescence*. Il y a ici oxydation lente
du phosphore par l'oxygène de l'air.

163. Le phosphore est un poison. — Introduit dans le tube
digestif, il cause rapidement la mort. L'antidote du phosphore
est l'essence de térébenthine. Ses
vapeurs sont également toxiques,
elles déterminent la carie des dents
et des os (nécrose).

Phosphore rouge.

164. C'est une modification
curieuse du phosphore ordinaire
sous l'action de la chaleur. Cette
modification se produit aussi sous
l'action prolongée de la lumière,
mais alors elle n'est que superficielle. La transformation s'effectue
dans l'appareil que représente la
figure 46. C'est une chaudière en
fonte ne communiquant avec l'extérieur que par une étroite ouverture.

Fig. 46. — Appareil pour la
fabrication du phosphore rouge.

Un thermomètre permet d'apprécier la température.

Le tableau suivant donne les différences entre le phosphore
blanc ou phosphore ordinaire et le phosphore rouge.

Phosphore blanc,	*Phosphore rouge,*
Densité 1.8,	Densité 2,1 à 2,3,
Point de fusion 44°,	Ne fond pas,
Point d'ébullition 280°,	À 260° commence à se transfor-mer en phosphore blanc,
Soluble dans le sulfure de car-bone,	Insoluble dans le sulfure de carbone,
S'enflamme dans l'air sec à 60°,	S'enflamme dans l'air sec à 260°,
Phosphorescent,	Non phosphorescent,
Vénéneux.	Non vénéneux.

Les propriétés chimiques du phosphore rouge sont les mêmes
que celles du phosphore blanc, mais elles sont moins énergiques. En particulier, le phosphore rouge agissant sur le soufre
à une température supérieure à 100° donne un corps de for-

mule P⁴S³, qu'on appelle à tort *sesquisulfure* parce qu'autrefois on lui attribuait la formule P²S³.

165. *Usages.* — Le principal usage du phosphore est la fabrication des allumettes chimiques. On emploie encore le phosphore blanc à la préparation de pâtes (mort aux **rats**) destinées à empoisonner les rongeurs.

Fabrication des allumettes.

166. Autrefois les allumettes étaient au phosphore blanc. — Décrire une allumette ordinaire. — L'extrémité était garnie de phosphore blanc, coloré en rouge ou en bleu. Les dangers d'empoisonnement, les incendies dus à l'inflammabilité des allumettes à phosphore blanc, et surtout les accidents dont les ouvriers des fabriques étaient victimes, ont fait abandonner le phosphore blanc dans la fabrication des allumettes. Aujourd'hui, le phosphore blanc est remplacé par le sesquisulfure de phosphore. On y ajoute une substance capable de fournir de l'oxygène, généralement du chlorate de potassium. On colore avec de l'oxyde de fer. De la colle forte sert à produire l'adhérence. Ces allumettes s'enflamment par frottement sur toute substance rugueuse.

On fait aussi des allumettes à phosphore rouge, dites à phosphore *amorphe* (parce qu'on ne connaît pas le phosphore rouge à l'état cristallisé).

La pâte fixée au bout de l'allumette ne renferme pas de phosphore. C'est un mélange de chlorate de potassium et de sulfure d'antimoine, fixé avec de la gomme. Ces allumettes ne s'enflamment qu'au moyen d'un frottoir spécial. Sur ce frottoir est une pâte de phosphore rouge et de sulfure d'antimoine. Le frottement détache quelques parcelles de phosphore rouge. Ce corps s'enflamme au contact du chlorate de potassium qui fournit l'oxygène. Cette combustion se communique au sulfure de phosphore, puis au soufre et au bois.

Expérience. On se rend compte de ce qui précède en passant sur le frottoir un gros cristal de chlorate de potassium qu'on tient à la main. Il se produit une déflagration.

167. *Allumettes diverses.* — On fabrique aussi diverses autres sortes d'allumettes, telles que les allumettes-bougies, les tisons. Dans ces allumettes il n'y a pas de soufre.

En France, l'État a le monopole de la fabrication et de la vente des allumettes. Aussi, pour éviter la fabrication clandes-

tine des allumettes, on a soumis la vente du phosphore à des
formalités qui rendent difficile l'acquisition de ce corps.

En 1906, la consommation a atteint le chiffre de 42 milliards
d'allumettes, dont la vente a produit plus de 37 millions de béné-
fices pour l'État.

La fabrication des allumettes a utilisé 31 500 kgs. de sesquisulfure de phosphore et 12 500 kgs. de phosphore rouge.

RÉSUMÉ

1. L'acide phosphorique PO^4H^3 s'obtient en faisant agir
l'acide sulfurique concentré sur le phosphate dicalcique.
C'est un acide *tribasique* dont on connaît 3 séries de sels
avec la potasse, la soude ou la chaux.

Son principal usage est la fabrication du phosphore.

2. Le phosphore blanc se prépare en réduisant l'acide
phosphorique par le charbon.

C'est un corps solide blanc jaunâtre, translucide, qui
fond à 44° et bout à 280°. A 240°, sous l'action de la chaleur, il se transforme en phosphore rouge, appelé encore
phosphore amorphe.

Le phosphore blanc est insoluble dans l'eau, il se dissout dans le sulfure de carbone.

Le phosphore s'oxyde à l'air en produisant une lueur
verdâtre (phosphorescence); il s'enflamme à 60° et brûle
en donnant de l'anhydride phosphorique (P^2O^5).

Le phosphore blanc est *toxique*, ainsi que ses vapeurs.

3. Le phosphore rouge ne fond pas, est insoluble dans
le sulfure de carbone, n'est pas vénéneux, ne s'enflamme
qu'à 260°. Ses propriétés chimiques sont identiques à celles
du phosphore blanc. Il se combine au soufre pour donner
le sesquisulfure de phosphore P^4S^3.

4. Le principal usage du phosphore consiste dans la
fabrication des allumettes.

Les allumettes ordinaires sont de petites bûchettes de
bois enduites de soufre à une extrémité. Tout au bout est
placée la pâte inflammable. En France, cette pâte est formée de sesquisulfure de phosphore associé à du chlorate
de potassium. Ces allumettes s'enflamment sur une surface
rugueuse. Dans les allumettes à phosphore *amorphe* ou à
phosphore rouge, la pâte inflammable est formée de chlo-

rate de potassium et de sulfure d'antimoine ; ces allumettes s'enflamment sur un frottoir spécial enduit d'une pâte formée surtout de phosphore rouge.

EXERCICE

Quel poids d'acide phosphorique (PO^4H^3) obtiendra-t-on en traitant 100 kilos de phosphate précipité renfermant 80 p. 100 de phosphate dicalcique ?

21e LEÇON

PROPRIÉTÉS GÉNÉRALES DES MÉTAUX. — ALLIAGES

MATÉRIEL : Lame ou barre de la plupart des métaux usuels. — Feuilles d'or, d'aluminium, papier d'étain. — Fil d'argent, de cuivre, de fer. — Potassium. — Bocal fig. 49, avec couvercle en carton percé d'un trou. — Alliage de Darcet.

Propriétés générales des métaux.

168. *Définition des métaux.* — Entre les corps qu'on désigne dans la langue courante sous le nom de *métaux :* fer, cuivre, plomb, étain, zinc, or, argent, et les corps tels que le soufre, le phosphore, on trouve immédiatement des propriétés distinctives.

Les métaux sont susceptibles de se polir, de prendre un bel éclat, dit « éclat métallique », ils sont bons conducteurs de la chaleur et de l'électricité, ils se laissent étirer en fils, en lames.

Cependant ces propriétés ne sont pas suffisantes pour définir un métal. Les métaux en poudre, surtout s'ils sont précipités par voie chimique, n'ont pas l'aspect métallique ; ils sont mauvais conducteurs de l'électricité. D'autre part, certains corps comme l'iode qu'on range à côté du chlore présentent l'aspect métallique.

On a donc été amené à chercher une propriété distinctive des métaux. On a *choisi* la suivante :

On range parmi les métaux tout corps qui, en se combinant à l'oxygène, donne au moins un composé jouant le rôle de base. (V. 1re *année, 3e leçon*).

169. *Propriétés physiques.* — A part le mercure, les métaux sont des corps solides ; ils fondent à une température plus ou moins élevée. (V. tableau, n° 175.) Tous se volatilisent dans le

four électrique; mais ceux dont la volatilisation présente quelque
intérêt pratique sont : le mercure qui bout à 350°, le potassium,
le sodium, volatils vers 700°; le zinc, qui bout vers 930°.

La densité des métaux est donnée au tableau (n° 173); elle
varie suivant la façon dont le métal a été travaillé. Les nombres
indiqués se rapportent aux métaux fondus.

En général, les métaux sont insolubles dans l'eau; ils sont
insipides et inodores.

Les métaux polis sont le plus souvent de couleur blanche,
tirant sur le gris ou le bleu. Le cuivre est rouge, l'or est jaune.
L'or réduit en feuilles minces est *vert* par transparence.

170. Propriétés mécaniques. — Ce sont les plus importantes
au point de vue pratique.

Malléabilité. Un métal malléable peut être réduit en feuilles
minces. Cette opération se pratique généralement au moyen
du *laminoir*. C'est un appareil représenté par la figure 47. Il se
compose essentiellement de deux cylindres tournant en sens

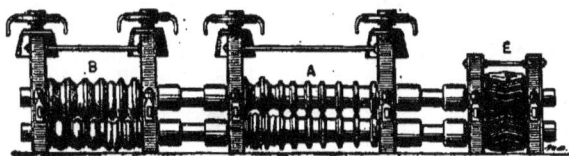

Fig. 47. — Laminoir. — Le fer au rouge passe entre deux cylindres qui
tournent en sens inverse. Les coussinets qui règlent l'écartement
des cylindres sont rapprochés ou éloignés au moyen de vis. Les engre
nages E font mouvoir les cylindres.

inverse. La distance des cylindres peut être réglée à volonté.
La pièce à laminer est engagée entre les deux cylindres, dont
la distance est un peu moindre que l'épaiseur de la pièce. On
diminue progressivement la distance des cylindres.

Le fer est malléable au rouge.

L'or, l'argent, l'aluminium, le cuivre, l'étain sont très malléables, on obtient des feuilles d'or dont l'épaisseur ne dépasse
pas $\frac{1}{10\,000}$ de millimètre. Ces feuilles s'obtiennent non par
laminage, mais par *battage*.

Ductilité. Un métal ductile se laisse étirer en fils fins. On
obtient des fils de métal en faisant passer ce métal à travers des
trous de plus en plus fins percés dans une filière en acier. Une
traction énergique est nécessaire. L'appareil employé est repré-

senté par la figure 48. Les *tréfileries* sont les usines où l'on obtient les fils de fer ou de laiton. L'or, l'argent, le cuivre, le fer sont les métaux les plus ductiles. Avec 1 gramme d'or, on peut obtenir un fil de plusieurs kilomètres de longueur. Pour les fils très fins, les filières sont des rubis ou même des diamants percés.

Fig. 48. — Tréfilerie : 1, banc de tréfilerie; 2, filière à trous carrés, 3, filière à trous ronds.

Écrouissage. Recuit. Les métaux laminés ou travaillés à la filière s'*écrouissent*, ils deviennent plus durs, plus cassants, et pour qu'on puisse continuer à les travailler il faut leur faire subir le *recuit*.

Ténacité. On évalue la ténacité d'un métal en déterminant la charge nécessaire pour produire la rupture d'une barre dont la section est 1^{mm^2}. On obtient des aciers dont la ténacité est de 150 kilos. La ténacité du plomb est mesurée par 1,36.

Dureté. Un métal est plus dur qu'un autre lorsqu'il raye cet autre. Le fer est dur, le plomb est rayé par l'ongle, le potassium est mou comme la cire.

Propriétés chimiques.

171. *Action de l'oxygène et de l'air.* — C'est pratiquement l'action la plus importante.

Le potassium, le sodium s'oxydent à la température ordinaire dans l'oxygène ou l'air *secs*.

Les métaux usuels brûlent à une température plus ou moins élevée. Rappelons la combustion du fer, du magnésium dans l'oxygène. On peut faire brûler le fer, le zinc, le cuivre dans un feu de forge.

L'argent, l'or, le platine sont inattaquables.

Dans l'*air humide* une oxydation lente se produit à la température ordinaire. Des recherches récentes ont montré que le gaz carbonique de l'air favorise cette oxydation, surtout en ce qui concerne le fer.

Le fer s'oxyde dans toute sa masse; le zinc, le plomb, le cuivre ne s'oxydent que superficiellement : il se forme à la surface du métal un hydrocarbonate imperméable qui préserve le reste du métal de l'oxydation.

L'étain, l'aluminium, l'or, l'argent, le platine ne sont pas attaqués par l'air humide à la température ordinaire.

172. *Action du soufre, du chlore, des acides, de l'eau.* — On se reportera à ce que nous avons dit du soufre, du chlore, des acides étudiés pour rechercher l'action de ces corps sur les métaux usuels.

Le potassium, le sodium décomposent l'eau à la température ordinaire.

Expérience. Un bocal renfermant de l'eau (fig. 49) est recouvert d'une feuille de carton percée d'un trou. Par le trou, on fait tomber dans l'eau un fragment de potassium. De l'hydrogène se dégage et la chaleur produite par la réac-tion est suffisante pour enflammer ce gaz qui brûle avec une flamme violacée ; cette teinte est due à l'incandescence des vapeurs de potassium qui se trouvent dans la flamme.

Le globule de métal se déplace à la surface du liquide, car il est soulevé par l'hydrogène qui se produit au contact du potassium et de l'eau. Ce déplacement est à rapprocher du mouvement d'une goutte d'eau qu'on jette sur une plaque de fer fortement chauffée.

Fig. 49. — Action du potassium sur l'eau.

Il se forme de l'hydrate de potassium KOH, capable de ramener au bleu la teinture de tournesol rougie par un acide. La formule de la réaction est la suivante :

$$K + H^2O = KOH + H.$$

Classification des métaux.

173. Des diverses classifications adoptées, aucune n'est satis-faisante. Nous dirons simplement qu'on appelle *métaux alcalins* ceux qui, comme le potassium, le sodium, décomposent l'eau à froid ; les *métaux précieux*, argent, or, platine, sont inoxydables ; il faut y joindre aussi l'aluminium ; les autres métaux sont oxydables, à température plus ou moins élevée.

La considération de la *valence* pouvant être utile pour établir la formule des sels métalliques, nous classerons les métaux d'après la valence.

Le potassium, le sodium, l'argent sont *monovalents*.

L'or est *trivalent*.

L'étain, le platine sont *tétravalents*.

Les autres métaux sont *divalents* dans la plupart de leurs composés.

Remarque. — Dans les composés de l'aluminium, le groupe Al^2 est hexavalent. Le fer, le nickel, le chrome et quelques autres métaux donnent deux catégories de sels. Par exemple, le fer donne des sels ferreux, comme SO^4Fe (sulfate ferreux), où le métal est divalent, et des sels ferriques, tels que Fe^2O^3, $(SO^4)^3Fe^2$, où le groupe Fe^2 est hexavalent.

Alliages.

174. Un certain nombre de métaux sont employés isolés : zinc, fer, cuivre, plomb, étain, etc. Mais souvent les propriétés physiques ou mécaniques d'un métal sont heureusement modifiées par l'addition d'une quantité variable d'un autre métal. On a alors un *alliage*. Ainsi, l'or et l'argent sont trop mous pour être utilisés seuls, on augmente leur dureté en y incorporant du cuivre. Le plomb, métal très mou, acquiert de la dureté quand il est allié à l'antimoine. Cet alliage sert à faire les caractères d'imprimerie.

Les alliages dans lesquels entre le mercure s'appellent *amalgames*.

Les propriétés des alliages ne sont pas, en général, intermédiaires entre celles des métaux constituants.

Exemples : 1° L'alliage dit de Darcet fond à 98°; cependant il est constitué par trois métaux, étain, bismuth, plomb, dont les points de fusion sont 228°, 265°, 335° ;

2° Le fer et le nickel sont bons conducteurs de l'électricité, le ferro-nickel résultant de leur alliage présente une conductibilité électrique six fois plus faible que chacun des constituants;

3° Le fer et le nickel, pris séparément, ont une dilatation appréciable sous l'action de la chaleur; on a obtenu un alliage de fer et de nickel dont la dilatation est pratiquement nulle : métal *invar* à 36 0/00 de nickel.

Les alliages ont été l'objet de travaux considérables. En général, un alliage est constitué par une véritable combinaison de deux métaux, dissoute dans un excès de l'un d'eux.

A propos de chacun des métaux, nous indiquerons les alliages employés dans la pratique.

175. *Tableau donnant les densités et les points de fusion des principaux métaux.*

	DENSITÉS	POINTS DE FUSION
Potassium	0,87	62°
Sodium	0,97	90°.
Magnésium	1,75	632°

Aluminium................	2,56	654°
Zinc.....................	6,8	434°
Etain....................	7,3	228°
Fer (laminé).............	7,8	1500°
Nickel...................	8,7	1600°
Cuivre...................	8,8	1035°
Argent...................	10,5	950°
Plomb....................	11,3	335°
Mercure..................	13,6	— 39°
Or.......................	19,3	1045°
Platine..................	21,5	1775°

RÉSUMÉ

1. On range parmi les métaux tout corps qui, en se combinant à l'oxygène, donne au moins un composé pouvant jouer le rôle de base.

2. A part le mercure, liquide, les métaux sont solides à la température ordinaire, ils prennent un éclat dit métallique quand ils sont polis, ils sont bons conducteurs de la chaleur et de l'électricité. Quelques-uns sont colorés; la plupart ont une couleur blanche tirant sur le bleu ou sur le gris. Tous sont fusibles à une température plus ou moins élevée. Quelques-uns : zinc, mercure, plomb, sont volatils aux températures réalisées par l'industrie.

2. Les principales propriétés mécaniques des métaux sont :

a) La *malléabilité*, propriété de se laisser réduire en feuilles minces, par laminage ou par battage ;

b) La *ductilité*, propriété de s'étirer en fils fins à la filière ;

c) La *ténacité*, caractérisée par la charge nécessaire à la rupture d'un fil de 1 ⅗² de section ;

d) La *dureté :* un corps plus dur qu'un autre raye cet autre ;

e) Les métaux travaillés au laminoir ou à la filière deviennent cassants, ils s'*écrouissent;* on leur rend leurs propriétés par le *recuit.*

3. A part l'argent, l'or, le platine, les métaux s'oxydent à l'air à température plus ou moins élevée.

A la température ordinaire, la plupart s'oxydent à l'air humide. En général l'oxydation n'est que superficielle (zinc, plomb), mais pour le fer toute la masse peut être oxydée.

4. Le soufre, le chlore, les acides agissent sur la plupart des métaux ; les métaux alcalins (potassium, sodium), décomposent l'eau à la température ordinaire.

5. Les *alliages* sont constitués par l'union de deux ou plusieurs métaux fondus ensemble. On obtient ainsi une modification des propriétés physiques et mécaniques de ces métaux.

Les propriétés des alliages ne sont pas intermédiaires entre celles des métaux constituants.

On considère les alliages comme une véritable combinaison des métaux constituants, combinaison dissoute dans un excès de l'un d'eux.

EXERCICES

I. Rechercher les moyens employés pour préserver le fer de l'oxydation.

II. Faire le tableau de l'action du chlore sur les métaux. On indiquera les composés obtenus et leur formule. Faire un tableau analogue pour l'action des acides sulfurique, chlorhydrique, azotique. Donner les équations correspondant aux réactions indiquées.

22ᵉ LEÇON

OXYDES MÉTALLIQUES ET LEURS HYDRATES

Matériel : Oxyde de zinc, zinc. — Massicot ou litharge, minium. — Solution de sulfate de cuivre, de sulfate ferreux, de soude caustique, d'ammoniaque, de chlorure de sodium. — Voltamètre simple (fig. 50). — 4 piles au bichromate ou petite dynamo. — Solution d'alun. — Acide chlorhydrique. — Décoction de cochenille.

Oxydes naturels.

176. On trouve dans la nature un certain nombre d'oxydes métalliques qui constituent des minerais recherchés. Ces minerais sont d'ailleurs souillés d'une quantité plus ou moins grande de matières étrangères ou gangues. Les principaux oxydes naturels sont :

a) Les oxydes de fer. Nous les étudierons avec le métal ;

b) Le bioxyde d'étain ou cassitérite SnO^2. C'est le seul minérai d'étain ;

c) Le bioxyde de manganèse MnO^2 ;

d) L'alumine Al^2O^3, dont une variété, la bauxite, constitue un excellent minerai d'aluminium. Les variétés cristallisées et colorées (corindon, rubis, améthyste, etc.) sont utilisées comme pierres précieuses.

Oxydes usuels.

177. Les oxydes usuels s'obtiennent généralement par oxydation du métal à température plus ou moins élevée. Un petit nombre sont utilisés dans la pratique.

Nous verrons (23e leçon) qu'on peut encore obtenir des oxydes en calcinant certains sels métalliques, particulièrement les carbonates.

178. *Oxyde de zinc* $= ZnO$. — On obtient l'oxyde de zinc en brûlant le zinc dans l'air.

EXPÉRIENCE. Dans un feu bien ardent, jeter une lame de zinc. On voit se produire des fumées blanches qui sont de l'oxyde de zinc.

Industriellement, on chauffe le zinc dans des cornues en terre réfractaire ; le métal est volatilisé et ses vapeurs s'enflamment dans l'air au sortir des cornues. Les flocons d'oxyde traversent une série de chambres dans lesquelles ils se déposent.

L'oxyde de zinc ou *blanc de zinc* est un corps blanc, floconneux. Broyé avec de l'huile, il donne une peinture blanche qui peut remplacer la peinture à la *céruse*. La peinture au blanc de zinc n'est pas toxique comme la céruse, pour les peintres, et elle ne noircit pas sous l'action de l'hydrogène sulfuré.

179. *Oxydes de plomb.* — 1o **Massicot ou litharge** $= PbO$. — Ce sont deux variétés du protoxyde de plomb.

Quand on fait fondre du plomb, la surface du métal se recouvre d'une croûte jaunâtre provenant de l'oxydation du métal. Cette croûte est du *massicot*. Il sert à préparer le *minium*.

La *litharge* est préparée par fusion du massicot ; par refroidissement, on obtient des paillettes jaunes ou rouges. Dans l'industrie, la litharge est un résidu du traitement du plomb argentifère.

La litharge est insoluble dans l'eau, elle se dissout dans les acides en donnant le sel de plomb correspondant. En particulier, avec l'acide acétique, elle donne un acétate de plomb d'où un courant de gaz carbonique précipite la *céruse*, mélange de carbonate et d'hydrate de plomb.

2º Minium = Pb^3O^4. — Le minium s'obtient en calcinant à l'air du massicot à 300º.

C'est une poudre d'un rouge vif insoluble dans l'eau. On l'emploie pour peindre les ouvrages en fer et pour la fabrication des cristaux.

Remarque. Faire agir l'acide azotique sur le minium; il se forme de l'azotate de plomb, et il reste une substance brune de formule PbO^2 qui est un bioxyde de plomb et qu'on appelle *oxyde puce* à cause de sa couleur. Le minium peut donc être considéré comme une combinaison de protoxyde et de bioxyde :

$$Pb^3O^4 = 2PbO + PbO^2.$$

Hydrates métalliques.

180. Les oxydes obtenus par calcination du métal ou d'un sel sont *anhydres;* ces oxydes peuvent se combiner à l'eau pour donner des hydrates métalliques, mais, en général, les hydrates d'oxyde ne s'obtiennent pas par cette voie : on les obtient en faisant agir une base énergique soluble (potasse, soude, ammoniaque) sur une solution d'un sel du métal.

Expérience. Dans une solution de sulfate de cuivre, verser une solution de soude caustique; on a un précipité d'hydrate de cuivre.

Même expérience avec une solution de sulfate ferreux, d'azotate de plomb, de chlorure de baryum etc. — Les élèves indiqueront pour chaque expérience ce qui se passe et écriront la formule de la réaction.

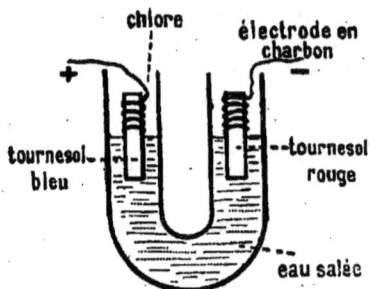

Fig. 50. — Voltamètre simple pour montrer l'électrolyse du chlorure de sodium.

Les hydrates métalliques les plus importants sont la potasse caustique et la soude caustique. Nous étudierons (23º leçon) la chaux éteinte. Comme les propriétés de la potasse caustique et de la soude caustique sont à peu près identiques, nous ne parlerons que de la soude.

181. *Soude caustique* ou *Hydrate de sodium* = NaOH. — La soude caustique s'obtient :

1º En traitant à l'ébullition une dissolution étendue de soude du commerce par la chaux éteinte (lait de chaux).

La réaction est la suivante :

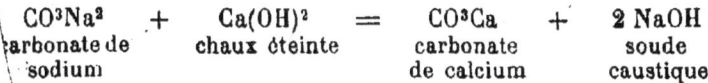

$$CO^3Na^2 \quad + \quad Ca(OH)^2 \quad = \quad CO^3Ca \quad + \quad 2\,NaOH$$

carbonate de   chaux éteinte   carbonate   soude
sodium   de calcium   caustique

2° Actuellement on obtient directement la soude caustique par électrolyse du chlorure de sodium dissous. Les appareils utilisés sont nombreux. L'un des plus récents et des plus simples est celui que représente le schéma figure 51. Cet appareil est utilisé à Aussig-s.-Elbe, en Bohême.

EXPÉRIENCE. On montre facilement l'électrolyse du chlorure de sodium au moyen de l'appareil que

FIG. 51 — Schéma de l'appareil pour électrolyser la solution de sel marin

représente la figure 50. Le tube en U renferme de l'eau salée à saturation; le courant est amené par des électrodes en charbon des cornues. On ajoute du tournesol *rougi* à la branche correspondant à l'électrode négative, du tournesol *bleu* à l'autre branche. On fait passer le courant de 4 piles au bichromate (ou d'une dynamo). Le tournesol bleu est *décoloré*, ce qui montre la production de chlore; le tournesol rouge est ramené au bleu (production de soude).

Le résultat serait plus frappant encore en ajoutant du côté de la cathode de la *phtaléine de phénol* en solution dans l'alcool (quelques gouttes). La phtaléine, en présence des bases alcalines, prend une coloration rouge intense. C'est le *réactif* le plus sensible des bases. On peut aussi, pour l'expérience précédente, utiliser le dispositif de la figure 12.

La soude caustique est un solide blanc qui fond au rouge. Elle est soluble dans l'eau. Cette solution ou *lessive* de soude ramène au bleu le tournesol rougi par les acides, elle se combine aux acides avec grand dégagement de chaleur; c'est une *base* énergique. Elle réagit sur la plupart des sels solubles en précipitant l'hydrate correspondant.

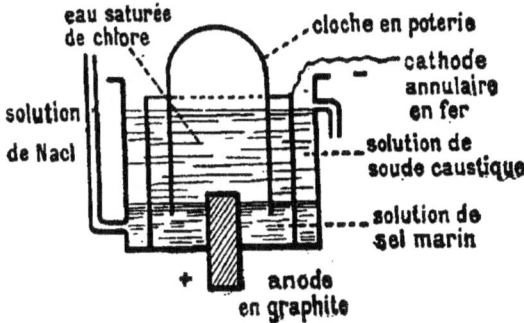

Le principal usage industriel de la soude caustique est la préparation des *savons durs*.

La soude caustique *fondue* est électrolysée par le courant électrique; on obtient le *sodium* à la cathode. Quand on électrolyse la *solution* de soude, le sodium réagit à la cathode sur la dissolution, et la soude est régénérée; il se dégage de l'hydrogène à la cathode, de l'oxygène à l'anode. Tout se passe comme si l'eau était décomposée. C'est là un des procédés industriels de préparation de l'hydrogène et de l'oxygène.

Dans l'électrolyse de la solution de chlorure de sodium, au lieu de recueillir le chlore et la soude caustique séparément, on peut faire réagir ces deux corps, on obtient alors directement de l'eau de Javel (n° 59).

Alumine hydratée ($Al^2 (OH)^6$).

182. A l'oxyde d'aluminium Al^2O^3 correspond l'alumine hydratée $Al^2(OH)^6$.

EXPÉRIENCE. Dans une solution de sulfate d'aluminium ou d'alun, verser de l'ammoniaque. On a un précipité gélatineux d'alumine hydratée.

Dans ce précipité, verser un acide; le précipité disparaît, l'alumine s'est combinée à l'acide pour donner un sel d'aluminium.

Obtenir un autre précipité comme précédemment, et ajouter une base alcaline (potasse ou soude), le précipité se dissout. L'alumine s'est combinée à la base pour donner un *aluminate soluble*.

Un hydrate tel que l'alumine qui se combine aux acides ou aux bases est dit *indifférent*. L'hydrate de zinc $Zn(OH)^2$ se comporte de même.

EXPÉRIENCE. Jeter dans de l'eau bouillante une pincée de cochenille. Ajouter une solution d'alun, puis de l'ammoniaque. Filtrer. Le liquide filtré est incolore ou peu coloré. Il reste sur le filtre un précipité d'un beau rouge appelé *laque*. C'est une combinaison *insoluble* entre l'alumine et la matière colorante.

Cette expérience donne la raison de l'emploi de l'alun et des sels d'aluminium en teinture comme *mordants*. La plupart des matières colorantes ne se fixent pas sur la fibre du tissu. Pour obtenir une teinte résistant au lavage, on trempe d'abord le tissu dans une solution qui se fixe sur la fibre (mordant) et qui forme ensuite avec la matière colorante une **combinaison** insoluble.

RÉSUMÉ

1. Les principaux oxydes naturels sont ies oxydes de fer, le bioxyde d'étain (cassitérite), le bioxyde de manganèse, l'alumine (bauxite, corindon, etc.).

2. Les oxydes usuels s'obtiennent par oxydation du métal à l'air à une température plus ou moins élevée. Les plus utilisés sont :

L'*oxyde de zinc* (ZnO), poudre blanche employée pour remplacer la céruse.

La *litharge* ou le *massicot* (PbO), protoxyde de plomb, employé surtout dans la préparation de la céruse.

Le *minium* (Pb³O⁴), obtenu par oxydation du massicot, et utilisé dans la peinture sur fer, mais surtout dans la fabrication du cristal.

3. Les *hydrates métalliques* s'obtiennent quelquefois par action sur l'eau de l'oxyde anhydre, mais le mode de préparation le plus général consiste à faire agir une base soluble sur une solution d'un sel métallique.

Outre la chaux éteinte $Ca(OH)^2$, l'hydrate le plus important est la soude caustique $Na(OH)$. On l'obtient :

a) En faisant agir la chaux éteinte sur une solution *étendue* de carbonate de sodium à l'ébullition ;

b) Par électrolyse du chlorure de sodium dissous.

C'est une base énergique qui précipite de leurs sels dissous les hydrates métalliques correspondants.

Elle est utilisée pour la préparation des savons durs, pour l'extraction du sodium par électrolyse, pour la fabrication de l'eau de Javel (par électrolyse).

4. L'hydrate d'aluminium $Al^2(OH)^6$ s'obtient en précipité gélatineux par action de l'ammoniaque sur une solution d'alun ou d'un sel soluble d'aluminium.

C'est un hydrate *indifférent*. Sa propriété la plus remarquable consiste à se combiner aux matières colorantes pour donner des *laques insolubles*, d'où l'emploi des sels d'aluminium en teinture, comme *mordants*.

EXERCICES

I. Ecrire les équations chimiques qui traduisent l'action de l'acide azotique sur le minium, de la potasse ou de la soude sur le sulfate de cuivre ou sur le sulfate ferreux, de l'ammoniaque en dissolution AzH⁴ (OH) sur l'alun.

II. Voir en *Physique* (2ᵉ année), les phénomènes d'électrolyse et indiquer ce qui se passe :

1ᵒ Pendant l'éctrolyse de la soude fondue ;

2ᵒ — — dissoute ;

3ᵒ — — du chlorure de sodium dissous, en vue de la préparation de l'eau de Javel.

23ᵉ LEÇON

CARBONATE DE CALCIUM. — CHAUX, MORTIERS, CIMENTS

MATÉRIEL : Calcaire cristallisé. — Marbre blanc, marbre ordinaire. — Calcaire lithographique. — Calcaire ordinaire, pierre à chaux. — Craie, blanc de Meudon, acide chlorhydrique. — Eau de chaux. — Eau de savon. — Appareil producteur du CO. — Solution d'oxalate d'ammonium, solution alcoolique *fraîche* de campêche. — Chaux vive, chaux hydrauliques, ciments.

S'il y a un four à chaux dans le voisinage, on le fera visiter par les élèves. — On invitera ceux-ci à observer comment les maçons préparent le mortier.

Carbonate de calcium (CO^3Ca).

183. *État naturel.* — Le carbonate de calcium est un des plus abondants parmi les corps qu'on trouve à l'état naturel.

1ᵒ A l'état *cristallisé*, il constitue le **spath d'Islande** et **l'aragonite** ;

2ᵒ **Calcaire saccharoïde et marbres.** Les variétés non cristallisées portent le nom de *calcaires*. Le calcaire saccharoïde ou marbre blanc est formé de cristaux enchevêtrés, ce qui donne à sa cassure l'aspect du sucre, d'où son nom. Ce marbre très estimé est employé par la sculpture ; c'est le *marbre statuaire*.

Les *marbres* sont des calcaires colorés par des matières étrangères, des oxydes métalliques le plus souvent, disséminés irrégulièrement dans la masse de façon à former des veines d'aspects très variés. Les marbres sont utilisés dans l'ornementation ;

3ᵒ Le **calcaire lithographique**, susceptible d'un beau poli, sert à reproduire des dessins. On dessine sur la pierre au moyen d'une encre grasse, on fait ensuite agir un acide qui attaque le calcaire et laisse le dessin en relief ;

4° Les nombreuses variétés de **calcaire commun** sont utilisées comme pierre à bâtir, pierre de taille, pierre à chaux. Outre ce calcaire, qu'on trouve à l'état de roche compacte, il faut mentionner le calcaire qui, à l'état pulvérulent, entre dans la constitution des terres arables;

5° La **craie** constitue des amas importants dans le bassin parisien. C'est un calcaire blanc, friable, qui laisse une trace lorsqu'on le frotte sur un corps dur. On connaît encore ce calcaire, sous le nom de *blanc d'Espagne, blanc de Meudon.* La craie est constituée par l'amoncellement de carapaces calcaires de petits animaux microscopiques.

184. *Propriétés des calcaires.* — EXPÉRIENCE. Dans un verre, jeter un fragment quelconque de calcaire; ajouter un acide étendu d'eau; il y a effervescence et dégagement d'un gaz qui est du gaz carbonique.

EXPÉRIENCE. — Nous avons montré en 1re *année* (n° 1) que la craie chauffée perd du gaz carbonique et se transforme en chaux. Cette propriété est, ainsi que la précédente, commune à tous les calcaires.

EXPÉRIENCE. — Faire barboter du gaz carbonique dans l'eau de chaux : il se forme un précipité blanc. Séparer le liquide en deux portions. Filtrer la première; le liquide passe incolore, cependant ce liquide donne des grumeaux avec l'eau de savon, et précipite en blanc sous l'action de l'oxalate d'ammonium; une solution alcoolique de *bois* de *campêche* prend à son contact une belle couleur rosée : c'est que ce liquide renferme du carbonate de calcium dissous.

Dans la deuxième portion, continuons à faire barboter du gaz carbonique; le précipité disparaît et le liquide redevient limpide. C'est que du gaz carbonique s'est fixé sur le carbonate pour donner du bicarbonate *soluble* $(CO^3)^2H^2Ca$.

Cette expérience explique plusieurs faits naturels.

1° Les eaux ayant traversé des terrains calcaires sont souvent chargées de carbonate de calcium au point qu'elles sont impropres à la cuisson des légumes et au savonnage ;

2° Dans les terrains où le gaz carbonique se dégage par les fissures du sol, les eaux se chargent de ce gaz et dissolvent des quantités considérables de calcaire. Ces eaux arrivées à l'air, le gaz carbonique se dégage en partie et du calcaire se dépose. On a alors les *fontaines incrustantes* ou *pétrifiantes*, dont le plus beau type en France est la fontaine de Saint-Allyre, près Clermont-Ferrand. Ce calcaire peut constituer des masses compactes qu'on désigne sous le nom de *tufs* ou de *travertins*. Ex. : travertin de Sézanne, près Reims.

Fig. 52.
Stalactites (A) et stalagmites (B).

Au lieu de couler à l'air libre, si l'eau chargée de calcaire vient suinter à travers les fissures du plafond d'une grotte, le calcaire se déposant peu à peu finit par constituer une colonne qui s'allonge vers le bas. Des gouttes d'eau arrivant sur le sol y abandonnent encore du calcaire et il se constitue une colonne qui s'accroît vers le haut. Ces colonnes dites *stalactites, stalagmites* finissent par se rencontrer. Leur formation est analogue à celle des glaçons que l'on voit l'hiver se former au bord des toitures;

3o L'eau, surtout lorsqu'elle est chargée de gaz carbonique, finit par dissoudre sur son passage les terrains calcaires qu'elle traverse, et y creuser des grottes, des gorges profondes. (Gorges du Tarn, dans les Causses, par exemple.)

Chaux.

185. *Chaux vive* $= CaO$. — L'expérience que nous avons rappelée plus haut nous montre comment on peut transformer en chaux le carbonate de calcium.

Industriellement, l'opération s'effectue dans des *fours à chaux*. Il en existe divers systèmes; les plus économiques sont les *fours continus*. Dans le four que représente la figure 53, les parois extérieures sont en briques réfractaires ; on

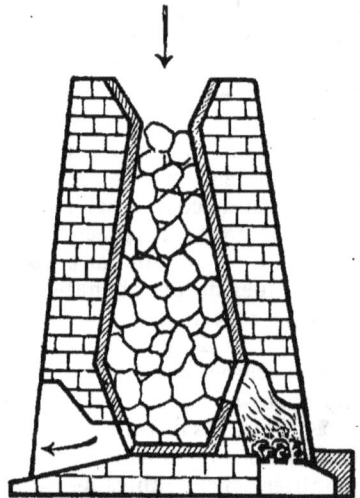

Fig. 53. — Four à chaux continu. La pierre à chaux est calcinée par le foyer et retirée par l'ouverture placée à droite de la figure.

chauffe par un foyer latéral. Le calcaire est introduit par la partie supérieure et la chaux retirée par une ouverture inférieure. On n'éteint le four que lorsque des réparations sont nécessaires. Le combustible est généralement du coke.

Actuellement on recueille les gaz qui s'échappent du four à chaux, on en retire le gaz carbonique, qu'on liquéfie ou qu'on utilise dans diverses industries (sucreries, usines à soude, Solvay, etc.).

La chaux vive est infusible aux températures ordinairement réalisées dans l'industrie, elle ne fond qu'à la température du four électrique, d'où son emploi pour la fabrication de creusets réfractaires.

186. *Chaux éteinte* $= Ca(OH)^2$. — EXPÉRIENCE. Sur quelques morceaux de chaux vive placés dans une assiette, verser peu à peu de l'eau. On constate que la masse s'échauffe, l'eau est en partie transformée en vapeur; la chaux se fendille et tombe en poussière en augmentant notablement de volume. On dit qu'elle *foisonne*. Il y a combinaison de la chaux vive et de l'eau, et formation d'hydrate de calcium $Ca(OH)^2$ appelé *chaux éteinte*. La chaux se délaye dans l'eau pour donner un *lait de chaux*. Filtré, le lait de chaux fournit un liquide clair, l'*eau de chaux*, qui renferme en dissolution $1^g,2$ de chaux par litre environ. Nous nous sommes servis souvent de l'eau de chaux pour reconnaître la présence du gaz carbonique.

187. *Chaux hydrauliques. Ciments.* — Quand on calcine du calcaire mélangé d'une certaine proportion d'argile, on obtient des produits qui *font prise*, c'est-à-dire qui durcissent rapidement au contact de l'eau. Ces produits portent le nom de *chaux hydrauliques* s'ils renferment 10 à 30 p. 100 d'argile; si la proportion d'argile est plus considérable, on a des *ciments*. Les ciments de Vassy (Yonne), de Boulogne, de Portland (Angleterre) sont les plus connus.

Usages des chaux.

188. *Dans l'industrie.* — Les chaux ordinaires sont utilisées dans un certain nombre d'industries; pour se rappeler le rôle de la chaux, on se reportera aux chapitres correspondants.

Citons : la préparation de l'ammoniaque et des sels ammoniacaux (n° 85), de la soude et de la potasse caustique (n° 180), l'industrie du sucre, de la soude par le procédé Solvay (n° 69), des chlorures décolorants (n° 57). Nous verrons plus tard que la chaux est réduite par le charbon dans le *four électrique* et que le charbon s'unit au calcium pour donner le *carbure de calcium*.

189. *En agriculture.* — Les terres pauvres en calcaire sont peu fertiles. On accroît la fertilité du sol en incorporant de la chaux à la terre arable. La chaux vive est placée en petits tas sur le sol à chauler. Ces tas sont recouverts de terre. La chaux absorbe l'humidité, s'*éteint* et se transforme en poudre impalpable que l'on répand sur le terrain. Elle s'incorpore au sol par les labours.

L'action de la chaux est assez complexe. Dans les terres acides, tourbeuses, par exemple, elle supprime l'acidité qui s'opposait à la nitrification (n° 90).

Dans tous les sols, la chaux désagrège la matière organique et rend disponible l'azote. Or, quand les plantes assimilent une quantité plus considérable d'azote, elles absorbent aussi plus de potasse et d'acide phosphorique. *Le chaulage produit une utilisation plus rapide et plus intense des éléments nutritifs du sol,* mais en conséquence, le sol s'épuise plus vite. *Le chaulage ne doit donc être pratiqué que sur les terres riches en azote organique, en acide phosphorique et en potasse.*

Le lait de chaux est encore employé comme *antiseptique.* On en blanchit les murs des étables, on en badigeonne les arbres fruitiers pour détruire les larves d'insectes qui peuvent être logées dans les crevasses de l'écorce.

190. *Dans les constructions.* — La plus grande partie des chaux est utilisée dans les constructions. Les chaux ordinaires sont employées pour les constructions aériennes, c'est pourquoi on les appelle aussi *chaux aériennes.* La *chaux grasse* est blanche, très pure, et forme avec l'eau une pâte liante; la *chaux maigre* est grise, elle renferme diverses impuretés et forme une pâte peu liante.

Un mélange de chaux éteinte et de sable, formant une sorte de pâte, constitue un *mortier.* Cette pâte sert à lier les unes aux autres les pierres employées dans la construction. Le mortier durcit d'abord par évaporation de l'eau qu'il contient, ensuite en absorbant le gaz carbonique de l'air; la chaux se trouve ainsi transformée à nouveau en carbonate de calcium qui adhère fortement aux matériaux de construction. Si on employait la chaux seule, elle se fendillerait en se desséchant; le sable a pour but d'éviter ce fendillement.

Les chaux hydrauliques et les ciments sont utilisés dans les constructions sous l'eau. Le principe du durcissement de ces produits au contact de l'eau est le suivant : Pendant la cuisson, l'argile ou silicate d'aluminium hydraté a perdu son eau, des réactions assez complexes se produisent donnant lieu à du silicate de calcium anhydre et à de l'aluminate de calcium, par combinaison de la silice, de l'alumine et de la chaux. Ces produits anhydres s'hydratent au contact de l'eau et se prennent en une masse qui durcit plus ou moins rapidement.

On fait des mortiers hydrauliques comme des mortiers aériens. Les ciments sont généralement employés seuls.

En mélangeant à la chaux hydraulique des cailloux, de petites pierres, on a du *béton*. Le béton forme des fondations solides et imperméables dans les terrains humides. Les piles des ponts reposent sur des couches de béton. En plaçant dans le béton un treillis de fils de fer, on obtient le *béton armé*. On obtient de même le ciment armé au moyen d'un béton de ciment.

RÉSUMÉ

1. Le *carbonate de calcium* se présente à l'état cristallisé (spath d'Islande et aragonite), ou à l'état non cristallisé ; il constitue alors les diverses variétés de *calcaire:* marbre blanc, marbre ordinaire, pierre lithographique, calcaire commun, craie.

2. Les propriétés caractéristiques du calcaire sont les suivantes :

a) Avec un acide, il y a effervescence et dégagement de gaz carbonique ;

b) Sous l'action de la chaleur, le gaz carbonique se dégage et il se forme de la chaux.

3. Le calcaire est un peu soluble dans l'eau. La solubilité est plus grande dans l'eau chargée de gaz carbonique, car il se forme du *bicarbonate de calcium*. $(CO^3)^2H^2Ca$, plus soluble que le carbonate.

Cette solubilité du calcaire dans l'eau chargée de gaz carbonique explique la formation des gorges ou cañons, des stalactites et des stalagmites, des tufs ou des travertins, ainsi que l'action des fontaines pétrifiantes.

4. La *chaux vive* ou oxyde de calcium (CaO) s'obtient en calcinant le calcaire dans les *fours à chaux*.

La chaux vive s'unit à l'eau et forme la chaux éteinte $Ca(OH)^2$. Celle-ci se délaye dans l'eau pour donner un *lait de chaux*. Le lait de chaux filtré permet d'obtenir l'*eau de chaux*.

La chaux absorbe le gaz carbonique pour se transformer en carbonate de calcium.

5. En calcinant le calcaire avec de l'argile, on obtient les *chaux hydrauliques* ou les *ciments*.

6. La chaux est utilisée dans un grand nombre d'opérations industrielles; en agriculture, on l'incorpore à la terre arable quand le sol manque de calcaire (chaulage). Le lait de chaux peut servir comme antiseptique.

7. Dans les constructions *aériennes*, la chaux éteinte additionnée de sable donne les mortiers utilisés pour réunir les matériaux.

Les chaux hydrauliques et les ciments sont utilisés pour les constructions sous l'eau.

Les *bétons* sont obtenus en incorporant au mortier ou au ciment des cailloux, des petites pierres.

EXERCICES

I. Se reporter aux paragraphes indiqués au n° 187 et relever les diverses applications de la chaux. Faire le tableau des produits obtenus et écrire les équations des réactions correspondantes.

II. Traduire par une équation la formation de bicarbonate de calcium par l'action du gaz carbonique sur le carbonate de calcium en présence de l'eau. — Réaction inverse. — D'après ces réactions, expliquer comment l'eau de la mer peut jouer un rôle important dans la régularisation de la quantité de gaz carbonique de l'air (1re *année*, n° 98).

24e LEÇON

MINERAIS DE FER. — FONTE

MATÉRIEL : Diverses variétés de minerais de fer. — Morceau de fonte fraîchement cassé pour en montrer la structure. — Objets ayant été coulés en fonte grise, tels que clés. On peut voir souvent sur l'objet des bavures qui subsistent après le moulage.

Minerais de fer.

191. Le fer se rencontre rarement dans la nature à l'état

pur (état natif), il est généralement combiné à divers autres corps. Quoique très abondant, il n'existe pas toujours en quantité suffisante dans les roches pour être traité économiquement. Les roches susceptibles d'être traitées pour l'extraction du fer constituent les *minerais* de ce métal. Ce sont des oxydes, du carbonate ou du sulfure de fer (pyrite).

1o **Oxyde magnétique** = Fe^3O^4. Le plus riche et le plus pur des minerais de fer. On le rencontre surtout en Suède et en Norvège.

En Algérie, un gisement important se rencontre à 200 kilomètres de Bône ; une montagne, le Djebel Ouenza, est pour ainsi dire une montagne de fer. La production actuelle de l'Algérie dépasse 500 000 tonnes, mais elle atteindra facilement un million de tonnes quand les voies de communication seront plus développées. Ce minerai renferme 63 0/0 de fer.

2o **Sesquioxyde anhydre** = Fe^2O^3. Ce minerai est abondant dans l'île d'Elbe et en Espagne. Cristallisé, il constitue le *fer oligiste ;* amorphe, c'est *l'hématite rouge* ou *ocre rouge.*

3o **Sesquioxyde hydraté.** On l'appelle encore *hématite brune* ou *limonite.* Ce minerai constitue le riche gisement de la Lorraine et de la Champagne, dont la production représente plus des 4/5 de la production totale de la France.

4o **Carbonate de fer ou fer spathique** abondant en Allemagne, en Autriche. On l'appelle « fer spathique » parce qu'il cristallise comme le carbonate de calcium ou spath d'Islande.

5o **Pyrites.** Les pyrites sont un bisulfure de fer FeS^2. Elles sont utilisées pour l'extraction du soufre (no 101). Le produit du grillage est un oxyde de fer qu'on emploie aujourd'hui en métallurgie.

Métallurgie.

192. C'est l'ensemble des opérations par lesquelles on retire un métal de ses minerais. La métallurgie comprend en général trois séries d'opérations :

1o Un traitement mécanique ;
2o Un traitement chimique ;
3o Une purification ou *affinage.*

193 *Traitement mécanique.* — Le minerai subit d'abord un *triage* à la main qui permet de séparer les parties riches des parties pauvres. Il est ensuite *concassé* en morceaux plus ou moins gros. On termine par un *lavage,* qui entraîne une partie des matières terreuses de moindre densité. Ceci s'applique aux minerais de tous les métaux.

194. *Traitement chimique. Haut-fourneau.* — Quand le minerai est à l'état de carbonate, par calcination dans la partie supérieure du haut-fourneau même, il est transformé en oxyde.

On utilise aussi l'oxyde provenant du grillage des pyrites.

En définitive, on a à traiter de l'oxyde de fer. Cet oxyde est réduit par le charbon, ou mieux par l'oxyde de carbone. Mais l'oxyde est mélangé de matières étrangères qui constituent la *gangue*. La gangue est généralement argileuse, et si on ne

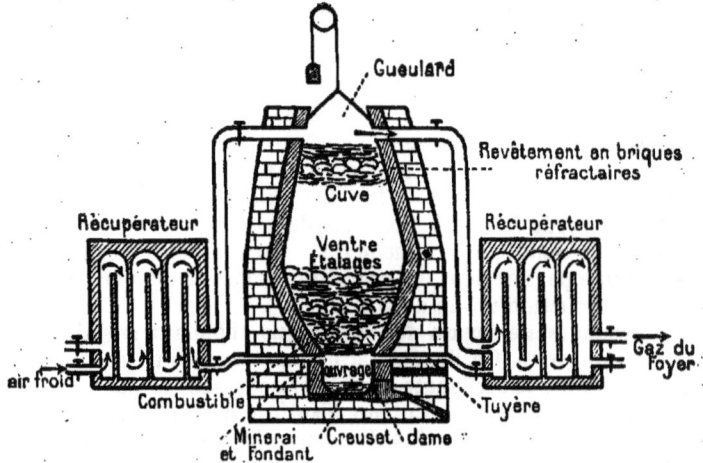

Fig. 54. — Schéma d'un haut fourneau avec les récupérateurs de chaleur.

prenait pas de précaution elle se combinerait au fer pour former un silicate de fer fusible; il y aurait perte de fer. On ajoute au minerai un *fondant* calcaire, ce fondant forme avec la gangue un silicate double d'aluminium et de calcium (V. 1re *année*, no 108) fusible, qui constitue les scories. Mais ce silicate fond à une température élevée, à laquelle le fer dissout du carbone et donne de la *fonte*.

L'opération s'effectue dans un *haut-fourneau*.

Description. Un haut-fourneau se compose de deux troncs de cône unis par leur grande base (fig. 55). L'ouverture supérieure s'appelle *gueulard*; le tronc de cône supérieur est la *cuve*, le tronc inférieur s'appelle *étalages*. Le cône inférieur est prolongé par une partie cylindrique : *ouvrage*, dans laquelle viennent aboutir trois conduits ou *tuyères* de puissantes machines soufflantes. Enfin, en bas, se trouve une cavité ou *creuset* dans laquelle s'accumulent les matières fondues. Ce creuset présente un *trou de coulée* fermé par un tampon d'argile.

Marche. On emplit le haut fourneau de coke jusqu'au quart environ et on allume. Quand la température est suffisante, on introduit par le gueulard des couches alternatives de minerai concassé mélangé au fondant et de combustible. On injecte de l'air par les tuyères.

En présence d'un excès de charbon, l'oxygène de l'air produit de l'*oxyde de carbone*. Ce gaz réduit l'oxyde de fer (1re *année*, no 103), et donne de l'anhydride carbonique. La réduction se produit à la base de la cuve, où la masse est au rouge sombre. L'analyse des gaz à diverses hauteurs dans le haut fourneau montre bien le rôle de l'oxyde de carbone :

	A LA TUYÈRE	BASE DE LA CUVE	SORTIE
CO^2	8 0/0	2 0/0	7 0/0
CO	17 0/0	34 0/0	23 0/0

Le fer, mélangé encore à sa gangue et au fondant, descend dans les étalages où la température atteint 1 400°. Le fondant se combine à l'argile et donne le *laitier* ou *scorie*, qui entre en fusion. Le fer dissout du charbon et se transforme en fonte. Fonte et laitier fondus se réunissent dans le creuset; mais, à cause de la grande différence de densité, la scorie reste à la partie supérieure. On crève alors le tampon d'argile qui ferme le trou de coulée. L'ouverture pratiquée à la partie supérieure laisse d'abord écouler le laitier. On creuse peu à peu l'orifice pratiqué, la fonte coule à son tour; on la reçoit dans des rigoles creusées dans du sable. Elle se solidifie en grosses barres, à section demi-circulaire, qu'on appelle *gueuses*.

Le haut-fourneau est en briques réfractaires. Ses dimensions sont variables. Il en est qui atteignent 30 mètres de hauteur et peuvent fournir 200 tonnes de fonte par jour. Le haut-fourneau fonctionne d'une façon continue tant qu'il n'a pas besoin de réparations (15 à 18 mois). On fait généralement trois coulées par jour.

195. *Utilisation des gaz du haut-fourneau.* — Les gaz qui s'échappent du gueulard sont à une température élevée. On les utilise à échauffer l'air envoyé dans les tuyères. On obtient ce résultat au moyen des *récupérateurs*. Ce sont deux grandes chambres présentant des cloisons en briques disposées en *chicane* (fig. 54).

Au lieu de laisser sortir les gaz chauds par le gueulard, on les amène dans l'un des récupérateurs, celui de droite par exemple, dont ils échauffent les parois. Pendant ce temps, l'air injecté dans les tuyères traverse le récupérateur de gauche qui a été préalablement échauffé. Au bout de quelques heures, on intervertit la marche des gaz.

Les gaz qui sortent des récupérateurs renferment encore de l'oxyde de carbone (près de 1/4) éminemment combustible. Après avoir débarrassé ces gaz de poussières qu'ils renferment, on les dirige dans des moteurs spéciaux. Ils servent ainsi à actionner toute la machinerie de l'exploitation, et même à fournir l'éclairage dans l'usine et dans le voisinage. (Voir 1re *année*, no 105.)

En Amérique, on a récupéré 40 000 chevaux à Lackawana, 6 000 chevaux à Pittsbourg en utilisant les gaz des hauts-fourneaux. Actuellement, plus de 250 000 chevaux sont récupérés en Europe. On estime à 50 millions de francs la valeur de l'énergie que récupère annuellement l'industrie allemande.

Fontes.

196. La fonte est le produit brut du haut-fourneau. Elle est formée de fer renfermant 2 à 5 0/0 de carbone. Elle contient toujours du silicium, et parfois du phosphore et du soufre. On y rencontre aussi du manganèse. La nature de la fonte et son aspect sont très variables, suivant la température à laquelle le fer a été porté. On divise les fontes en deux types : la fonte blanche et la fonte grise.

197. *Fonte blanche*. — C'est la plus fusible (1 100o). Le carbone s'y trouve combiné (Fe^3C). C'est une véritable dissolution de ce carbure dans un excès de fer. Traitée par l'acide chlorhydrique, elle se dissout en donnant un dégagement d'hydrogène mélangé de carbure. La fonte blanche est utilisée pour la préparation du fer et de l'acier; elle se produit par *refroidissement brusque* de la fonte en fusion. Son poids spécifique est 7,6 environ.

198. *Fonte grise*. — Fond à 1 200o. Elle se produit lorsqu'on laisse refroidir *lentement* la fonte du haut-fourneau. Son poids spécifique est 6,9. Traitée par les acides, elle laisse dégager de l'hydrogène, et la majeure partie de son carbone se dépose sous forme de graphite.

La fonte grise *renferme donc du carbone non combiné*.

Elle se laisse travailler à la lime et au tour ; lorsqu'elle est fondue, elle est fluide et se prête au moulage. Lorsqu'elle se solidifie, elle augmente de volume et prend fidèlement les émpreintes du moule. La présence du silicium favorise la formation de la fonte grise.

La fonte grise est surtout employée pour le moulage. Le modèle est fait en creux dans un sable spécial. On construit d'abord en bois le modèle à reproduire, puis on place ce modèle à la surface du sable en tassant fortement. Le moule peut être formé soit d'une seule partie, soit de deux ou plusieurs parties. Quand la pièce à mouler est de grandes dimensions on utilise pour le moulage la fonte à la sortie du haut-fourneau ; pour les objets délicats, on procède à une deuxième fusion de la fonte dans de petits fours verticaux : *cubilots*.

199. Fontes spéciales. — Ce sont des fontes dans lesquelles on introduit à dessein d'autres métaux : manganèse, chrome, aluminium. Les fontes renfermant moins de 25 0/0 de manganèse sont dites *spiegeleisen*, celles qui renferment plus de 25 0/0 de ce métal sont des *ferro-manganèses*. Les fontes au chrome sont dites *ferrochromes*. Ces fontes sont produites dans le haut-fourneau en ajoutant au minerai de fer les oxydes des métaux que l'on veut introduire dans la fonte. La production de ces fontes spéciales exige une température élevée ; elles servent à la fabrication des *aciers spéciaux* (n° 208). Actuellement, ces aciers sont obtenus avec la plus grande facilité dans des fours électriques appropriés.

RÉSUMÉ

1. Les principaux minerais de fer sont l'*oxyde magnétique* Fe^3O^4 (Suède, Algérie) ; le *sesquioxyde anhydre* Fe^2O^3 ou fer oligiste, hématite rouge ; le *sesquioxyde hydraté*, ou hématite brune ; le *carbonate de fer* ou fer spathique, et accessoirement les pyrites.

2. Le minerai subit d'abord un traitement mécanique : il est trié, concassé, lavé, pour séparer les parties les plus pauvres et les matières terreuses.

3. Le traitement chimique se fait au *haut-fourneau*. C'est un four constitué par deux troncs de cône réunis par leur grande base. A la partie inférieure se trouve un creuset pour recevoir les produits fondus. Des *tuyères* amènent l'air comprimé nécessaire à la réduction du minerai.

4. On remplit le haut-fourneau de couches alternatives de minerai et de combustible, on injecte de l'air par les

tuyères. Le charbon étant en excès, il se forme de l'oxyde de carbone qui réduit l'oxyde de fer.

Le minerai a été additionné de *fondant*, généralement calcaire (les impuretés, gangue du minerai étant constituées le plus souvent par de l'argile). Ce calcaire forme avec l'argile de la gangue un silicate double d'aluminium et de calcium ; ce silicate fond et constitue les *scories*.

Le fer provenant de la réduction du minerai se combine à une petite quantité de charbon et donne la *fonte* qui coule dans le creuset.

5. Les gaz qui s'échappent du haut-fourneau passent d'abord dans les *récupérateurs* de chaleur ; dans un certain nombre d'usines ils servent ensuite à actionner des moteurs à gaz.

6. Les fontes renferment 2 à 5 0/0 de carbone. La *fonte blanche* est utilisée pour la production du fer et de l'acier ; la fonte grise renferme du carbone non combiné, elle est utilisée pour le moulage. Les *fontes spéciales* renferment du manganèse, du chrome ou d'autres métaux.

EXERCICES

I. Quelle proportion p. 100 d'oxyde magnétique Fe^3O^4 renferme le minerai algérien à 63 0/0 de fer.

II. On estime à 2 300 millions de tonnes de minerai le gisement de fer de Lorraine. L'exploitation annuelle étant supposée rester stationnaire, au bout de combien d'années ce gisement sera-t-il épuisé ? La production actuelle est de 6 400 000 tonnes par an.

25e LEÇON

FER. — ACIER

MATÉRIEL : Fer doux, fil de fer. — Acier fondu. — Acier trempé — Dans les écoles de garçons, on montrera à l'atelier de travail manuel la façon de tremper les outils d'acier. — On pourra aussi montrer l'action de la trempe en portant au rouge un morceau d'aiguille à tricoter qu'on refroidira brusquement en le jetant dans l'eau.

Affinage de la fonte. — Fer (Fe = 56).

200. *Puddlage.* — L'affinage de la fonte et sa transformation en fer se nomme *puddlage* ; elle se fait au *four à puddler.* C'est un four à reverbère (fig. 55) dont la sole A reçoit les matières à traiter; les matières sont chauffées par la flamme d'un foyer latéral F. On évite ainsi le contact du métal avec le combustible; la houille étant toujours plus ou moins pyriteuse, si on la mettait au contact de la fonte, on introduirait du soufre dans le métal. Sur la sole, on place la fonte à traiter, à laquelle on ajoute des ferrailles et l'oxyde de fer qui se détache lorsqu'on frappe avec le marteau le fer rouge : *oxyde des battitures*. On ajoute aussi un *fondant* calcaire. La fonte entre en fusion; le silicium s'oxyde d'abord et la silice se combine au fondant pour former un silicate fusible. Puis le charbon brûle aussi, réduisant l'oxyde des battitures. A mesure que la masse

Fɪɢ. 55. — Puddlage : 1, coupe verticale d'un four à puddler. — 2. coupe horizontale : A, sole; B, plan incliné; c, cheminée; D, E, portes ou regards; F, g rille; c, ouverture pour la sortie des scories.

se décarbure, sa fluidité diminue. On brasse énergiquement par les portes latérales, on réunit le fer en masses spongieuses ou *loupes* qu'on porte sous le *marteau-pilon* pour chasser la scorie. Le fer obtenu est ensuite réduit en barres par le *laminoir* (fig. 47).

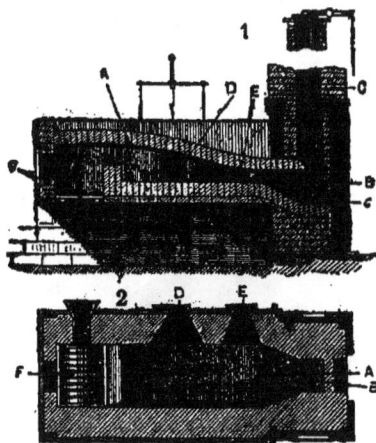

Aciers.

201. *Métallurgie*. — Les aciers sont des produits intermédiaires entre les fers et les fontes. Leur teneur en carbone varie de 0,5 à 1,5 0/0. Pour les préparer, on emploie deux procédés :

1° Carburation du fer ou *cémentation;*
2° Décarburation incomplète de la fonte.

202. *Cémentation*. — Pour obtenir l'acier de cémentation, on place des lames de fer dans des caisses en briques réfractaires avec un mélange de charbon, de cendres, de suie, de sel marin. On chauffe une dizaine de jours. Il se produit une carburation superficielle, l'acier n'est donc pas homogène. Pour lui donner de

l'homogénéité, on soude ensemble des paquets de barres cémen-
tées qu'on passe ensuite au laminoir (acier corroyé). On obtient
encore un meilleur résultat en fondant l'acier de cémentation
(acier fondu). L'acier de cémentation est employé pour la cou-
tellerie et pour la fabrication des instruments délicats.

203. *Procédé Bessemer.* — **Principe.** On décarbure d'abord
complètement la fonte en fusion au moyen d'un violent courant
d'air, puis on ajoute un poids déterminé de fonte dont on connaît la teneur en carbone.

Opération. L'opération s'effectue dans une cornue ou *convertisseur* en tôle, garnie intérieu-
rement de briques réfractaires.
La cornue peut basculer autour
d'un axe O. L'air arrive par le
conduit P, et se rend par le
tuyau N dans une *chambre à
vent* qui communique avec la
cornue par une série d'orifices
(fig. 56).

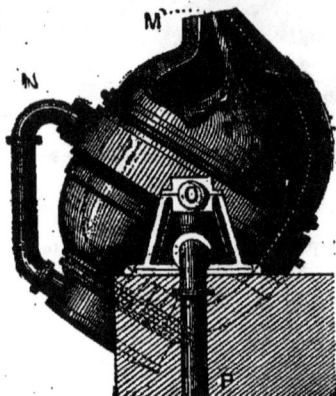

FIG. 56. — Cornue ou convertisseur
Bessemer : M, col de la cornue ;
O, axe de rotation ; P, conduit d'arrivée de l'air ; N, tuyau amenant
l'air dans la chambre à vent.

On coule dans la cornue de
la fonte en fusion et on injecte
de l'air sous pression. Le silicium brûle d'abord avec une
gerbe d'étincelles, puis le carbone s'oxyde et brûle en donnant une flamme bleu pâle.
Quand la décarburation est
complète, on ajoute une fonte
manganésifère. Le charbon con-
tenu dans la fonte ajoutée s'incorpore dans toute la masse,
et le manganèse, plus oxydable que le fer, remplace celui-ci
dans la scorie formée.

En moins d'une heure, on peut obtenir une coulée de 10 à
15 tonnes d'acier de composition connue.

Déphosphoration. Le phosphore, en présence du carbone,
rend les aciers cassants. Autrefois, les minerais phosphoreux
étaient délaissés, mais Thomas et Gilchrist ont trouvé le moyen
d'enlever le phosphore. Pour cela, il suffit de garnir le convertisseur avec des briques basiques, qui formeront des phosphates
avec le phosphore que contient la fonte. La matière employée
pour ces briques est la *dolomie*, carbonate double de calcium et
de magnésium. Le convertisseur ainsi garni est dit *basique*; les

scories obtenues constituent un engrais phosphaté recherché par l'agriculture (scories Thomas, n° 153).

Le Bessemer garni avec des briques siliceuses est le Bessemer *acide,*

204. Procédé Siemens-Martin. — Le Bessemer ne suffisait pas encore aux besoins de l'industrie métallurgique moderne. La fabrication des pièces d'artillerie de marine, des arbres d'hélice exige des coulées qui peuvent atteindre 100 tonnes. On obtient ces énormes quantités d'acier par le procédé Siemens-Martin.

Principe. On fond sur la sole d'un four à reverbère la fonte à décarburer, avec un poids déterminé de vieilles ferrailles et d'oxyde de fer ou même de minerai.

Le four employé est représenté par la figure 57. La sole est *basique* ou *acide* selon que la fonte à traiter

Fig. 57. — Four Siemens. La fonte est placée sur la sole S. On voit en A les récupérateurs de chaleur. Quand les récupérateurs de droite, par exemple, ont été échauffés par les gaz du foyer, on y fait passer l'air destiné à la combustion. Les gaz du foyer échauffent les récupérateurs de gauche et inversement. Le gaz combustible est fourni par des gazogènes.

est phosphoreuse ou non. Le chauffage se fait au gaz des gazogènes (1re *année*, n° 101). Le gaz combustible à son arrivée dans le four est mélangé à de l'air chaud, porté à une température élevée par le passage dans un *récupérateur* de chaleur. Les produits de la combustion passent dans un autre récupérateur qu'ils échauffent avant de se rendre dans la cheminée.

Propriétés du fer et de l'acier,

205. Propriétés du fer. — Métal d'un blanc grisâtre lorsqu'il est poli, fondant vers 1500°. A une température inférieure à son point de fusion il possède la propriété de se souder à lui-même (blanc soudant). Au rouge, il commence à se ramollir et on peut le forger.

Il est *magnétique.* Placé dans un champ magnétique, il

s'aimante, mais il perd cette propriété dès qu'il est soustrait à l'action du champ. Cette propriété est appliquée dans les électro-aimants (_Physique_, n° 168).

Le fer est _malléable_ et _ductile_ (Voir 21° leçon).

A l'_air sec_, le fer ne s'oxyde pas à la température ordinaire, mais porté au blanc, il brûle dans l'oxygène (V. 1re _année Chimie_, n° 38), ou dans l'air avec de brillantes étincelles; le produit de la combustion est l'oxyde magnétique Fe^3O^4.

A l'_air humide_, le fer s'oxyde facilement; il se recouvre d'une couche de rouille, ou sesquioxyde hydraté. A la longue, l'oxydation peut être complète; tout le fer se transforme en rouille, d'où la nécessité de recouvrir le fer d'une substance qui le protège du contact de l'air. On emploie de la plombagine, de la vaseline, des matières grasses, des peintures, ou bien on dépose à la surface du fer une mince couche d'un métal peu oxydable : étain, fer étamé; zinc, fer galvanisé; nickel, fer nickelé; cuivre.

Le fer agit sur les acides en donnant le sel correspondant et dégagement d'hydrogène. Le chlore gazeux ou l'eau régale le transforment en chlorure ferrique; le soufre donne du sulfure de fer à chaud (Voir _Acides_, _Soufre_, _Chlore_).

Propriétés mécaniques des fers et des aciers.

206. _Distinction du fer et de l'acier._ — Aujourd'hui, il y a tous les intermédiaires entre le fer et l'acier. Examinons d'abord les aciers ordinaires qui renferment seulement du fer et du carbone. Lorsque la proportion de carbone dépasse 0,5 0/0, on a les aciers _durs_; leur propriété caractéristique est de subir la _trempe_.

EXPÉRIENCE. Chauffer au rouge sombre un burin en acier dans un fourneau à charbon ou un feu de forge, puis refroidir brusquement l'outil dans de l'eau. On constate qu'il est devenu très dur, la lime ne mord pas dessus. Par contre, il est très cassant, on le briserait facilement par le choc. Si l'on trempe un morceau de ressort de pendule, c'est-à-dire de l'acier en lame mince, cette lame devient très élastique.

Le refroidissement se fait dans de l'huile, du pétrole, etc., suivant la qualité que l'on veut obtenir par la trempe.

On diminue la fragilité de l'acier trempé par le _recuit_. On réchauffe le métal trempé jusqu'à une température de 200 à 300° et on le laisse refroidir lentement. Si la surface du métal est bien polie, pendant le réchauffement il se forme une couche mince d'oxyde d'abord jaune pâle, qui passe au brun pourpre et au bleu. L'ouvrier chargé de la trempe apprécie le recuit d'après la couleur de cet oxyde. Chez les quincailliers, on peut voir ces couleurs sur les lames de scies, les fers de rabot, les ciseaux, les bêches, etc.

Une autre propriété distinctive de l'acier, c'est que, placé dans un champ magnétique, il s'aimante comme le fer, mais conserve la propriété magnétique quand le champ cesse d'agir. On fabrique aujourd'hui les aimants en plaçant un barreau ou une aiguille d'acier dans une bobine où un champ magnétique intense est produit par un courant électrique.

Les aciers durs servent surtout pour faire les instruments tranchants destinés au travail du bois et des métaux. L'industrie utilise les aciers à faible teneur en carbone (aciers doux), dont les propriétés se rapprochent du fer. Ces aciers servent dans la construction, pour fabriquer les rails de chemins de fer, les tôles des chaudières, les plaques de blindage, les canons, les fusils, les essieux des locomotives et des wagons, etc.

Au point de vue mécanique, trois propriétés surtout sont à envisager : la résistance à la rupture, la fragilité au choc et la dureté.

207. *Résistance à la rupture*. — EXPÉRIENCE. Prendre un fil de fer de 2/10 de millimètre de diamètre environ et de 1 mètre de longueur. Le fixer à un clou solide par la partie supérieure et en bas, attacher un seau qu'on emplira avec de l'eau. Placer un mètre le long du fil de façon à pouvoir apprécier l'allongement.

Quand la charge augmente, l'allongement est d'abord peu important. Si on enlève la charge, le fil revient à la longueur primitive; on est dans la période d'*élasticité* parfaite.

On voit le fil s'allonger davantage. Si on enlève la charge, il ne revient pas à la longueur primitive, on a dépassé la *limite d'élasticité*. Cette limite est obtenue au moment où l'allongement devient permanent.

Enfin, sous une certaine charge, le fil se rompt; la charge est dite *charge de rupture*, et l'allongement à ce moment s'appelle *allongement de rupture*.

Ces trois constantes : charge correspondant à la limite d'élasticité, charge de rupture et allongement de rupture, sont étudiées avec la plus grande précision dans les usines métallurgiques pour les fers et les aciers livrés au commerce.

La charge pratique qu'on fait subir à une barre de métal ne dépasse pas la moitié de la charge correspondant à la limite d'élasticité, soit environ le quart de la charge de rupture.

Quand la proportion de carbone augmente, la résistance à la rupture augmente, mais l'allongement à la rupture diminue. La diminution de l'allongement à la rupture est liée à l'accroissement de la dureté et de la fragilité du métal au choc. La trempe augmente la résistance à la rupture, mais diminue encore l'allongement. Voici quelques chiffres qui préciseront ce qui précède. Ils se rapportent à des fils de métal de 1 millimètre carré de section.

	Charge de rupture.	Limite élastique	Allongement à la rupture.
Fer doux.	32 ^{kg}.	20 ^{kg}.	32 0/0
Acier non trempé à 0,850 0/0 de charbon,	100 ^{kg}.	55 ^{kg}.	5 0/0
Acier précédent trempé.	160 ^{kg}.	80 ^{kg}.	

On classe les aciers d'après leur résistance à la rupture, en

extra-doux	R < 40 kg.	durs	R varie de 60 à 70 kg.
très doux	R varie de 40 à 50 kg.	très durs	70 à 80 kg.
— doux	R 50 à 60	extra durs	R > 80 kg.

Les aciers doux ont à peu près les mêmes propriétés mécaniques que le fer. Ils sont *malléables* et *ductiles*, peuvent se souder au blanc.

208. *Aciers spéciaux*. — Pratiquement, les aciers au fer et au carbone ne peuvent renfermer plus de 0,850 0/0 de carbone. Pour une plus grande teneur en carbone, les aciers seraient très durs, mais trop fragiles. En incorporant à l'acier d'autres métaux, on peut augmenter la teneur en carbone. En général, on cherche à accroître la charge de rupture tout en diminuant la fragilité, ou, ce qui revient au même, en augmentant l'allongement à la rupture.

Tel est le cas des aciers au nickel. L'aluminium, le manganèse, le chrome augmentent en outre la dureté. Enfin, on introduit dans les aciers du tungstène, du molybdène, du vanadium, qui donnent au métal des propriétés spéciales.

Ces aciers spéciaux se fabriquent maintenant dans des fours électriques dont la disposition varie avec les usines et avec les matières à traiter.

209. *Statistique*. — L'industrie du fer et de l'acier est une des plus importantes. Aussi donnons-nous, ci-dessous sous forme de tableau graphique, la production pour les différents pays industriels. Cette statistique se rapporte à l'année 1905 (fig. 58).

Le prix de la fonte est d'environ 80 francs la tonne, le prix des fers et des aciers s'élève à 200 francs la tonne.

RÉSUMÉ

1. Pour obtenir le fer doux, on décarbure la fonte dans un four à puddler.

2. Les aciers sont des intermédiaires entre le fer et la fonte, ils renferment de 0,5 à 1,5 de carbone.

On peut les préparer

a) Par carburation de fer : aciers de cémentation ;

b) Par le procédé Bessemer : on décarbure complètement la fonte et on ajoute un poids déterminé de fonte dont la teneur en carbone est connue;

c) Par le procédé Martin : la fonte subit la fusion sur sole et est additionnée d'oxyde des battitures, de minerai et de vieilles ferrailles qui produisent une décarburation incomplète.

3. Les fontes phosphoreuses sont traitées dans des fours dont les parois sont en briques de chaux et de magnésie (fours basiques). Les scories résultant de ce traitement sont employées comme engrais phosphaté; ce sont les scories de déphosphoration.

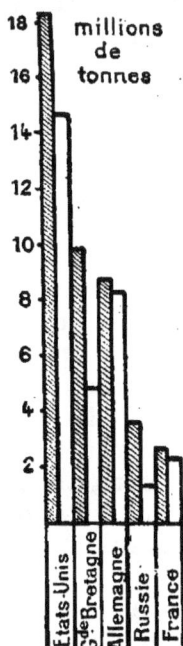

Fig. 58. — Production de la fonte et de l'acier en 1904. Les lignes hachurées représentent la production de fonte.

4. Le fer fond vers 1500°, il subit la fusion pâteuse. Au rouge, il se ramollit et peut être forgé; au blanc, il se soude à lui-même.

Il est *magnétique*, mais l'aimantation cesse lorsqu'il n'est plus soumis à l'action d'un champ magnétique.

Il brûle dans l'air sec au blanc; il s'oxyde à l'air humide à la température ordinaire.

Le fer se combine au soufre, au chlore, aux acides.

5. Il y a tous les intermédiaires entre les fers et les

aciers. Les aciers placés dans un champ magnétique s'aimantent et conservent l'aimantation quand ils sont soustraits à l'action du champ.

Les aciers subissent la *trempe*. Chauffés au rouge sombre et refroidis brusquement, ils deviennent très durs, mais cassants ; on diminue leur fragilité par le *recuit*.

6. On caractérise les propriétés mécaniques des fers et des aciers :

a) Par la *charge de rupture* pour un fil de 1%² de section ;

b) Par l'*allongement de rupture* du fil précédent. La charge pratique que l'on peut faire supporter à une barre métallique ne doit pas dépasser le quart de la charge de rupture.

7. Dans les aciers, quand la proportion de carbone augmente, la charge de rupture augmente aussi ; mais, par contre, l'allongement de rupture diminue, l'acier devient plus dur et plus fragile. La trempe accroît encore la charge de rupture et diminue l'allongement.

8. L'introduction dans l'acier de certains métaux (nickel, manganèse, aluminium) permet d'accroître la charge de rupture, tout en diminuant la fragilité. Le chrome rend les aciers très durs ; le tungstène, le molybdène, etc., donnent aux aciers des propriétés spéciales.

EXERCICES

I. Étudier l'allongement avec la charge d'un fil de fer, d'un fil d'acier (corde à piano), d'un fil de ferro-nickel et d'un fil de cuivre rouge de 3/10 de millimètre de diamètre. Faire varier la charge de 500 en 500 grammes et construire les courbes figuratives de l'allongement en fonction de la charge. (On trouvera sur la courbe un changement de direction qui correspond à la limite d'élasticité.)

II. Quelle résistance à la rupture présente une barre de fer doux de 3 centimètres de diamètre ? Quelle charge pratique peut-elle supporter ? (On prendra au n° 207 les données nécessaires). La charge de rupture est proportionnelle à la section.

26ᵉ LEÇON

ZINC. — ÉTAIN. -- PLOMB. — CUIVRE

MATÉRIEL : Blende. — Zinc en lames. — Etain en lingots. — Etain en feuilles. — Zinc amalgamé. — Soudure des plombiers. — Galène. — Plomb en lames, en fils, en tubes, etc. — Cuivre en lames, en fils. — Laiton, maillechort, alliage d'aluminium. — Acides chlorhydrique, sulfurique, azotique.

REMARQUE. Les notions données sur les métaux dans les 26ᵉ, 27ᵉ, 28ᵉ leçons étant très sommaires, nous avons jugé inutile de donner un résumé. — Les statistiques se rapportent à l'année 1904, sauf indication contraire.

Zinc (NZ = 65)

210. *Etat naturel. Métallurgie.* — Le zinc se rencontre dans la nature à l'état de sulfure, ou *blende*, souvent associé à du sulfure de plomb. On désigne sous le nom de *calamine* tous les autres minerais : oxyde, carbonate, silicates.

Par grillage du minerai, on le transforme en oxyde ; quand on grille la blende, on obtient du gaz sulfureux qui est utilisé à la fabrication de l'acide sulfurique :

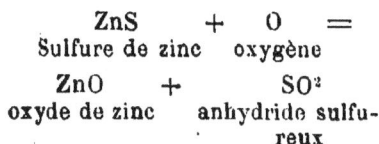

$$ZnS \quad + \quad O \quad =$$
Sulfure de zinc   oxygène

$$ZnO \quad + \quad SO^2$$
oxyde de zinc   anhydride sulfureux

L'oxyde de zinc est réduit par le charbon.

On opère sur de petites quantités de minerai ; le métal étant volatil vers 1000°, ses vapeurs s'échappent avec les produits de la combustion et se condensent dans des appareils variant avec les régions. La figure 59 représente le dispositif adopté en Belgique.

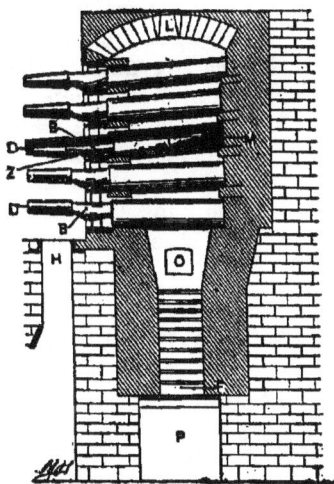

Fig. 59. — Four à zinc de la Vieille-Montagne (Belgique). O. Foyer. Le minerai M. est chauffé en C. Le zinc est vaporisé et se condense en B, puis dans les allonges D.

La production annuelle de zinc dans le monde atteint 680 000 tonnes.

L'Allemagne (200 000 t.), les Etats-Unis (144 000 t.), la Belgique 137 000 t.) sont les plus grands producteurs. La production française atteint 41 000 tonnes. Les usines de la Vieille-Montagne, à Viviez (Aveyron), produisent annuellement 15 000 tonnes de zinc. — Le prix de la tonne de zinc varie entre 500 et 700 francs.

211. Propriétés. — Métal blanc bleuâtre, de densité voisine de 7. Fond vers 425° et se volatilise vers 1 000°. Cassant à froid, le zinc est malléable et ductile à 100°, puis redevient cassant.

La vapeur de zinc brûle dans l'air en donnant l'oxyde de zinc ZnO (n° 178). A l'air humide le zinc se recouvre d'une couche grise d'*hydrocarbonate* qui protège le métal contre une oxydation plus profonde.

Le *zinc du commerce* réagit sur les acides *étendus* et donne le sel correspondant, avec dégagement d'hydrogène (1re année, n° 64).

Le zinc s'unit au mercure, on dit qu'il s'amalgame. *Le zinc amalgamé est utilisé dans les piles électriques; il n'est attaqué par les acides étendus que quand le circuit de la pile est fermé.*

212. Usages. — Le zinc en feuilles est utilisé pour les toitures. On en fait des seaux, des bassins, des gouttières. On en recouvre le fer qui doit être exposé à l'air et à l'humidité. Le fer recouvert de zinc est dit *galvanisé;* le zinc protège le fer contre l'oxydation. Pour galvaniser le fer, il suffit de tremper le métal bien décapé dans un bain de zinc fondu.

Le zinc entre dans la composition de quelques alliages : laiton, maillechort.

Les sels de zinc sont vénéneux; ce métal ne doit donc pas être utilisé dans la fabrication des ustensiles de cuisine.

Le zinc est employé dans les piles électriques.

Etain (Sn = 118).

213. Etat naturel. Métallurgie. — Le minerai d'étain est la *cassitérite* ou bioxyde d'étain SnO^2. On trouve ce minerai surtout dans la presqu'île de Malacca, dans les îles de la Sonde, en Angleterre, en Allemagne.

La métallurgie consiste à réduire l'oxyde par le charbon.

La production mondiale de l'étain a atteint 106 000 tonnes en 1904, dont 65 000 pour les îles de la Sonde et la presqu'île de Malacca, 14 000 tonnes pour l'Allemagne.

L'étain vaut environ 4 000 francs la tonne.

214. Propriétés. — Métal d'un beau blanc brillant,

Densité = **7.3.** Très malléable, mais peu ductile parce qu'il manque de ténacité.

A la température ordinaire, il ne s'altère pas sensiblement à l'air, d'où son emploi pour protéger les substances alimentaires (chocolat), pour recouvrir le fer et éviter l'oxydation de ce dernier métal.

L'acide chlorhydrique réagit à chaud en donnant le chlorure stanneux $SnCl^2$, le chlore gazeux donne le chlorure stannique $SnCl^4$.

L'acide azotique ne donne pas un azotate, mais un oxyde, l'acide métastannique $Sn^5O^{11}H^2$.

215. Usages. — L'étain réduit en feuilles sert à envelopper diverses denrées alimentaires; il entre dans la composition du bronze. Il sert à étamer le fer, le cuivre. Le fer étamé s'appelle *fer-blanc.*

Pour étamer le fer, il suffit de décaper le métal et de le plonger dans un bain d'étain fondu. Le fer étamé est protégé contre l'oxydation tant que la couche superficielle d'étain est intacte; mais si le fer est mis à nu en quelque point, l'oxydation est plus rapide que si le métal n'était pas étamé.

Les ustensiles de cuisine en cuivre doivent être étamés, car, les sels de cuivre étant toxiques, l'emploi de ces ustensiles peut présenter des dangers. Pour étamer le cuivre, on le décape avec du sel ammoniac (AzH^4Cl) et on étale de l'étain fondu à la surface.

Le *tain* des glaces est souvent constitué par un amalgame d'étain.

Plomb (Pb = 207).

216. Etat naturel. Métallurgie. — Le principal minerai de plomb est le sulfure PbS, appelé encore *galène.* Les Etats-Unis, l'Espagne, l'Allemagne, l'Australie sont les plus importants producteurs. On trouve en France, à Chaliac (Ardèche), à Pontpéan (Ille-et-Vilaine) des mines de peu d'importance.

Souvent la galène renferme du sulfure d'argent (plomb argentifère). Selon la nature de la *gangue* le traitement varie. Nous n'indiquerons que la méthode suivante, applicable seulement quand le minerai renferme peu de silice.

On grille la galène de façon à la transformer en oxyde et on réduit l'oxyde formé par le charbon.

Quand la galène est argentifère, on lui fait subir un traitement spécial que nous ferons connaître en étudiant l'argent.

La production du plomb dépasse 900 000 tonnes, dont 250 000

pour les Etats-Unis, 180 000 pour l'Espagne, 140 000 pour l'Allemagne et autant pour l'Australie. La production française n'atteint pas 20 000 tonnes. La tonne de plomb vaut environ 400 francs.

217. Propriétés. — Métal gris bleuâtre, de densité 11,25, fondant à 335°. Le plomb est assez mou pour qu'on puisse le rayer avec l'ongle. Le couteau coupe facilement ce métal. La coupure fraîche est brillante, mais elle se ternit vite par formation à l'air humide d'un hydrocarbonate imperméable qui protège le reste du métal.

On a vu (n° 179) que le plomb fondu s'oxyde à l'air pour donner la *litharge* PbO.

Le plomb réagit sur l'acide azotique et donne de l'azotate de plomb ; l'acide chlorhydrique l'attaque à chaud. L'acide sulfurique ne l'attaque qu'à l'ébullition et encore lorsque cet acide est concentré au delà de 60° Baumé. (V. *Acide sulfurique*.)

Les acides organiques réagissent sur le plomb et donnent des composés vénéneux. Les alliages contenant une notable quantité de plomb doivent être proscrits pour les ustensiles de cuisine.

L'eau chargée de sels calcaires peut circuler dans des conduits en plomb, car il se forme rapidement à l'intérieur des tuyaux des sels insolubles qui s'opposent à l'attaque du métal ; mais les eaux de pluie, les eaux de source peu chargées de matières minérales ne doivent pas circuler dans des conduits en plomb de notable longueur : ces eaux, aérées et toujours chargées de gaz carbonique, peuvent dissoudre suffisamment de plomb pour produire à la longue de véritables empoisonnements.

218. Usages. — Le plomb sert à faire des tuyaux de conduite pour le gaz et l'eau ; réduit en feuilles, il est utilisé à doubler des réservoirs, des cuves, à fabriquer les parois des chambres qui servent dans l'industrie de l'acide sulfurique. Il entre dans la composition de nombreux alliages.

Rappelons que *tous les composés du plomb sont vénéneux.* Parmi ces composés, le plus connu est la *céruse*, qui, broyée avec de l'huile, donne une belle peinture blanche. Les peintres en bâtiment qui manient la céruse, les ouvriers qui travaillent à la fabrication de ce produit présentent souvent les symptômes caractérisques de l'empoisonnement par le plomb (coliques de plomb). Cet empoisonnement est causé par les poussières qu'ils absorbent au cours de leur travail.

Cuivre (Cu = 63).

219. Etat naturel et métallurgie. — On trouve parfois le cuivre à l'état natif. Mais le principal minerai de ce métal est le *sulfure de cuivre*. Ce sulfure est généralement accompagné de sulfure de fer: c'est la *chalcopyrite;* il renferme encore diverses autres impuretés.

Le traitement des minerais sulfurés est long et laborieux. On commence par griller le minerai sur la sole d'un four à réverbère (fig. 60) dans un courant d'air. Une partie du soufre, de l'antimoine, de l'arsenic est brûlée, et il reste sur la sole un mélange des produits suivants :

Produits non { sulfure de cuivre ↗ oxyde de cuivre } Produits résultant
transformés { sulfure de fer ↙ oxyde de fer { du grillage.

Une fusion à l'abri de l'air en présence de matières siliceuses amène une réaction entre le sulfure de fer et l'oxyde de cuivre; il se forme de l'oxyde de fer et du sulfure de cuivre.

L'oxyde de fer se combine aux matières siliceuses pour donner une scorie fusible (silicate de fer) ; on a alors la *matte bronze*, riche en sulfure de cuivre.

Actuellement, cette matte est traitée par un courant d'air dans un *convertisseur*

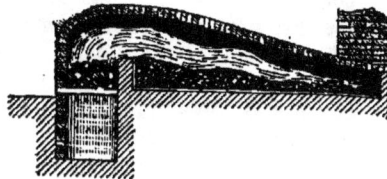

Fig. 60. — Four à réverbère pour le grillage du minerai de cuivre.

analogue au Bessemer. Les matières étrangères sont oxydées et on obtient un cuivre impur.

220. Affinage. — Pour les besoins de l'industrie électrique, il faut du cuivre très pur, d'où la nécessité d'*affiner* le cuivre. Cette opération s'effectue par électrolyse (Voir *Physique*). On fait passer le courant électrique dans une solution de sulfate de cuivre. L'anode est un lingot de cuivre impur; la cathode, une lame mince de cuivre pur. Tout se passe comme s'il y avait transport de cuivre de l'anode à la cathode. Les impuretés restent dans le bain.

Actuellement le procédé électrolytique est utilisé à retirer *directement* le cuivre de ses minerais ou des déchets industriels des alliages renfermant du cuivre (Procédé Lafontaine).

La production annuelle de cuivre atteint 700 000 tonnes dont plus de moitié pour les Etats-Unis. Le Chili, le Mexique, le Canada, l'Australie sont également d'importants producteurs. En Europe, les mines les plus importantes sont en Espagne et en Allemagne. Le prix du cuivre est très variable ; il oscille autour de 1 600 francs la tonne. En 1907, à la suite d'une campagne de hausse poursuivie par les financiers américains, le prix de la tonne de cuivre s'est élevé jusqu'à 3.200 francs.

221. Propriétés. — Le cuivre est un métal de couleur rouge, de densité 8,8, fondant vers 1000°. Il est très ductile et très malléable. *De tous les métaux usuels c'est le meilleur conducteur de la chaleur et de l'électricité.*

Chauffé, le cuivre se recouvre d'une couche noire d'oxyde cuivrique. A l'air humide, il se forme une couche verdâtre d'hydrocarbonate (vert-de-gris); l'oxydation n'est que superficielle. C'est ce qui explique qu'on recouvre le fer ou la fonte d'une couche de cuivre pour préserver ces métaux de l'oxydation.

L'acide chlorhydrique, l'acide sulfurique sont sans action à froid, l'acide azotique réagit avec formation d'oxyde azotique. (N° 97.)

Les acides organiques réagissent sur le cuivre et, comme les composés du cuivre sont vénéneux, il est nécessaire d'étamer les ustensiles en cuivre employés pour la cuisine.

222. Usages. — Le cuivre rouge est employé à faire des alambics, des chaudières, des ustensiles de cuisine.

Les fils utilisés dans les installations électriques sont en cuivre très pur (cuivre électrolytique).

On recouvre d'une couche de cuivre les statues, les colonnes en fonte pour les préserver de l'oxydation. Cette opération se fait par électrolyse.

Le cuivre entre dans la constitution de nombreux alliages : *cuivre jaune* ou laiton (cuivre et zinc), bronze (cuivre et étain), maillechort (cuivre, nickel), bronze d'aluminium (cuivre, aluminium).

EXERCICE

Se reporter à l'étude des corps suivants : soufre, chlore, acides chlorhydrique, sulfurique, azotique; faire un tableau de l'action de ces différents corps sur les métaux étudiés dans la 26e leçon. On indiquera les produits des réactions et on écrira les équations chimiques correspondantes.

27e LEÇON

MERCURE. — ARGENT. — OR. — PLATINE.

MATÉRIEL : Mercure, cinabre, sublimé, calomel. — Argent en lame, en fil. — Azotate d'argent solide, azotate d'argent à 5 0/0, formol à 1 0/0. — Feuilles d'or, chlorure d'or. — Platine en fil, mousse

de platine. — Acide chlorhydrique, chlorure de sodium, bromure
de potassium. — Plaque photographique au gélatino-bromure, papier
photographique ordinaire.

Mercure (Hg = 200).

223. Etat naturel. Métallurgie. — Le plus souvent le mercure se rencontre à l'état de sulfure, ou *cinabre* (HgS), d'une
belle couleur rouge violacé.

La métallurgie consiste simplement à griller le minerai. Il ne
se forme pas d'oxyde, car celui-ci est décomposé par la chaleur. Le mercure étant volatil, on condense les vapeurs dans
des appareils qui varient avec les régions. L'un de ces appareils
est représenté
par la figure 61.

La production
du mercure est
voisine de
4 000 tonnes par
an. En 1906, la
production attei-
gnait 1 200 tonnes
pour la Californie,
1 100 pour l'Es-
pagne, 500 à Idria
(Illyrie), 400 en

Fig. 61. — Grillage du cinabre à Almaden (Espagne).
Le cinabre est grillé en A, les vapeurs mercurielles
se condensent en parcourant les tuyaux B et le mercure s'écoule par C. La condensation s'achève en D.

Russie. Le prix moyen de la tonne est de 6 000 francs environ.

224. Propriétés. — Le mercure est un métal liquide d'un
blanc brillant. Sa densité est 13,6 à la température de 0°. Il se
solidifie à — 40° et bout à 350°. A la température ordinaire.
il émet des vapeurs capables de causer à la longue des accidents toxiques aux ouvriers qui séjournent dans une atmosphère
où se diffusent ces vapeurs.

Le mercure s'unit à quelques métaux : zinc, étain, cuivre,
or, argent, sodium, potassium, pour former des alliages appelés *amalgames*.

225. Usages. — On connaît l'usage du mercure dans les
laboratoires pour construire divers instruments de physique :
baromètres, thermomètres, manomètres, etc. L'industrie l'utilise dans la métallurgie de l'or et de l'argent. La médecine
emploie les chlorures de mercure appelés *calomel* et *sublime*
(n° 65).

Argent (Ag = 108).

226. *Etat naturel. Métallurgie.* — Le principal minerai d'argent est le sulfure (Ag²S) ou argyrose. Le plomb renferme parfois une quantité d'argent appréciable.

La métallurgie est très variable suivant les régions, nous nous bornerons à indiquer deux procédés.

1° A Freiberg (Saxe), on procède de la façon suivante :

a) Le minerai (sulfure d'argent) est grillé avec du sel marin. Le sulfure d'argent passe à l'état de chlorure (AgCl);

b) Le chlorure obtenu est placé dans des tonneaux avec de l'eau salée et du fer. Ces tonneaux tournent autour d'un axe horizontal. Le fer déplace l'argent, et il se forme du chlorure ferreux (FeCl²);

c) On ajoute du mercure, qui forme un amalgame avec l'argent;

d) On distille l'amalgame; on obtient l'argent, et le mercure se condense dans l'eau ; il peut servir à une nouvelle opération.

2° Quand on a affaire à du plomb argentifère, on commence par concentrer l'argent dans le plomb par une opération que nous ne décrirons pas. Lorsque le plomb renferme 2 0/0 d'argent, il est soumis à la *coupellation*. On fond le plomb à traiter dans un four spécial ou coupelle, où il est soumis à l'action d'un violent courant d'air. Le plomb s'oxyde, se transforme en *litharge* (n° 175) qui fond et qu'on fait écouler. Il reste l'argent.

La production de l'argent atteint 5 000 tonnes. Les Etats-Unis fournissent environ 1 700 tonnes, le Mexique près de 2 000 tonnes. Après viennent l'Australie 320 tonnes, la Bolivie 230, l'Allemagne 180, le Pérou 145, l'Espagne 116, le Canada 115. L'argent vaut actuellement 100 francs le kilog environ.

227. *Propriétés.* — Métal d'un beau blanc brillant, de densité 10,5. Il fond aux environs de 1 000°. Il est très ductile et très malléable. Avec 1 gramme d'argent on peut faire un fil de plus de 2 000 mètres de longueur. On obtient des feuilles d'argent de $\frac{3}{1\,000}$ de millimètre d'épaisseur.

L'argent est inaltérable à l'air.

L'acide azotique réagit à la température ordinaire et donne l'azotate d'argent, *caustique* employé en médecine sous le nom de *pierre infernale* (AzO³Ag).

L'hydrogène sulfuré ou le sulfure d'ammonium agissent sur l'argent et donnent un sulfure noir d'argent. Ce sulfure se

forme chaque fois que l'argent se trouve au contact d'une substance renfermant du soufre. On a remarqué par exemple le
noircissement des montres d'argent au contact d'allumettes ou
du caoutchouc vulcanisé (caoutchouc auquel on a incorporé du
soufre).

EXPÉRIENCES. Mettre une pièce d'argent dans l'acide azotique.
Constater l'attaque et observer le dégagement de vapeurs rutilantes (n° 97). — Mettre sur une pièce d'argent une goutte de
sulfure d'ammonium. Constater le noircissement.

228. *Usages.* — **Monnaies. Bijouterie.** En raison de son
aspect brillant et de son inaltérabilité à l'air, l'argent est
utilisé dans la bijouterie et pour la fabrication des monnaies.

On sait que les pièces de 5 francs sont au *titre* de 0,9, c'est-à-
nire que 1 000 grammes d'alliage renferment 900 grammes
d'argent et 100 grammes de cuivre. Les autres pièces sont au
titre de 0,835. La bijouterie emploie des alliages aux titres de
0,950 et de 0,800.

Le cuivre a pour rôle d'accroître la dureté de l'argent.

Argenture galvanique. Au lieu d'employer l'argent mas-
sif, la bijouterie utilise souvent des alliages de cuivre recouverts
d'une couche assez mince d'argent. L'argenture s'effectue par
électrolyse. On prépare un bain renfermant une solution d'azotate d'argent dans le cyanure de potassium. Les objets à
argenter sont suspendus à la cathode après un soigneux décapage. L'anode est formée d'une lame d'argent.

Argenture des glaces. EXPÉRIENCE. Préparer une solution
d'azotate d'argent à 5 0/0 et une solution de formol à 1 0/0. (La
solution commerciale de formol est à 40 0/0; pour obtenir la
solution à 1 0/0, on prend 5 cm³ de formol et on ajoute 200 cm³
d'eau). Dans la solution d'azotate d'argent, ajouter goutte à
goutte de l'ammoniaque jusqu'à ce que le précipité, formé
d'abord, soit disparu complètement. Prendre ensuite un petit
ballon, lavé à l'alcool, puis à l'acide azotique, rincer à l'eau
distillée. Dans le ballon introduire 100 cm³ de la solution d'azotate d'argent et 50 cm³ de la solution de formol. Agiter. Le
dépôt se fait en quelques minutes. On peut argenter aussi des
tubes à essais.

Photographie. Une assez grande quantité d'argent est
utilisée pour les usages photographiques. Les remarques suivantes donneront le principe des principales opérations photographiques :

EXPÉRIENCE. Dans une solution d'azotate d'argent verser une

solution de bromure de potassium ; il se forme un précipité jaune de bromure d'argent. C'est ce bromure, incorporé à de la gélatine qui constitue la couche *sensible* des plaques photographiques.

Les sels d'argent se décomposent plus ou moins complètement à la lumière, avec précipitation d'argent métallique. Ainsi le chlorure d'argent *blanc* devient violet, puis noir, lorsqu'il reste exposé à la lumière. (On obtient le chlorure d'argent par l'action du chlorure de sodium sur l'azotate d'argent). La lumière agit aussi sur le bromure d'argent, mais la transformation subie par ce dernier sel ne devient apparente que par l'opération appelée *développement*. On soumet la plaque impressionnée à l'action de substances réductrices qui produisent la décomposition du bromure en tous les points frappés par la lumière. Parmi ces substances, citons l'acide pyrogallique en présence de sels alcalins (sulfate et carbonate de sodium).

EXPÉRIENCE. Au précipité de bromure précédent ajouter une solution d'hyposulfite de sodium ; le précipité disparaît, le bromure s'est dissous dans l'hyposulfite, d'où l'emploi de l'hyposulfite dans les opérations photographiques pour enlever le bromure non décomposé.

Or (Au = 196).

229. Etat *naturel* et *extraction*. — L'or se rencontre à l'état natif disséminé en paillettes dans des filons de quartz ou dans les sables d'alluvion provenant de la désagrégation des roches renfermant de l'or. Les mines les plus importantes se trouvent en Californie, dans l'Afrique du Sud (Cap et Transvaal), en Australie, dans l'Oural et l'Alaska.

L'extraction est simple en principe. S'il s'agit de roches compactes on les désagrège par le broyage. Les sables ou les quartz aurifères pulvérisés sont lavés au moyen d'une solution de cyanure de potassium qui dissout l'or. L'or est retiré de cette solution par électrolyse.

La production annuelle de l'or dépasse 450 tonnes, d'une valeur supérieure à 1 500 millions de francs. Les Etats-Unis, l'Australie, l'Afrique du Sud produisent de l'or environ pour 400 millions par an ; la production de la Russie dépasse 120 millions. Le prix de l'or dépasse 3 100 francs le kilog.

230. *Propriétés*. — Métal d'un beau jaune, de densité 19,25, fusible vers 1 000°. Le plus ductile et le plus malléable des métaux. On en fait des feuilles dont l'épaisseur ne dépasse pas

$\dfrac{1}{10\ 000}$ de millimètre. Il est assez curieux de constater que ces feuilles sont vertes par transparence. Avec 1 gramme d'or, on peut faire un fil de plus de 3 kilomètres de long.

L'or n'est attaqué ni par les acides, ni par l'oxygène. Le chlore le dissout en donnant du chlorure d'or ($AuCl^3$). Dans la pratique on dissout l'or par l'eau régale (n° 66).

Le cyanure de potassium dissout l'or en donnant un cyanure double d'or et de potassium.

231. Usages. — L'or est utilisé pour les monnaies et pour la fabrication de divers bijoux. Comme l'or employé seul est trop mou, on se sert d'alliages. Les monnaies d'or sont au titre de 0,900, les alliages employés en bijouterie sont aux titres de 0,750, 0,840, 0,920.

Dorure. On recouvre souvent d'une couche d'or très mince divers métaux pour leur donner un plus bel aspect et les rendre inoxydables à l'air. L'opération se fait généralement par électrolyse (Voir *Argenture*). L'électrolyte est un cyanure double d'or et de potassium, obtenu en dissolvant le chlorure d'or dans le cyanure de potassium.

On pratique aussi la dorure de substances diverses : bois, cuir, etc. Dans ce cas on applique une feuille d'or sur l'objet à dorer, recouvert préalablement d'un vernis qui provoque l'adhérence.

Platine ($Pt = 195$).

232. Etat naturel. Extraction. — Le platine se trouve à l'état natif en grains irréguliers mélangés à des sables. Le platine est généralement allié à d'autres métaux : iridium, palladium, etc. Le traitement consiste à faire agir l'eau régale sur le minerai ; il se forme un chlorure platinique $PtCl^4$, qui, en présence du chlorure d'ammonium, donne un chlorure double de platine et d'ammonium. Ce chlorure, décomposé par la chaleur, donne du platine spongieux : *mousse de platine*, qu'on peut fondre et amener à l'état compact au moyen du chalumeau oxhydrique ou du four électrique.

Le platine se trouve presque exclusivement en Russie, dans les monts Ourals. La production annuelle atteint 6 000 kilogrammes, d'une valeur de plus de deux millions de francs.

233. Propriétés. Usages. — Le platine est un métal blanc, brillant, de densité 21,5. Il fond à 1 800° environ ; comme l'or, il n'est attaqué ni par les acides, ni par l'oxygène. Le chlore ou l'eau régale est son seul dissolvant.

Le platine est employé dans les laboratoires pour faire

divers instruments. Les cornues servant à la concentration de l'acide sulfurique sont en platine. L'industrie automobile, les lampes à incandescence utilisent une certaine quantité de ce métal.

Mais l'action la plus remarquable est celle de la *mousse de platine*. Cette masse poreuse possède la curieuse propriété de condenser les gaz et de provoquer des combinaisons. Un jet d'hydrogène ou de gaz d'éclairage arrivant sur la mousse de platine s'enflamme spontanément. Quand on fait passer sur de la mousse de platine un mélange d'oxygène et de gaz sulfureux secs, il y a combinaison des deux gaz et formation d'anhydride sulfurique (no 130). Au lieu d'employer la mousse de platine, on emploie l'*amiante platinée*, c'est-à-dire imprégnée de platine précipité. On traduit ces faits en disant que la mousse de platine possède des propriétés *catalytiques ;* c'est un *catalyseur*.

EXERCICES

I. On traite par l'acide azotique ordinaire une pièce de 5 francs. Quelles sont les réactions qui se produisent ? Quel poids d'azotate d'argent pourra-t-on recueillir ?

II. Ecrire les réactions qui traduisent l'action du chlorure de sodium, du bromure de potassium sur l'azotate d'argent.

III. Quel est le prix du kilog. d'argent pur dans l'alliage des monnaies

a) Pour pièce de 5 francs ?

b) Pour monnaie divisionnaire ?

(On négligéra la valeur du cuivre et les frais de fabrication.)

28e LEÇON

MAGNESIUM. — ALUMINIUM. — POTASSIUM. — SODIUM

MATÉRIEL : Magnésium en ruban. — Bauxite, cryolithe. — Aluminium en fil ou en lame. — Bronze d'aluminium ou objet en aluminium. — Potassium ou sodium. — Magnésie, dolomie.

Nous avons rapproché les métaux dont nous allons parler à cause de l'analogie de leurs procédés d'extraction. Obtenus autrefois par des réactions chimiques, ils tendent de plus en plus à être préparés par voie électrolytique. De même que leurs composés, le potassium et le sodium ont des modes de préparation des propriétés tellement voisines que faire l'histoire de l'un de ces métaux c'est faire l'histoire de l'autre. Nous ne parlerons donc que du sodium.

Sodium (Na = 23). — Potassium (K = 39).

234. Le sodium fut découvert en 1807 par Davy, en décomposant la *soude caustique* par le courant électrique. L'un des procédés industriels pour la préparation du sodium utilise aujourd'hui cette réaction. On peut aussi électrolyser le chlorure de sodium fondu.

Le sodium s'oxyde à l'air à la température ordinaire en donnant l'oxyde Na^2O. Il décompose l'eau à la température ordinaire en formant de la soude caustique, c'est pourquoi on le conserve dans du pétrole.

On a pu préparer un *bioxyde de sodium* Na^2O^2 qui, au contact de l'eau, donne un dégagement d'oxygène avec formation de soude caustique. L'*oxylithe*, qui sert à obtenir l'oxygène, est un mélange de bioxyde de potassium et de sodium, dont la préparation est restée secrète.

Le potassium, le sodium sont appelés *métaux alcalins* parce que leurs hydrates (KOH, NaOH) sont des bases puissantes, ou *alcalis*.

Signalons encore le *calcium* (Ca = 40) obtenu actuellement par électrolyse du chlorure fondu ($CaCl^2$). Au rouge, le calcium absorbe l'hydrogène et donne un *hydrure de calcium* CaH^2, capable de dégager de l'hydrogène sous l'action de l'eau (hydrolithe). 1 kilog. d'hydrolithe peut fournir 1m³ de gaz hydrogène.

Magnésium (Mg = 24).

235. On a vu (n° 35) que l'eau de la mer renferme du sulfate de magnésium. Dans les mines de Stassfurt, le chlorure de magnésium est associé au chlorure de potassium. L'électrolyse du chlorure fondu donne le *magnésium ;* il se dégage du chlore.

Le magnésium est un métal blanc, ductile, malléable. Sa densité est 1,75. Il brûle dans l'air ou dans l'oxygène en donnant une lumière éblouissante, susceptible d'agir comme la lumière solaire sur les plaques photographiques. Aussi la lumière du magnésium est utilisée pour photographier pendant la nuit, dans les grottes, dans les endroits obscurs.

Le résultat de la combustion du magnésium est une poudre blanche ou *magnésie* MgO, employée en médecine comme purgatif. La magnésie est obtenue par calcination du carbonate de magnésium.

La *dolomie* est un carbonate double de magnésium et de calcium assez abondant dans la nature. Par calcination, elle donne un mélange de chaux et de magnésie. Les briques de dolomie sont utilisées pour obtenir le revêtement des convertisseurs Bessemer ou des fours dans lesquels on traite les fontes phosphoreuses (Bessemer basique ou Martin basique, n° 203).

Aluminium (Al = 27).

236. *Etat naturel. Métallurgie.* — L'aluminium est le métal le plus répandu dans la nature. L'argile est un silicate d'aluminium hydraté plus ou moins pur; les roches éruptives, granit, basalte, porphyre, etc., sont constituées par des silicates complexes dans lesquels l'aluminium est accompagné d'autres métaux : potassium, sodium, calcium, fer, magnésium, etc.

Les minerais d'aluminium sont :

1° Un fluorure double d'aluminium et de sodium, abondant au Groënland et appelé *cryolithe;*

2° Un oxyde d'aluminium impur : la *bauxite,* commune en Provence, où elle forme un filon s'étendant de l'est à l'ouest, entre le Var et l'Hérault.

L'aluminium est préparé par électrolyse de la cryolithe ou de la bauxite fondue (fig. 62). En France, on traite généralement la bauxite mélangée à une certaine quantité de cryolithe qui facilite la fusion.

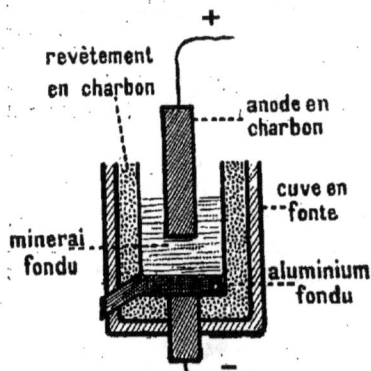

Fig. 62 —Four à fabriquer l'aluminium.

Les usines françaises se trouvent surtout dans la région des Alpes, elles utilisent la force motrice des torrents alpins.

A l'usine de Froges (Isère), dans une cuve en fonte garnie intérieurement de charbon aggloméré, on place le mélange de bauxite et de cryolithe. Le courant arrive par deux grosses électrodes de charbon. On rapproche d'abord les électrodes pour produire un *arc électrique* qui provoque la fusion de l'électrolyte; puis on éloigne les électrodes pour supprimer l'arc. L'électrolyse se produit. L'aluminium fondu s'accumule au fond de la cuve, l'oxygène se dégage sur l'anode qui est vite rongée. On ajoute de la bauxite pour maintenir constante la composition du bain. Si au fond de la cuve on place du cuivre ou d'autres métaux, on prépare l'alliage d'aluminium correspondant.

La production d'aluminium s'est élevée en 1906 à 12 000 tonnes ; le atteindra 30 000 tonnes en 1908. La production française qui tait de 1 730 tonnes en 1904 passera à 7 000 tonnes en 1908. La vaur de la tonne est de 2 500 francs environ.

237. Propriétés. Usages. — L'aluminium est un métal 'un beau blanc brillant, qui fond vers 625°. Sa densité est 2,56, oisine de celle du verre. A la température ordinaire, l'air sec ou air humide est sans action sur ce métal ; il en est de même e la plupart des acides. Seul, l'acide chlorhydrique le dissout.

Il est très malléable, bon conducteur de la chaleur et de 'électricité. Il entre dans de nombreux alliages. Le bronze d'aluminium est d'un beau jaune d'or, inaltérable à l'air dans es conditions ordinaires.

L'aluminium est utilisé quand on veut un métal léger et peu ltérable ; on en fait des fléaux de balance, des tubes de orgnette, des ustensiles de cuisine.

Incorporé à l'acier, l'aluminium en diminue la fragilité.

L'aluminium en poudre est un réducteur énergique. On l'emploie pour réduire des oxydes difficilement fusibles aux températures réalisées dans les fours industriels. On réduit ainsi 'oxyde de chrome. La température obtenue pendant la réduction par l'aluminium dépasse celle du four électrique. Goldschmidt a utilisé cette élévation de température pour souder bout à bout des barres de fer (aluminothermie).

Pendant la coulée de l'acier, de l'oxygène dissous reste quelquefois emprisonné dans la masse du métal, formant des bulles ou soufflures. 100 grammes d'aluminium ajoutés par tonne d'acier suppriment ces soufflures.

Pour ces divers usages, l'industrie métallurgique utilise par an 3 000 tonnes d'aluminium.

EXERCICES

I. Quel volume d'oxygène (à 0° et sous 760$\frac{mm}{m}$) pourra-t-on obtenir en faisant agir sur l'eau 1 kilog de bioxyde de sodium Na^2O^2 ?

II. En 1907, la spéculation a fait monter le prix du cuivre à 3 200 francs la tonne. Pour les conducteurs d'énergie électrique, on a pu penser à remplacer le cuivre par l'aluminium. La section d'un conducteur en aluminium doit être le double de celle d'un conducteur en cuivre présentant la même résistance. Quel aurait dû être le prix maxima de la tonne d'aluminium pour qu'il y ait eu avantage à substituer ce dernier métal au cuivre ?

Densité du cuivre = 8,8.

Densité de l'aluminium = 2,56.

29ᵉ LEÇON

PORCELAINES. — VERRES. — CRISTAUX

Matériel : Argiles diverses. — Kaolin. — Pot à fleurs non
vernissé ou brique. — Poterie commune vernissée. — Vase en grès
cérame. — Porcelaine. — Faïence fine. — Sable blanc, minium,
carbonate et sulfate de sodium. — Verre à vitre, verre à bouteilles. — Verre ordinaire, cristal.

Poteries.

238. *Diverses argiles.* — Nous avons dit (1ʳᵉ *année*, p. 211)
que les argiles sont des silicates d'aluminium hydratés plus ou
moins mélangés d'impuretés.

Kaolin. L'argile très pure est blanche, c'est le kaolin,
qu'on trouve en France dans les environs de Saint-Yriex.

Argile plastique. Abondante dans le bassin parisien,
l'argile plastique, comme son nom l'indique, fait avec l'eau
une pâte qui se laisse facilement travailler. Elle est employée
comme terre à modeler. Cette argile est de couleur grisâtre,
elle renferme peu d'oxyde de fer et sert à faire les faïences
fines.

Argiles figulines. Ces argiles renferment une quantité
assez forte d'oxydes de fer qui, après cuisson, lui donnent une
couleur rouge foncé. Ces argiles sont jaunes ou rougeâtres;
elles servent à faire les poteries communes. La *terre glaise* sert
à confectionner les tuiles, les briques.

Les argiles fortement ferrugineuses (ocres) ne peuvent être
utilisées dans l'industrie des poteries.

239. *Principes de la fabrication des poteries.* — 1º L'argile
forme avec l'eau une pâte liante. Cette pâte desséchée, puis
soumise à la cuisson, devient dure et ne peut plus se délayer
dans l'eau. Le produit de la cuisson est une substance poreuse,
blanche ou colorée en jaune ou en rouge, suivant la pureté
de la matière première. Pendant la dessiccation et la cuisson,
la pâte d'argile subit un retrait considérable; si l'argile était
seule, il se produirait un fendillement de la masse. On évite ce
fendillement par l'addition de matières dites *dégraissantes* :
craie, sable, feldspath ;

2º Quand on veut rendre les poteries imperméables, on
recouvre la surface d'un *vernis* ou d'un *émail* ;

3º On peut ajouter à la pâte un *fondant*, destiné à former
avec l'argile des silicates fusibles. A la cuisson, la pâte subit

un commencement de fusion, ce qui rend la poterie imperméable, dure, et donne à sa cassure l'aspect du verre;

4º La surface des poteries peut enfin être décorée plus ou moins richement.

240. Diverses poteries. — 1º **Terres cuites.** Ce sont les poteries les plus communes; les briques, les tuiles, les pots à fleurs sont des terres cuites. L'argile est additionnée de sable (si elle ne renferme déjà pas naturellement une quantité suffisante de substance dégraissante). Elle est triturée et pétrie mécaniquement, puis façonnée au moule. Les pièces au sortir du moule sont placées au séchoir, vaste chambre située généralement au-dessus des fours; puis elles sont soumises à la cuisson.

2º **Poteries vernissées.** Ce sont des terres cuites préparées comme précédemment; elles sont façonnées au moule ou au tour. La figure 63 représente un tour de potier.

Le vernis est presque toujours à base de plomb; il est obtenu par un mélange de minium, d'argile et de sable. Par la cuisson, il se forme un silicate fusible d'aluminium et de plomb, sorte de verre qui recouvre la poterie et la rend

Fig 63. — Tour à potier. — Le potier fait tourner avec le pied une table horizontale ou volant. Sur un plateau supérieur tournant avec cette table est placée la matière à travailler.

imperméable. On colore ce vernis au moyen d'un oxyde métallique.

Les substances qui constituent le vernis sont finement pulvérisées, puis délayées dans l'eau pour former une sorte de bouillie. La pièce, séchée, est trempée dans cette bouillie. La pâte poreuse absorbe l'eau et il reste à la surface une poudre qui pendant la cuisson forme la *couverte* ou glaçure.

3º **Faïences fines.** Les faïences sont fabriquées avec des argiles plastiques assez pures. La pâte des faïences est blanche, dure, opaque. Ces faïences subissent deux cuissons; après la première cuisson, appelée *dégourdi*, on trempe les pièces dans la bouillie qui constituera la couverte. Cette couverte,

formée de sable, de minium, de borax, est transparente après
la 2° cuisson.

Les faïences communes sont fabriquées avec une argile
moins pure que la précédente ; la glaçure, à base d'étain, est
opaque, blanche, sujette au fendillement.

4° **Grès cérames.** Il ne faut pas confondre les poteries dési-
gnées sous ce nom avec les roches qu'on appelle *grès*. Les
grès cérames sont à pâte analogue à celle des faïences ; l'argile plastique est additionnée de sable et d'un *fondant*. La cuisson provoque un commencement de fusion qui rend la masse semi-
vitrifiée, opaque, imperméable. Dans le
four, on projette du sel marin pendant
la cuisson ; il se produit à la surface de
la poterie un silicate double d'aluminium
et de sodium formant glaçure.

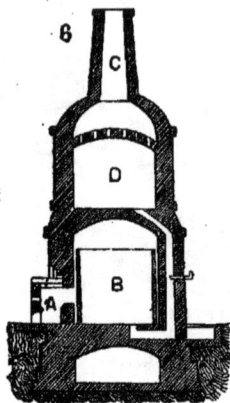

5° **Porcelaines.** Les porcelaines sont
obtenues en utilisant l'argile très pure,
appelée kaolin. Pour obtenir la pâte à
porcelaine, on ajoute du sable (dégrais-
sant) et du feldspath (fondant).

La pâte est façonnée soit au tour
(fig. 63), soit par moulage.

Les pièces façonnées sont séchées
lentement à l'air, puis subissent deux
cuissons successives.

Fig. 64. Four à porcelaine.

A, Alandiers ou foyers latéraux; B, premier laboratoire,
pièces à cuire ; D, deuxième
laboratoire, pièces à dégourdir;
C, cheminée.

Le four à porcelaine (fig. 64) est à deux
étages; on utilise aussi des fours à trois
étages. L'étage supérieur sert pour première cuisson ou dégourdi; les étages
inférieurs sont destinés à la deuxième
cuisson. Pour préserver les pièces de la poussière, on les
enferme dans des boîtes en terre réfractaires appelées *cazettes*.

Après le dégourdi, les pièces sont immergées dans une
bouillie de quartz et de feldspath. Pendant la deuxième cuisson, la pâte subit un commencement de fusion et devient
translucide et imperméable; la glaçure fond et forme à la
surface des pièces une sorte de vernis transparent.

Décoration de la porcelaine. Quand on veut colorer la
pâte, on incorpore à celle-ci des oxydes métalliques; mais, le
plus souvent, ces oxydes, additionnés d'un fondant, sont
appliqués sur le dégourdi ou la couverte. Quand les couleurs
s'altèrent à la température de 2° cuisson, on les applique sur

la pièce après cuisson et on les fixe en chauffant dans des moufles à température peu élevée.

Verres et cristaux.

241. *Composition des verres*. — 1o La silice (sable) peut se combiner avec diverses bases à température élevée pour donner des *silicates*. Ainsi, en chauffant au rouge un mélange de sable et de carbonate de sodium, on obtient un silicate de sodium, *soluble* dans l'eau (verre soluble). On obtiendrait de même le silicate de potassium.

Chauffée avec de la chaux, de l'oxyde de fer, des oxydes de plomb, la silice donne à température suffisamment élevée les silicates correspondants, plus ou moins fusibles mais opaques. Cette propriété est utilisée souvent en métallurgie.

En associant un silicate alcalin et un silicate de calcium ou de plomb, en proportions variables, on obtient les différentes variétés de verres.

Les principales variétés de verres sont :

1o Le verre ordinaire : verre à vitres, verre à bouteilles, verres à glaces ; silicate double de *sodium* et de *calcium*;

2o Le verre fin : verre de Bohême, crown glass, verre de gobletterie; silicate double de *potassium* et de *calcium*;

3o Le cristal : silicate double de *potassium* et de *plomb*.

242. *Propriétés*. — Le verre est un solide transparent, *pratiquement* inaltérable. L'air et les agents chimiques *usuels* sont sans action sur lui à la température ordinaire.

Seul, l'acide *fluorhydrique* réagit sur le verre; cette action est utilisée dans la gravure sur verre.

La densité du verre varie suivant sa composition entre 2, 4 et 3,6. Le verre est mauvais conducteur de la chaleur et de l'électricité.

Le verre à base de plomb (cristal) est très réfringent, sonore; la réfringence augmente avec la proportion de plomb qu'il contient. Dans le *flint-glass*, la proportion d'oxyde de plomb atteint 45 0/0. Dans le *strass*, qui sert à faire des pierres imitant le diamant, l'oxyde de plomb forme 53 0/0 du poids.

Le verre fond à une température de 400 à 500o. Avant la fusion, il se ramollit, passe par l'état pâteux. On peut alors le travailler et lui donner toutes les formes possibles.

Le verre est un corps *dur*; il n'est rayé que par la silice et par le diamant; il est *fragile* et sa cassure présente un aspect particulier : aspect vitreux.

Maintenu en fusion assez longtemps, il perd sa transparence et devient semblable à la porcelaine.

L'*émail* est un verre à base de plomb rendu *opaque* par de l'oxyde d'étain ou coloré au moyen de divers oxydes métalliques.

243. *Fabrication.* — **Matières premières.** Pour le verre ordinaire, les matières premières sont : le sable, le sulfate de sodium, la chaux ou simplement le calcaire. Ce verre a une coloration verdâtre due à la présence de l'oxyde de fer. On atténue cette coloration par l'addition de *bioxyde* de manganèse, appelé pour cette raison *savon des verriers*. On ajoute un peu de charbon pour réduire le sulfate de sodium.

Fig. 65. — Four de verrerie. La dessiccation se produit dans les parties latérales, la fusion dans la partie centrale chauffée directement par le foyer.

Les matières premières pour la verrerie fine sont le carbonate de potassium, la chaux et le sable. Ces produits doivent être à peu près exempts d'oxyde de fer.

Pour le cristal, on associe le *minium*, le sable blanc et le carbonate de potassium.

Fours. Les matières premières sont pulvérisées et mélangées dans des creusets en terre réfractaire. Ces creusets sont introduits dans des fours en briques réfractaires, chauffés autrefois directement au bois ou à la houille (fig. 65). Aujourd'hui, les fours sont chauffés au gaz de gazogène (1re *année*, no 101). On se rappelle que dans les gazogènes, l'air arrive en quantité insuffisante sur du coke incandescent et forme de l'oxyde de carbone qui va brûler dans les fours. L'air qui est envoyé sur le foyer s'est échauffé dans des récupérateurs de chaleur, chambres en briques qu'on a fait traverser au préalable par les gaz chauds sortant du four.

244. *Travail du verre.* — Nous nous bornerons à indiquer les différentes phases de la fabrication d'une vitre ordinaire.

Quand les réactions sont terminées dans le creuset, l'ouvrier plonge dans la masse fluide un long tube de fer appelé *canne* (fig. 66); il enlève une certaine masse de verre. Par une série de soufflages et de mouvements de balancement et de rotation imprimés à la canne, la masse de verre prend l'aspect d'un cylindre terminé par deux calottes hémisphériques (fig. 68). On détache les deux calottes, on fend le cylindre suivant la longueur et on le porte au four où il se ramollit. On peut alors dérouler ce cylindre et l'étendre sur un plan.

Le verre refroidi rapidement est très fragile. On diminue cette fragilité par le *recuit*. Le verre est porté à nouveau au four, et chauffé à une température voisine de son point de ramollissement. On le laisse ensuite se refroidir lentement.

Le verre peut encore être façonné par soufflage et moulage, par coulage; il est coloré en ajoutant à la matière première des oxydes métalliques : l'oxyde cuivreux (Cu^2O) donne du rouge, l'oxyde de cobalt du bleu, l'oxyde de manganèse du violet, etc.

Enfin, on ornemente le verre par la gravure ou par la taille.

Fig. 66 — Verrier soufflant une bouteille

RÉSUMÉ

1. Les diverses poteries sont faites avec les argiles. Le kaolin sert à la fabrication de la porcelaine, les faïences fines sont fabriquées avec les argiles plastiques, l'argile ordinaire ou terre glaise est utilisée dans l'industrie des poteries grossières.

2. Par la cuisson l'argile devient dure et perd la propriété de se délayer avec l'eau. La cuisson fait subir à l'argile un retrait considérable; on évite le retrait et le fendillement qui en résulte en ajoutant à la pâte une substance *dégraissante*, sable, calcaire, etc.

La surface des poteries est souvent recouverte d'un vernis ou d'un émail. En incorporant à la pâte un *fondant*, on obtient une poterie vitrifiée (porcelaine).

3. Les principales poteries sont :

FIG. 67. — Fabrication des manchons de verre destinés à faire des vitres.

a) Les *terres cuites* non vernissées : briques, tuiles, pots à fleurs ;

b) Les *poteries vernissées*. Le vernis est constitué par

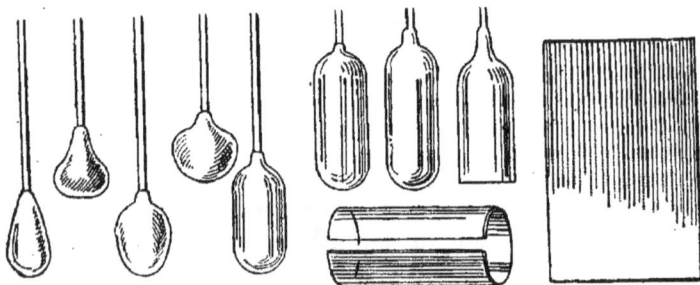

FIG. 68. — Diverses phases de la fabrication d'une vitre.

un silicate double d'aluminium et de plomb, coloré au moyen d'un oxyde métallique;

c) Les *faïences communes* et les *faïences fines* à pâte blanche, recouverte d'une glaçure opaque ou transparente;

d) Les *grès cérames* dont la pâte a subi un commencement de fusion; la glaçure est à base de chlorure de sodium;

e) Les *porcelaines* dont la pâte a subi un commencement de fusion, ce qui la rend translucide et imperméable; la glaçure est transparente.

4. Les verres sont des combinaisons plus ou moins complexes d'un silicate alcalin et d'un silicate de calcium ou de plomb.

Le verre ordinaire est à base de sodium et de calcium.

Le verre fin est à base de potassium et de calcium.

Le cristal est à base de potassium et de plomb.

5. Le verre est un solide qui fond entre 400 et 500°. Il passe par l'état pâteux avant de fondre et peut alors être travaillé facilement. Il est mauvais conducteur de la chaleur et de l'électricité; il est *dur* et fragile. L'acide fluorhydrique seul l'attaque.

6. Les matières premières utilisées sont :

a) Pour le *verre ordinaire* : le sable, le sulfate de sodium, la chaux;

b) Pour la *verrerie fine* : le sable blanc, la chaux, le carbonate de potassium;

c) Pour le *cristal* : le sable blanc, le minium, le carbonate de potassium.

Ces matières, finement pulvérisées, sont chauffées dans des creusets en terre réfractaire où s'opère la fusion.

Le verre fondu est façonné soit par soufflage, soit par moulage ou par coulage; il est ensuite ornementé par la gravure et par la taille.

EXERCICES

1. Si on admet que la silice SiO_2 est l'anhydride d'un acide dont la formule serait SiO_3H_2, quelle est la formule?

a) Du silicate de potassium ou de sodium;

b) Du silicate de calcium ou de plomb;

c) Du silicate d'aluminium.

II. Le cristal a la composition suivante :

Silice (SiO²), 52; potasse (K²O), 12; oxyde de plomb (PbO), 36.

Quelles sont les quantités des matières premières (minium sable, carbonate de potassium) que l'on doit utiliser pour obtenir une tonne de cristal?

Poids atomique du silicium = 28. — On admet que la transformation des matières premières est intégrale.

TABLE DES MATIÈRES

I. Physique.

II. Chimie.

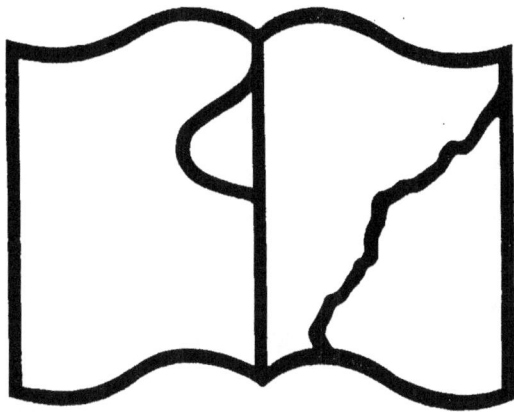

Texte détérioré — reliure défectueuse

NF Z 43-120-11

www.ingramcontent.com/pod-product-compliance
Lightning Source LLC
Chambersburg PA
CBHW060126200326
41518CB00008B/939